科技创新推动工程设计优质发展

——记改革开放以来辽宁部分优质设计成果

林立岩　主编

U0195035

中国建筑工业出版社

图书在版编目（CIP）数据

科技创新推动工程设计优质发展——记改革开放以来辽宁部分优质设计成果/林立岩主编. —北京：中国建筑工业出版社，2018.9
ISBN 978-7-112-22508-8

Ⅰ.①科… Ⅱ.①林… Ⅲ.①建筑设计-科技成果-汇编-辽宁 Ⅳ.①TU2

中国版本图书馆 CIP 数据核字（2018）第 177252 号

本书共六篇，分别介绍了两个创新结构体系和六个创新核心技术，包括：钢管混凝土叠合柱结构体系；约束砌体组合墙结构体系；结构优化设计；岩土工程的新突破；建筑物的加固改造与鉴定咨询；水利与道桥。以上成果，是改革开放三十多年来辽宁工程结构领域中的丰硕成就，这是大协作、新老结合和大竞争的产物。

本书可供从事建设工程勘察、设计、施工及科研、教学人员参考使用。

责任编辑：王华月　范业庶
责任校对：王　瑞

科技创新推动工程设计优质发展——记改革开放以来辽宁部分优质设计成果
林立岩　主编

*

中国建筑工业出版社出版、发行（北京海淀三里河路 9 号）

各地新华书店、建筑书店经销

北京科地亚盟排版公司制版

大厂回族自治县正兴印务有限公司印刷

*

开本：787×1092 毫米　1/16　印张：15¼　字数：379 千字
2018 年 9 月第一版　　2018 年 9 月第一次印刷
定价：**60.00** 元
ISBN 978-7-112-22508-8
（32290）

前　　言

林立岩　李庆钢　孙　强　徐云飞

从 20 世纪八九十年代到 21 世纪初，这三十多年是我国改革开放以来建设事业发展的大好时期。到处是欣欣向荣的建设景象。建设科学技术也得到相应的蓬勃发展，科技创新不断涌现。这一时期，高等院校主动与设计、施工单位进行了紧密的结合和协作，促成了一大批开创性的科技成果。在辽宁省，清华大学、大连理工大学、哈尔滨工业大学、东北大学、沈阳建筑大学等高校的师生，走出校门，与设计、研究、咨询、施工单位的科技人员紧密协作，立项发展许多有开拓性和研究工作。我们发现，辽宁广大设计科研人员，在这期间一改过去的沉闷和平庸，表现出自强不息的创新精神，爆发出强烈的科技探索能力，取得了许多有突破性的自主创新成果。

我们认为，在工程结构领域中，20 世纪末到 21 世纪初期间，辽宁省下列几项成果有重大突破，达到和超过我们国家的先进水平，是光辉的榜样。这些可贵的成果，可归纳为两项自主创新的结构体系（钢管高性能混凝土叠合柱结构体系、约束砌体组合墙结构体系）和六项核心关键技术（地基基础抗震概念设计研究、高层建筑筏板基础研究、多层地下室采用半逆作法自支护体系研究、既有建筑加固改造技术研究、空间钢结构及高层建筑结构优化设计研究以及水工方面的大流量、长距离隧洞进行跨流域输水工程研究。道桥方面我省保持着多项我国高速公路的先进纪录）等。

本书将用以下六个篇章分别介绍两个创新结构体系和六个创新核心技术：

一、具有国际领先水平的钢管混凝土叠合柱、叠合墙结构

1995 年，辽宁省建筑设计研究院的工程设计人员，综合利用混凝土柱的四大成柱理念——"强化、约束、组合、叠合"，在地上 24 层高的沈阳日报社大厦工程中首先开拓性地成功应用钢管混凝土叠合柱、叠合墙。从此，这一国际没有、国内领先的结构体系诞生了。现在已在全国广泛推广应用。

所谓钢管混凝土叠合柱，即在混凝土柱的核心部位增设一钢管混凝土柱（组合）；钢管和管内外混凝土的相互约束改善了柱子的受力性能（约束），特别是管内采用高强、高弹性模量混凝土（强化），提高了核心区的刚度和承载力；施工过程承受一定的轴向荷载后，再浇筑管外混凝土，利用时间差来改善轴向力在柱截面中的分布（叠合）。

目前在辽宁已有 7 个叠合柱工程（见本段末的附注）在核心钢管内使用了 C100 级高强度混凝土，在管外采用≤C60 级的混凝土。管外混凝土后浇筑，也可与管内混凝土同期浇筑，通过确定合适的叠合比，可合理分配柱截面上各区的轴压强度和轴向刚度。一般能做到约占整个柱截面积 30%～40% 的核心钢管混凝土，分担约 70% 左右的总轴力，管外混凝土仅承担约 30% 左右的总轴力。与同样承载力的普通钢筋混凝土柱或型钢混凝土柱相比，其优势有：

（1）外围混凝土的轴压比明显降低，实现"强柱弱梁"，柱身容易实现具有延性的大偏心受压破坏形态；

（2）由于柱断面减少，使柱子的剪跨比增大，避免出现短柱和极短柱（汶川地震发现短柱破坏非常普遍且严重，应引以重视）；

（3）钢管的加入，使柱子的剪压比减小，避免剪切破坏，实现"强剪弱弯"；

（4）增加柱的延性和耗能能力，延长了叠合柱从屈服到破坏的过程，提高了柱端塑性铰的转动能力；

（5）梁、柱节点易于处理，节点抗震性能良好，做到"强节点弱杆件"，施工方便；

（6）用于剪力墙，无论有无端柱，试验表明，其抗震性能均明显优于型钢混凝土剪力墙；

（7）节省材料、减轻自重。前述东北大学综合科技楼工程原设计用 C50 钢筋混凝土柱，断面为 1000mm×1000mm，改用叠合柱后（内部 $\phi377×16$ 钢管及管中 C100 混凝土）断面减小为 600mm×600mm，只有原来的 36%，总用钢量基本持平。

注：沈阳采用 C100 级高强混凝土的高层叠合柱工程为：富林广场、远吉大厦、贵和大厦、万鑫大厦、东大综合科技楼、宏发大厦、清华同方信息港大厦等。

二、约束砌体组合墙结构是砌体结构的升级换代

直到 20 世纪 80 年代，砌体结构乃是我国民用建筑的主要结构形式。为了提高砌体结构的抗震性能和安全度，辽宁省特别是沈阳市建委积极倡导开展钢筋混凝土和砖"组合墙结构"研究。所谓"组合墙结构"（汶川地震后改称为"约束砌体组合墙结构"），即将建筑物的所有承重墙体，都处于圈梁和构造柱的包围约束之中，形成约束块的组合体。由于层层设圈梁，约束块体的高度均等于层高，约束块按长度分两种，一种为增强型（尺寸大约为长度等于高度），又称为强约束块；另一种为普通型（尺寸大约为长度不大于 2 倍高度）。到 20 世纪 90 年代末，这种组合墙体结构在辽宁省已用到数百万平方米，在省外也推广应用了近百万平方米。这种创新结构的研究，是全国产学研大协作的产物，中国建筑科学研究院抗震所、中国地震局工程力学研究所、大连理工大学工程力学系、哈尔滨建筑大学土木系、清华大学土木系等单位和辽宁地区的主要设计施工单位都积极投入这一课题的试验研究。经过约十余年的共同协作，到 21 世纪初，已基本完成试验研究工作，通过了国家级鉴定，并编制了相应的地方设计施工规程。

2008 年 5 月 12 日汶川地震，是对这种创新结构体系的实际考验。汶川地震大量建筑倒塌的悲剧传到时，当时有不少正在设计施工中的住宅工程的业主和设计施工单位纷纷向研究组打来电话，问是停工还是继续建？你们能负起责任否？于是，设计人员迅速奔赴灾区开展调查研究。当时年过七旬的老工程师林立岩等就在第一时间连续三次奔赴北川、都江堰、成都等不同烈度地区实地考察。调查发现在超设防烈度区按《砌体结构设计规范》（GBJ 3—88）和《建筑抗震设计规范》（GBJ 11—89）设计的装配式砌体建筑大部分倒塌；按《砌体结构设计规范》（GB 5003—2001）和《建筑抗震设计规范》（GB 50011—2001）设计的建筑，破坏情况有明显好转，但在超烈度区仍破坏严重，不满足人民群众的期待，安全度还不够；调查还发现，其中有一部分建筑，设计人员在（GB 50011—2001）规范的基础上加密了构造柱的间距、承重墙上层层设圈梁，许多构造措施参照辽宁省组合墙的做法，震后效果很好，基本上达到了"小震不坏、中震可修、大震不倒"的设防目标。如中

建西南建筑设计院在震区设计了六十多所中小学校舍，基本上参照组合墙结构的规定设计的，大震后全部安然屹立不倒，说明砌体结构是有巨大抗震潜力的。如果今后设计充分发掘其潜力，严格保证建筑物的整体牢固性，提高约束柱和约束梁的应用水平（全楼采用强化约束块），加强施工质量，这种强化"约束"和紧密"组合"的砌体结构，完全可以做到"小震不坏、中震可修、大震不倒"的。汶川地震的成功实例表明，在地震区可以应用约束砌体组合墙结构，约束砌体组合墙结构是砌体结构的升级换代。

我们认为，辽宁"组合墙"结构的试验研究，是按最不利的 8 层模型做的，实际工程应用该成果时应根据具体情况加以限层、限高，并不断吸取各地的经验教训，修正过去组合墙研究的一些模糊的甚至错误的认识，增加严格的构造措施，形成新的结构体系。这是一条科学、正确的研究路线和方法。

三、结构优化设计展新姿

随着电子计算机应用技术的发展，在工程结构领域中结构优化设计取得了显著的进展。20 世纪八九十年代，辽宁省建筑设计研究院自主编制的计算机软件，不仅有辅助设计系统，还或多或少带有自动设计功能和优化设计功能，如平面框架，平板网架、独柱基础、螺旋楼梯等软件，优化功能非常醒目。1988 年 8 月，在加拿大举行的"第三届计算机在土木工程中应用国际会议"上，辽宁省建筑设计院作了系统的介绍，取得了广泛的重视和影响。

传统的结构优化方法是解析优化法，先确定目标函数，然后用计算机进行网络搜索求出最优解。林立岩首先提出用"最大应变能准则法"进行钢结构网架的优化，又快又准地取得最优解，这一成果达到国际领先水平。

近来，随着大跨度建筑和高层建筑的迅速发展，结构变得非常复杂。除非采用超大型超高速计算机，一般分析软件满足不了迅速准确优化的要求，出现了用概念设计方法进行结构方案的优选。特别是高层框架—核心筒体结构、超高层剪力墙结构、框支结构，辽宁省的结构工程师们用概念设计方法进行了深入的探讨，对当前设计中存在的问题提出批评意见和建议。大大促进了辽宁高层建筑的健康发展。

四、突飞猛进的岩土工程新技术

改革开放以来，辽宁省涌现出不少有创新精神的岩土工程师，他们把过去单纯的地质勘探，提升为真正的岩土工程研究，使岩土工程成为地质勘探、高等土力学、地震理论、结构力学和施工技术多学科共融的结合。他们的主要功绩有：

（1）普遍重视岩土工程的抗震概念设计，提出一系列抗震概念措施。如强调地震波、地震加速度、地质构造、场地特征对建筑的影响；研究地基基础的抗震作用；提出加深基础可以减轻地震作用的概念、基础设计应有整体牢固性的概念、加强建筑物的嵌固性能的概念、桩与地基土协同工作的设计概念、宜用四周带侧壁的地下室来减轻水平地震作用的概念；对大型整体基础提倡按变形控制原则设计基础；减轻上部建筑自重和促进结构的规则性等。

（2）合理利用地基资源，特别是砂类土地基资源。在辽宁，已有一百多幢高层和超高层建筑，按基础刚度扩展法和变形控制原则，设计采用筏形基础，建筑高度最大已超过300m。许多建筑是在含薄黏土夹层的砂土地基上修建的，经过岩土工程师对夹层体局部处理后修建，效果很好。辽南地区还有在黏性土地基上作砂垫层，然后在砂垫层上再建筏形基础效果也很好。

（3）适当提高地基设计的安全度。国际上有惯例，当人均 GDP 超过某一数值（各国不同）后，宜提高当地地基的承载力安全度。辽宁前几年将营口、盘锦的软土地基国家规范给定的承载力特征值适当降低，按变形控制原则设计基础，收到显著的控制效果。

（4）在深基础的基坑支护中，首创采用自支护半逆作施工方法，在建筑物密集区的高层建筑地下室工程中应用此法，都取得显著的技术经济效果。

（5）在岩土工程师和结构工程师配合下，辽宁省一些既有建筑实施了纠倾，平移、增层改造工作。

五、通过咨询、鉴定，加固改造既有优秀建筑

自改革开放以来，城市要发展扩张，许多古代、近代、现代以及当代的优秀建筑需要咨询和鉴定，确定是否进行加固改造，或拆除重建。辽宁省沈阳市土建学会下属三个咨询部做了大量的工作。为沈阳故宫文溯阁进行鉴定，提出保护措施使濒临倾斜倒塌的文物建筑重获新生；使一批历史建筑得以挽救，如沈阳南站、沈阳老北站站舍；增层改造了一批近代建筑，如沈阳市政府办公楼、省国土资源厅办公楼、沈阳日报社办公楼等；通过鉴定为一些现代建设提供增强抗震性能的建议，如辽宁大厦、省工业展览馆、原东北局礼堂等。这些咨询鉴定工作，为留住历史根脉，传承中华文明做出突出贡献。

此外，他们还帮助当地设计施工单位，解决不少建设过程中出现的重大疑难问题。如东北大学综合科技楼，是一个多中庭、大柱网、采用框剪结构的高层建筑，建设单位强调要切割空间，把单一中庭切割成上下左右四个中庭；做到既要抗大震，又不希望出现短柱现象；中庭四周的走廊是主要交通休息通道，为了美观，也为了节约，希望最大的柱子结构断面不超过 600mm×600mm。通过研究，建议采用钢管高弹性模量混凝土叠合柱结构体系，使一栋近 20 层高的教学科技大厦的全部柱子都不超过 600mm×600mm，完全满足了建设单位的要求。

六、与建筑结构并驾齐飞的水利工程、道桥结构

在总结前期工程结构时，鉴于篇幅和人力，可以建筑结构为主，但千万不能遗漏辽宁的水资源调度和道桥工程。辽宁的水资源"蓄、调、配、用、治"，是全国搞的最好的水利建设。国内有人积极反对修水库调大水，但辽宁省根据省情，中部和西部严重缺水，仅东部长白山余脉分布区域降水量较多，这几年，省政府按照习近平总书记提出的"节水优先、空间均衡、系统治理、两手发力"的治水方针，建设了"东水济西"的输水网络，共有三条线路，中线已于 2012 年建成，解决了中部 8 个城市的用水问题；北线要建跨越大辽河的输水大通道，解决辽西北地区的用水问题，2017 年即可基本建成通水；南线将彻底解决辽南地区的用水问题，正在积极策划中，现暂由中线供给水。根据省水利厅的规划，"到 2015 年，可以从根本上解决辽宁的水资源问题"。辽宁省的调水，尽量保持生态均衡，只是把多余的水调走，消除了连年的洪涝灾害。现在沈阳、本溪、抚顺连年的洪灾消失了。由于东部河流保持稳定的水位，加上调水管线和隧洞都走地下，沿线和库区都变成山清水秀的生态旅游集聚区，建起了漂流区、画家村，有的地方还成了"北国富春江"、"东方九寨沟"、"神州北湖"。

在调水工程中有两条世界最长的大口径输水隧洞，本书应当好好总结一下它的成功经验。这两条隧洞，凝聚了辽宁人民的美丽"中国梦"。

　　以上成果，是改革开放三十多年来辽宁工程结构领域中的丰硕成就，将分六个篇章在本书中逐一介绍。这是大协作、新老结合和大竞争的产物。文章的作者，不仅有省内的专家，还有许多外省专家；不仅有现已退休的老专家，还有许多年轻的专家。我们在此对作者们表示最诚挚的感谢。

　　21世纪最近十几年设计部门改为企业化管理，偏向追求产值，讲究奖金，年轻人对挣钱的风气有所抬头，致使设计院对创新的追求没以前强烈了。以辽宁省为例，过去枳极对结构进行咨询、鉴定、研究、促进既有建筑改造的人少了，曾经风风火火的技术咨询部大多名存实亡，有个经咨询改进方案修建的沈阳人最喜欢的游乐园——夏宫，干脆拆掉；上述几大创新技术之一的"约束砌体组合墙"，现在没有人去进一步研究了。本应成为辽宁省核心技术的钢管混凝土叠合柱，现在搞的最好的地方已不在辽宁，而是重庆、深圳；结构优化设计的一些方法是辽宁先提出来的，现在在省内要想优化，由于软件没有及时维护，已经不好用了，要到外省去计算；砂类土地基上采用筏形基础的高层建筑，在辽宁最高已超过300m，但设计人却是请来的外省工程师；我国最早的建筑物平移工程诞生在辽宁，现在很少移房，拆房成了最"挣钱"的"经济"，反观南方省份，房子不仅可以平移，还可在平移的同时旋转、整体抬升、局部纠倾，改造应用水平不断提高；……所以，辽宁省的结构专家们千万不能自满，更不能停顿，要知道差距在加大，自满就会落后，停顿就是倒退。

　　当前，我国现代化建设正处在关键期，经济发展进入"新常态"，既要保持中高速增长，又要向中高端水平迈进。党中央提出创新驱动发展战略。建筑行业要培育新的增长动力和竞争优势，只有自主创新才能提高设计院的竞争力，用技术实力保障企业跨越式发展，创新是根本。我们要更加注重科技进步和全面创新，坚持走创新驱动发展之路，才能实现质量更优、效益更高、结构更合理、产业更高端的增长。形成万众创新的生动局面，在新一轮世界科技革命和产业革命中迎头赶上。

　　推动"万众创新"，核心是人才建设，要大力培养创新型人才，让潜心研究者心无旁骛，为创新创业者解后顾之忧；破除论资排辈、门户之见、头衔崇拜；以真才实学论英雄，多让年轻人挑大梁，出头彩；改革科技成果产权制度、收益分配制度和转化制度，更好体现知识和创造的价值，切实保护创新者的合法权益。使创新者勇于追求，再攀高峰，使万众创新热潮涌动，活力澎湃，为我国建设事业做出新贡献。

　　本书可供从事建设工程勘察、设计、施工及科研、教学人员参考。

　　　　　　　　林立岩　顾问总工程师　全国工程勘察设计大师

　　　　　　李庆钢　辽宁省建筑设计研究院有限责任公司总工程师

　　　　　　孙强　辽宁省建筑设计研究院有限责任公司副总工程师

　　　　　　徐云飞　辽宁省建筑设计研究院有限责任公司技术处处长

目　录

第一篇
钢管混凝土叠合柱结构体系

《钢管混凝土叠合柱结构技术规程》CECS 188—2005 自 2005 年颁布以来，十多年的推广实践使这个由我国自主开拓研发的新型结构体系得到了工程界的广泛认可，应用范围已从辽宁省扩展至全国各地，最大结构高度已超过 300m。在高层建筑密集的重庆市，在建的最高建筑就是采用这种结构体系；在深圳，卓越皇岗世纪中心二号塔楼 68 层，高 260m，也采用了钢管混凝土叠合柱。最近，某地一座近 400m 的超高层建筑，经过我国超限高层建筑抗震设防审查专家委员会几位专家的初步论证，也建议采用钢管混凝土叠合柱结构体系。

辽宁省是最早在工程中应用叠合柱的地方。1995 年在沈阳日报社大厦的地下室工程中，由于和已有建筑零距离，创造性地采用了自支护半逆作施工工法，同时创新出了钢管混凝土叠合柱。从此开始了钢管混凝土叠合柱的系统研究，辽宁省建筑设计研究院与清华大学、大连理工大学、哈尔滨工业大学等单位同心合力，对这一结构进行了深入的试验研究。三所大学都培养出多名博士生，共同编制了《技术规程》。许多著名的专家，如中国工程院院士容柏生、赵国藩、王光远、陈肇源、欧进萍、江欢成等都曾分别在设计方法、试验方案、构造处理、工程应用、高性能混凝土的组合等方面进行指导并参加研究，为本课题的发展做出贡献。

遵照上级领导的要求，现将十八年来的主要工程进行实录整理，报请备案，同时，将十几年来有关这一题目的部分已发表论文摘录于后，以便读者更全面地了解这一课题的研究情况和发展历程。这次主要将辽宁地区的工程进行实录，虽然在上海、广州、重庆、南京、深圳等地也都建成了采用钢管混凝土叠合柱的工程，但由于信息不够，仅能抽选几项作为代表加以介绍。其中许多工程已获得全国优秀建筑结构设计奖。从中可以看到这种结构诞生、发展的历史轨迹，也可以看到我省的发展差距。

十八年来积累了丰富的研究成果和工程试点经验，也发现了一些需要改进和提高的地方，已经到了需要修订和升级该《技术规程》的时候了。

十八年的开拓实践证明，钢管高强混凝土叠合柱利用多种结构和不同材料的合理组合，是技术密集型的结构体系。由于其科技含量高，原创实力强，在推广过程中表现出超越势头猛，开发效益显著的特点，在同类结构体系中已处于领先水平。该项技术在推广应用过程中也经常遇到一些阻力和困难，希望我省各设计、研究和管理部门继续发扬敢于竞争、勇于超越的精神，严谨、认真、踏实地面对各种挑战，深入研究探索存在的问题，不断总结实践经验，把科技创新推向新阶段，使辽宁省在"十二五"期间从建筑结构的"科技大省"向"科技强省"转化。

本章编辑 李庆钢 孙 强

钢管混凝土叠合柱结构的研究和应用

林立岩　单　明

（辽宁省建筑设计研究院有限责任公司，沈阳）

【摘　要】　本文介绍近 20 年来由我国自主创新的钢管混凝土叠合柱结构从概念形成到原理探讨，从理论和方法逐渐成熟，到编制《规程》，从辽宁到全国的工程应用及主要研究成果，展望进入"十二五"期间，钢管混凝土叠合柱的应用趋势。

【关键词】　叠合柱；组合柱；理论与试验研究；工程应用及成果推广

1　钢管混凝土叠合柱概念的提出

1995 年初，沈阳日报社大厦地下室工程施工中出现了问题。由于该工程与相邻的住宅相距为零，前者为高层建筑，地下室 2.5 层，埋深 14m，后者为多层砌体结构，基础为浅基础，若地下室土方开挖必然影响后者的安全。基坑只有采取极为有效的内支护措施才能确保后者的安全。两个楼分属两个单位，关系十分紧张，后者不允许前者往其屋下打入锚杆，施工工期又很急。在此情况下，建设单位找我院进行技术咨询。我院当时的总工程师林立岩设计大师率先提出采用半逆作自支护工法施工的创新理念。方案是在每个柱网的位置下沉钢管混凝土柱子，这种钢管混凝土柱子既是主体结构的垂直承重构件的核心部件，还在施工期间利用核心钢管混凝土作为深基坑内支护体系的竖向支撑构件。原来各层楼盖中的混凝土梁由上往下随土方开挖逐层先做出来作为内支护体系的水平支撑构件。待地下各层土方都完工后，再由下而上浇筑筏板基础和各层楼盖，这时在钢管外围再浇筑柱子的后期混凝土，无意之中形成"叠合柱"。后来果然按这一想法进行施工，整个过程非常顺利。上部结构建到 10 层后，建设单位要求原设计 16 层的大厦接建到 24 层，柱子也用叠合柱的计算原理进行加固设计。"叠合柱"的概念终于在 1995 年下半年产生了。

沈阳日报社基础工程的成功，鼓舞我们进一步完善"叠合柱"的概念，发现这种做法也可以在上部结构中应用。遂在 1996 年创造性地在辽宁省邮政枢纽大楼（23 层，高96.9m）工程上作为试点工程加以应用，也很成功，当时提出一些构造措施，节点做法，施工方法和相应的计算方法以及与高性能混凝土的组合等[2]。继之在 1997 年又开展沈阳和泰大厦及沈阳市和平区地税局办公楼等两个高层建筑的试点工程，在 1999 年完成沈阳电力花园双塔高层住宅、沈阳方圆大厦、京沈高速公路兴城服务区跨线服务楼等试点工程中使用。

这些试点工程的柱子均采用钢管内外的混凝土分期浇筑的叠合柱，采用高性能、高弹性模量混凝土，管内强度等级 C80～C100，管外强度等级 C50～C60，由于刚度分配合理，一般采用占截面 1/3 左右的核心钢管混凝土，承担约 2/3 左右的总轴力和绝大部分剪力，与型钢混凝土柱比较截面外围混凝土的轴压比和剪压比明显减小，从而整个柱子截面尺寸明显减少，剪跨比增大，柱子的延性和抗震性能显著提高，一般一个 20 层左右的高层柱子，断面可控制在 600mm×600mm 左右，从"材料强化"+"约束"+"组合"+"叠合"的全新成柱理念出发，终于产生革命性、颠覆性的技术突破。

我们感到对这种新的结构逐渐有了信心。为了稳妥起见，于 1997 年和 1998 年请国内一些著名专家在大连和沈阳两地举行技术论证会，先后参加的专家有赵国藩、容柏生、钱稼茹、胡庆昌、蔡绍怀、方鄂华、吴学敏、吴波、李惠等。在大连的论证会着重研讨现代高性能混凝土在高层柱子中的应用；在沈阳的论证会着重研讨叠合柱概念的可行性和应用前景。该课题（钢管高强混凝土叠合柱结构）研究成果荣获 1998 年建设部科技进步二等奖。

专家的研讨论证对钢管混凝土叠合柱这一课题给予充分的肯定，认为它符合我国国情，准确把握组合结构这一大方向，以超前的战略思维，顽强的科研钻劲，在短短的两三年内就搞出多幢叠合柱试点工程，每项工程起点都很高，均有所创新，结果都很成功；从概念的提出到原理的探讨，再到设计施工方案的制订都很令人满意。

专家还认为，钢管混凝土组合柱在国际上虽偶有应用，但理论研究深度不够，在高层中应用也不够成熟，在国内仍停留在 SRC 水平上应用；将"组合柱"概念延伸到"叠合柱"国际上还没有，是我国的自主创新，极有发展前景。专家学者鼓励我们继续以世界的眼光、超前的意识、全面策划，联合高校（主要有清华大学、大连理工大学、哈尔滨工业大学）、设计单位、研究部门、施工及商品混凝土供应生产单位共同协作，进一步把这一课题做大做强。当时就确定以我院进行结构设计的沈阳富林广场工程作为进一步深入研究的试点工程。该工程的柱子和节点构造，均在清华大学进行结构试验，并以此为基础资料编制了《钢管混凝土叠合柱结构技术规程》（CECS 188—2005）。由于该课题既符合抗震、安全的性能目标，又能减少混凝土墙、柱的尺寸，节约水泥和钢材，满足环保、低碳的要求，各类建筑工程都能适用，其研究成果将进一步提升我国建筑业的科技创新水平。

2　项目实施的几个阶段

2.1　1995～2000 年　从概念形成到原理探讨阶段

这阶段将本课题的许多理论问题分成专题，请高等院校进行专题研究，有钢管高强混凝土叠合柱的受力特点、抗震性能、受力变形特点、压弯构件的全过程分析以及构件（含节点）的设计方法等。期间各高等学校的许多著名专家都参加本课题研究并带出水平很高的博士研究生，如赵国藩院士及王清湘教授培养出陈周煜、张德娟等博士；王光远院士与李惠教授培养出王震宇、刘克敏等博士；钱稼茹教授培养出多名硕士后又培养出康洪震、江枣等博士。他们的研究成果和论文都取得了很高的水平。

这期间我国的钢管混凝土研究也进入总结成熟阶段，如蔡绍怀的极限平衡理论和钟善铜的统一理论都在这期间出版总结性专著，为本课题的基础核心构件的研究打下坚实的理论基础。

这期间，我省的现代混凝土研究也取得突破性进展。1995年我院与大连理工大学合作的"高强混凝土柱延性的试验研究"获省部级科技进步二等奖；我院与沈阳北方建设集团的"高强混凝土配制及应用"获部科技进步二等奖。C100级混凝土已开始在沈阳应用，至今已在七个工程中应用成功。特别是2002年建成的由我院设计的沈阳富林广场大厦，是我国第一个在钢管中采用C100级高强、高性能混凝土的超百米高层建筑工程，具有里程碑意义。这些都为进一步探讨钢管与混凝土的组合和叠合奠定了基础。

2.2　2001～2005年　理论和方法逐渐成熟，形成《规程》[1]阶段

在前一阶段试验研究和试点工程的基础上，已具备了编制国家设计施工技术规程的条件，在此之前我院和部分高校为了试点工程设计和施工技术措施，现在到了应加以综合总结和提高的时候。加上2000年开始，全国有许多地方都希望采用钢管混凝土叠合柱，迫切希望能编制出一本全国通用的技术标准。于是我们在2000年开始着手筹建编制组，由在这一领域研究和应用处于领先地位的清华大学和辽宁省建筑设计研究院有限责任公司担任主编单位，呈报中国工程建设标准化协会申请立项，2002年在中国工程建设标准化协会（2002）建标协字第12号文《关于印发中国工程建设标准化协会2002年第一批标准制、修订项目计划的通知》中正式批准。

在编制规范有丰富经验的钱稼茹教授的领导下，在编制过程中又进行了许多理论研究，明确证明了钢管混凝土叠合柱较钢筋混凝土和钢骨混凝土（也称型钢混凝土）柱具有更优良的抗压性能和抗震性能。同时进行了设计方法研究；补充了轴向受压试验，在轴压力和反复水平力作用下的试验、梁柱节点核心区抗剪性能试验和钢管混凝土剪力墙试验等。

本规程于2005年审查通过并发行，编号为CECS 188—2005，短期内就已发行一万余册，广受设计人员的欢迎。

2.3　2006～2010年　从辽宁走向全国，成果推广阶段

《规程》发行后，设计、施工都有了依据，"钢管混凝土叠合柱"迅速风行全国。《规程》是2005年11月发行第一版，共5千册，三个月后即售完，遂于2006年3月第二次印刷，增印5千册，不久就发行了一万多册。可见市场对这本《规程》是很欢迎的。

随着《规程》的普及，叠合柱迅速从辽宁走向全国。目前粗略的统计，我国各大中城市中这期间已建了不少这种结构，有代表性的如上海陆家嘴的保利广场（30层，高134m）、重庆朝天门的滨江广场（53层，高205m）、广州珠江新城的A-1写字楼（35层，高151m）、深圳市中心的诺德金融中心大厦（40层，高183m）、南京鼓楼区的新世纪广场（51层，高186m）、成都国金中心办公大楼（50层，高236.6m）、沈阳金廊上的东北传媒大厦（43层，高184m）等。至于中小城市也有推广，辽宁省除沈阳外，大连、丹东、营口、鞍山、葫芦岛等市皆有实例，县级市大石桥也建设一幢16层的立德大厦。

2.4　2011年～今　成果扩展阶段

进入"十二五"，本课题研究的前期工作告一段落，将进入新的阶段，展望今后更美

好的明天，有以下几项工作需要做：

（1）近 20 年的研究和推广，取得了巨大成绩，也取得许多经验，特别是各地科研设计施工人员的创造性，提出许多改进意见，值得我们认真加以分析总结，使"钢管混凝土叠合柱"更加充实多彩。

（2）钢管混凝土叠合柱已被认定为"我国自主创新的一种结构体系"。在此基础上继续深入研究，发展创新结构理论，完善设计方法，扩大应用范围，创造更先进的性能指标，争取达到国际领先水平。

（3）进一步探讨在超高层建筑的重载柱中应用钢管混凝土叠合柱来替代"组合巨型柱"。建筑的高度不断提高，近来出现一些高度超过 400m 的超高层建筑，对超大承载力和超大刚度柱的性能要求很高，希望利用现代混凝土的卓越性能和与高性能钢管的组合、约束、叠合作用，做到柱子断面合理缩小，技术经济指标更加先进。

（4）随着国家新《抗震规范》的颁布，加上 18 年来叠合柱发展过程中总结起来的经验，为更好地发展这一新结构，急需修订新《规程》。各地涌现出一批有强烈开拓创新精神，能克服困难有顽强干劲的新人，应吸收其中造诣卓越者参加本规程的修订。

据文献记载，目前我国部分老专家已开始对叠合柱结构感兴趣，如陈肇元院士、魏琏研究员、容伯生院士、程文瀼教授、江欢成院士、汪大绥设计大师、傅学怡设计大师、李国胜教授等都曾经在其主持或参与审查的工程项目中积极支持叠合柱方案。

3　主要研究成果

研究成果包括试验研究报告、钢管混凝土叠合柱结构技术规程、发表的论文，以及各地采用本《规程》设计的工程。这两大部分，详见"钢管混凝土叠合柱结构工程实录及论文摘引"[2]，这里仅对工程应用部分略作介绍。

叠合柱结构分两种，钢管内、外混凝土同期施工的也可简称为组合柱，不同期施工的则简称为叠合柱，本文分别介绍这两种柱的应用情况。

叠合柱诞生于沈阳，先后有 15 个塔楼采用混凝土不同期施工的叠合柱，沈阳以外后期有两个工程（分别在广州和大连）也采用叠合柱，其中超过 100m 高度的塔楼有四座，都是采用框架核心筒结构，分别是：

（1）沈阳富林广场大厦（34 层，118m 高），是我国第一个采用钢管混凝土不同期施工叠合柱体系的超百米高层结构，也是我国第一个采用 C100 级高性能混凝土的高层建筑。原方案为混凝土结构，柱截面最大为 1300mm×1300mm，改用叠合柱后截面减为最大 1000mm×1000mm，减小 69%，2002 年 12 月主体建成。

（2）沈阳皇朝万鑫大厦主塔楼（46 层，177m 高），是目前我国最高的不同期施工的叠合柱，最大柱断面仅 1200mm×1200mm，管内用 C100 混凝土，管外用 C60 混凝土，2006 年主体建成，2008 年全部完工。

（3）广州珠江新城 A-1 写字楼（35 层，151.4m 高），2008 年完成设计，现已建成。

（4）大连奥泰中心（42 层，152m 高），最大柱断面仅 1100mm×1100mm，管内用 C80 混凝土，管外用 C60 混凝土，柱每延长米的总用钢量（包括钢管、纵向钢筋、箍筋）为 554kg。与同期送审的营口某大酒店（40 层，171.6m 高，框架核心筒结构）比较，后者采用型钢混凝土柱，最大柱断面为 1600mm×1600mm，为前者的 2.12 倍，柱每延长米的总用钢量（包括型钢、纵向钢筋、箍筋）为 1261.4kg，为前者的 2.28 倍。施工难度也比前者大。充分说明按本《规程》正确设计的叠合柱比型钢混凝土组合柱用钢量和用混凝土量都可以少一倍多。

在辽宁省采用组合柱建造的最高的建筑物为东北传媒大厦（43 层，184.3m 高）、大连海事大学双了星大厦（双塔楼，34 层，149.9m 高）、沈阳奥体万达广场（三个塔楼均为 43 层，129m 高）。断面为原来的 36%，东北大学科技楼工程原来混凝土柱断面为 1000mm×1000mm，改用钢管混凝土组合柱后，柱子尺寸仅 600mm×600mm，轴压比由 0.7 减少至 0.5，结构的抗震性能大大提高，这说明组合柱不仅用之于超高层，在高层混凝土结构建筑中也同样经济适用。东北大学科技楼工程获全国建筑结构优秀设计奖。

（5）我国高层建筑发展快的城市也开始采用钢管混凝土组合柱。除辽宁省外，比较有代表性的工程（均由各地设计院设计，都获得全国建筑结构优秀设计奖，截至 2011 年资料）见表 1。

除辽宁省外比较有代表性的工程　　　　　　　　　　表 1

工程名称	工程结构资料
重庆环球金融中心大厦	框筒结构，地上 70 层，地下 6 层，高 338.9m
重庆重宾保利国际广场	框筒结构，地上 59 层，地下 6 层，高 259.5m
重庆联合国际	框筒结构，地上 70 层，地下 5 层，高 270m
重庆天成大厦	框筒结构，地上 60 层，地下 5 层，高 280m
重庆朝天门滨江广场	框支剪力墙结构，地上 53 层，高 204.8m，获 2006 年全国建筑结构优秀设计一等奖
成都国金中心办公大楼	框筒结构，地上 50 层，地下 5 层，高 236.6m
深圳诺德金融中心	框筒结构，地上 40 层，地下 4 层，高 193.2m，获 2008 年全国建筑结构优秀设计奖
深圳卓越皇岗世纪中心 1、2、4 号塔	框筒结构，地上 57 层，地下 3 层，最高塔楼 280m，其次为 268m 和 185.5m。均已建成。曾与型钢混凝土结构进行了详细的技术经济比较，最终选用钢管混凝土叠合柱。获 2012 年全国建筑结构优秀设计奖
上海保利广场	框筒结构，地上 30 层，高 134m，已建成。获 2012 年全国建筑结构优秀设计奖
南京新世纪广场	筒中筒结构，地上 51 层，地下 3 层，高 186m，已建成
深圳绿景纪元大厦	框筒结构，地上 61 层，地下 3 层，高 272m，柱最大截面 1400mm×1400mm，已建成
天津富力中心双塔	框筒结构，地上 54 层，地下 4 层，高 200m，柱最大截面 1200mm×1200mm，已建成
上海新发展亚太万豪大酒店	框筒结构，地上 32 层，地下 2 层，高 134m，已建成。获 2012 年全国建筑结构优秀设计奖
大连海创国际大厦	框筒结构，地上 35 层（不包括突出屋面的 2 层设备用房），地下 3 层，高 149.95m，已建成。获 2012 年全国建筑结构优秀设计奖
重庆中国银行大厦	框筒结构，地上 38 层，地下 2 层，高 192.1m。柱最大截面 1500mm×1500mm

工程名称	工程结构资料
山东寿光凯宝皇都国际商会中心	地上 40 层，地下 2 层，总高 192.1m
营口银行新总部大楼	框筒结构，地上 46 层，地下 2 层，高 188.6m
深圳迈瑞总部大楼	框筒结构，地上 38 层，地下 3 层，高 163.8m，最大截面 1200mm×1500mm，已建成
重庆国际大厦	筒中筒结构，地上 67 层，地下 5 层，高 273.1m。柱最大截面 1500mm×1500mm

4 "十二五"期间，钢管混凝土叠合柱的应用发展趋势

（1）现代混凝土将向高强、高弹性模量、高性能方向发展。如何与钢材组合，形成更高效的结构，应是今后继续研究的方向；

（2）引导设计和施工人员将柱截面由"组合"向"叠合"提升，能充分发挥核心钢管混凝土的承载能力和轴向刚度；

（3）核心筒和剪力墙中也开始应用钢管混凝土叠合柱，可提高筒和墙的延性和抗剪性能；

（4）由于叠合柱具有竖向刚度大、轴压比小、延性大、长细比合格和截面小、自重轻的优点，非常适用于框筒或筒中筒混合结构中。最近重庆、天津、沈阳和上海等地又有一批超高层建筑采用叠合柱。这些工程，都在积极研究探索更有效的组合、叠合方式和节点构造做法，叠合柱的应用将登上新高峰；

（5）叠合柱不仅用于超高层，用于中高层甚至低层（如 6 层的装配式住宅工程，也可用预制 250mm×250mm 柱，内设 φ150 钢管）也能显示其优越性。辽宁省的沈阳方圆大厦、和泰大厦、营口立德大厦、鞍山移动通讯大厦等工程都是一般高层，同样有效益；最近，我国交通部门在超高混凝土桥墩设计中采用钢管混凝土叠合柱，以提高桥梁结构的抗震性能；在超大跨度的拱桥设计中采用钢管混凝土叠合拱，分期施工拱肋和拱架，最后施工外包混凝土，大大提高桥梁的刚度和承载性能。

（6）当前我国各地建筑业空前繁荣，各种结构体系、构件和做法呈现出激烈竞争的态势。"钢管混凝土叠合柱"作为自主创新的新兴结构体系，要不断完善自我，勇于面临竞争，迎接新的挑战。

我国现行的各种混凝土结构和钢与混凝土的组合结构体系，自己创新的东西不多，大都在国外的研究成果上作些修修改改加以应用。钢管混凝土叠合柱既然已被认为"是我国自主开拓的结构体系"，近二十年的研究及应用也证明它有广阔的发展前景，就应当继续搞下去。我们曾在一些国际会议上宣读介绍了我们的研究成果，现在日本、新加坡、我国台湾、香港等地也已经开始关注我们的经验。沈阳市曾经是叠合柱结构的发祥地，曾在 20 世纪末热衷于设计叠合柱的单位而今已经很少搞叠合柱设计了，诞生于 100 年前的型钢混凝土结构，自 20 世纪 80 年代末期起欧美日等西方发达国家已经很少设计了，然而，型钢混凝土结构目前在辽宁省尤其是沈阳市作为新技术大量推广应用，这与国际先进设计理念形成很大反差。然而，在我国国内其他地方（如重庆、深圳、天津、大连等地），叠合柱

结构设计正在不断创新和取得突破，获得了显著的经技术济效益。这一我们应抓住机遇，不断开拓进取，使我国钢管混凝土叠合柱结构体系的研究和应用继续保持国际领先水平。

　　本文撰写过程中，承蒙清华大学钱稼茹教授提供技术信息及指导，在此表示衷心感谢。（该文载于第十四届高层建筑抗震技术交流会论文集，2013 年，北海。本文略作修改）

参 考 文 献

［1］　国家标准化协会标准，钢管混凝土叠合柱结构技术规程 CECS-188—2005 ［S］. 北京：中国计划出版社，2005.

［2］　钢管混凝土叠合柱结构工程实录及论文摘引 ［M］. 北京：中国建筑工业出版社，2011.

《钢管混凝土叠合柱结构技术规程》简介

钱稼茹[1]　林立岩[2]

(1. 清华大学土木工程系；2. 辽宁省建筑设计研究院有限责任公司)

1　概　　述

由清华大学和辽宁省建筑设计研究院有限责任公司主编的中国工程建设标准化协会标准《钢管混凝土叠合柱技术规程》(CECS 188—2005) 已于 2005 年 11 月 1 日起施行。由中国工程建设标准化协会撰写的前言高度评价了叠合柱："钢管混凝土叠合柱是在钢筋混凝土柱的中部设置钢管混凝土的一种叠合构件，已形成我国自主开拓的一种结构体系。它较钢筋混凝土和钢骨混凝土（也称型钢混凝土）柱具有更优良的抗压和抗震性能。"

钢筋混凝土叠合柱（简称叠合柱）是由截面中部的钢管混凝土和钢管外的钢筋混凝土叠合而成的柱（图 1）。按照钢管内混凝土和钢管外钢筋混凝土是否同期浇筑，叠合柱可以分为同期施工叠合柱（也称为组合柱）和不同期施工叠合柱。不同期施工叠合柱的施工大体分为三步：1) 安装钢管，浇筑钢管内混凝土，形成钢管混凝土柱；2) 以钢管混凝土柱为楼盖梁的支柱，施工楼盖结构，使钢管混凝土柱承受施工期间的部分竖向荷载，浇筑楼板混凝土时，在柱周围的楼板上预留后浇孔；3) 钢管混凝土柱的轴压力达到该柱轴压力设计值 0.3～0.6 倍时，浇筑钢管外混凝土，成为钢管混凝土叠合柱。

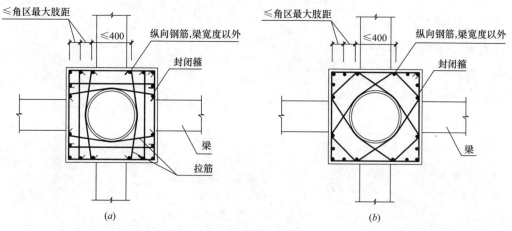

图 1　叠合柱平面图

(a) 柱截面较大时；(b) 柱截面较小时

叠合柱的主要优点有：1) 钢管内浇筑高强混凝土，钢管的约束作用克服了高强混凝土的脆性，同时，使管内混凝土的轴心抗压强度大幅度提高，充分发挥了高强混凝土受压能力高的优势，从而减小柱的截面尺寸，增大使用空间。2）对于组合柱，作用在截面上的轴力设计值按轴向刚度分配给钢管混凝土和管外的钢筋混凝土；对于叠合柱，轴力设计值减去浇筑管外混凝土时钢管混凝土已经承受的轴力后，按轴向刚度分配给钢管混凝土和管外的钢筋混凝土。分配轴压力时，钢管混凝土的轴向刚度随其轴心受压承载力的提高而提高。结果，钢筋混凝土分担的轴压力比按管外、管内混凝土面积比分担的轴压力小得多。由于钢筋混凝土部分承担的轴压力小、轴压比低，通过配置适量的纵筋和箍筋，容易实现具有延性的大偏心受压破坏形态。3）截面中部的钢管混凝土提高了柱的抗剪承载力，容易实现强剪弱弯。4）钢管混凝土提高了节点核心区的抗剪承载力，可简化核心区构造，方便施工。5）在轴压力和往复水平力作用下，由于钢管混凝土的存在，延长了叠合柱从屈服到破坏的过程，提高了柱端塑性铰的转动能力，使叠合柱具有良好的延性和耗能能力。6）钢管内和钢管外都有混凝土，钢管壁不会发生屈曲。7）钢管外的混凝土可起抗火作用。

1995 年辽宁省建筑设计研究院有限责任公司提出叠合柱的概念，并会同大连理工大学、哈尔滨工业大学和清华大学进行了大量的试验，研究叠合柱及节点核心区的受力性能和设计方法。叠合柱首先应用于沈阳日报社大厦的地下室逆作法施工。1996 年，辽宁省邮政枢纽采用叠合柱，成为第一幢采用叠合柱结构的高层建筑。至今，仅辽宁地区已有 19 幢高层建筑采用叠合柱结构，其中 16 幢已经建成并投入使用，包括：23 层的辽宁省邮政枢纽、22 层的沈阳和泰大厦、33 层的沈阳电力花园双塔、28 层的沈阳远吉大厦等。其中远吉大厦和贵和大厦在钢管内采用 C100 高强混凝土；富林广场在钢管内设计采用 C90 混凝土，实际按 C100 施工，检测表明，钢管内混凝土达到 C100 的强度。试点工程表明，只要合理组织施工，叠合柱的结构的施工并不复杂，其进度比同类的钢筋混凝土结构略快。

叠合柱结构适用于我国非抗震和抗震地区的房屋建筑，尤其适用于抗震设防地区的高层建筑。

2 主要技术内容

《钢管混凝土叠合柱技术规程》（CECS 188—2005）的主要技术内容包括：总则、术语和符号、材料、荷载和地震作用、结构设计基本规定、叠合柱框架设计、钢管混凝土剪力墙设计、构件连接、结构施工和验收。

3 材 料

规程根据《混凝土结构设计规范》（GB 50010—2002）规定的 C40～C80 混凝土的强度值和弹性模量值，外推得到 C85～C100 混凝土的强度值和弹性模量值。GB 50010—2002 对 C80 混凝土采用的棱柱体强度与立方体强度的比值为 0.82，由此外推 C100 的相关比值为 0.86，试验实测的平均值为 0.89，高于外推值。由于试验值比较少，仍采用 0.82。混凝土考虑脆性的折减系数也采用 GB 50010—2002 的外推值。C80 以上的混凝土，不同配合比时模量可能相差较大。因此，C80 以上混凝土的弹性模量也可根据实验结果采用。

4　结 构 设 计

叠合柱结构是钢筋混凝土结构。其荷载、地震作用、建筑抗震设防类别和抗震设防标准、建筑设计、结构体系和布置要求以及结构规则性要求等，应符合现行设计规范。

4.1　叠合柱的布置

规定了叠合柱结构采用叠合柱的最少楼层数。部分框支剪力墙结构的框支柱是框支层的重要抗震防线，框支柱采用叠合柱时，全部框支柱宜采用叠合柱，其钢管至少应伸至转换构件的顶面。在一幢建筑内，可以从下到上全部采用叠合柱，也可以底部采用不同期施工叠合柱、中部采用组合柱、上部采用钢筋混凝土柱。叠合柱的优点显著，当一幢建筑采用叠合柱时，应有尽可能多的楼层采用叠合柱。采用叠合柱的层数，可通过计算确定，规程规定了采用叠合柱的最少层数：当高度不超过 A 级高度钢筋混凝土高层建筑结构的最大适用高度时，叠合柱至少应伸至房屋高度的 1/3 处；当高度接近或达到 B 级高度钢筋混凝土高层建筑结构的最大适用高度时，叠合柱至少应伸至房屋高度的 2/3 处；当高度在 A 级高度与 B 级高度之间且未接近 B 级高度时，采用叠合柱的高度可在房屋高度的 1/3～2/3 之间。

4.2　钢管混凝土剪力墙的布置

钢管混凝土剪力墙包括无端柱和有端柱两种。与钢筋混凝土剪力墙相比，钢管混凝土剪力墙的正截面承载力和斜截面承载提高，延性和耗能能力大。当建筑高度超过 A 级高度钢筋混凝土高层建筑结构的最大适用高度时，剪力墙底部加强部位及以上一层或以上若干层布置钢管混凝土剪力墙。剪力墙可在下列位置设置钢管混凝土：无端柱剪力墙（墙上可没有洞口，或有一列洞口，或有多列洞口）的两端，宽度超过 4m 的洞口两侧，筒的转角，有端柱剪力墙的端柱内等。

4.3　叠合柱结构的楼盖梁

可为钢筋混凝土梁、钢骨（型钢）混凝土梁或钢梁。

4.4　叠合柱结构的最大适用高度

对框架结构和 9 度抗震设防时，其最大适用高度与《高层建筑混凝土结构技术规程》（JGJ 3—2002）对 A 级高度钢筋混凝土高层建筑最大适用高度的规定相同；对非抗震设计和 6、7、8 度抗震设防时，除框架结构外，其他结构的最大适用高度与 JGJ 3—2002 对 B 级高度钢筋混凝土高层建筑最大适用高度的规定相同。

4.5　框支层的层数

框支柱为叠合柱且转换层以下框支层设置钢管混凝土剪力墙时，地面以上的大空间层数：8 度时不宜超过 5 层，7 度时不宜超过 8 层，6 度时可适当超过 8 层；底部带转换层的框架-核心筒结构和筒中筒结构的转换层以下采用叠合柱且转换层以下设置钢管混凝土剪力墙时，其转换层位置可比上述规定适当提高。

4.6　抗震等级

叠合柱结构的抗震等级划分，与 JGJ 3—2002 对相同烈度、相同结构类型、相同高度的钢筋混凝土高层建筑结构的抗震等级划分相同。

4.7　截面刚度

叠合柱的截面弹性刚度为管内混凝土、钢管和管外混凝土弹性刚度之和。钢管混凝土剪力墙的截面弹性刚度取相同截面尺寸的钢筋混凝土剪力墙的截面弹性刚度。

4.8　层间最大位移角的限值

在风荷载和地震作用下，与 JGJ 3—2002 对使用功能相同的钢筋混凝土结构的规定相同。

5　叠合柱设计

5.1　最小受剪截面

验算叠合柱的最小受剪截面时，考虑了钢管约束对管内混凝土轴心抗压强度的提高作用。

5.2　叠合比

不同期施工叠合柱，在浇筑管外混凝土前，配置在截面中部的钢管混凝土柱已经承受了部分轴力。钢管混凝土柱先期承受的轴力与叠合柱的轴力设计值的比值称为叠合比。若叠合比过大，则有可能不满足叠合后的承载力要求；若过小，则不能充分发挥叠合柱的特点。叠合比可通过试算确定。一般情况下，叠合比可取 0.25～0.6。

5.3　轴力设计值的分配

对不同期施工的叠合柱，轴力设计值减去浇筑管外混凝土前钢管混凝土柱已经承担的轴力后，按管外混凝土和管内混凝土的轴向刚度分配；对同期施工的叠合柱，按管外混凝土和管内混凝土的轴向刚度分配。管内混凝土的轴向刚度，考虑钢管约束后随强度的提高而提高。

5.4　正截面承载力计算

叠合柱在轴力和弯矩作用下的正截面承载力按《混凝土结构设计规范》（GB 50010—2002）关于钢筋混凝土柱正截面承载力的公式计算。计算时，轴压力采用钢筋混凝土部分

承受的轴压力设计值，弯矩采用叠合柱全截面的弯矩设计值，按叠合柱的截面尺寸和钢管
外混凝土的强度等级计算。

5.5　斜截面承载力计算

根据 38 个试件的试验结果给出叠合柱斜截面受剪承载力的公式。试验结果表明，叠
合柱内的钢管混凝土可提高柱斜截面受剪承载力。

5.6　轴压比限值

叠合柱的轴压比采用管外钢筋混凝土的轴压比，即钢筋混凝土分担的轴力设计值除以
管外混凝土轴心抗压强度设计值与管外混凝土截面面积的乘积。轴压比限值按《建筑抗震
设计规范》（GB 50011—2001）有关钢筋混凝土柱轴压比限值的规定采用。

5.7　构造要求

规定了不同抗震等级框架柱中钢管混凝土的套箍指标和钢管的含骨率，规定了钢管的
最小直径和钢管外混凝土的最小厚度；规定了叠合柱的混凝土强度等级；纵向钢筋的最小
总配筋率，箍筋加密区箍筋的最大间距和最小直径，箍筋加密范围、箍筋加密区的体积配
箍率，非箍筋加密区的体积配箍率，以及节点核心区的箍筋配置，按 GB 50011—2001 关
于相同抗震等级钢筋混凝土框架柱的规定执行。计算纵向钢筋的配筋率时，取纵向钢筋的
截面面积与钢管外钢筋混凝土截面面积的比值；计算体积配箍率时，混凝土的体积取外围
箍筋与钢管之间混凝土的体积。

6　钢管混凝土剪力墙设计

6.1　钢管混凝土剪力墙

边缘构件内设置参与受力的钢管混凝土的剪力墙，包括无端柱剪力墙和有端柱剪力
墙。有端柱钢管混凝土剪力墙的端柱为叠合柱，端柱的构造要求与叠合柱的要求相同。

6.2　无端柱钢管混凝土剪力墙

规定了边缘构件内钢管混凝土的最小套箍指标和最小钢管截面面积；钢管壁外表面焊
接闭合的钢筋环箍，环箍间距不宜大于 1000mm；剪力墙中竖向和横向分布钢筋的最小配
筋率，约束边缘构件的范围及其配箍特征值和纵向钢筋最小截面面积、构造边缘构件的范
围及其配筋要求，与 GB 50011—2001 的规定一致。

6.3　承载力

正截面承载力计算方法与普通剪力墙相同，端部钢管的截面面积计入剪力墙端部纵向
钢筋的面积；斜截面承载力采用叠加法计算，即钢筋混凝土腹板的受剪承载力与钢管的受

剪承载力叠加，钢管的抗剪作用考虑为销栓作用。

6.4　轴压比限值

无端柱时，轴压比限值与钢筋混凝土剪力墙相同；有端柱时，比钢筋混凝土剪力墙提高 0.05。计算轴压比时，考虑钢管对混凝土的约束作用。

7　连　接　设　计

7.1　构件连接

包括钢管接长，梁柱连接，组合柱与叠合柱连接以及叠合柱柱脚。

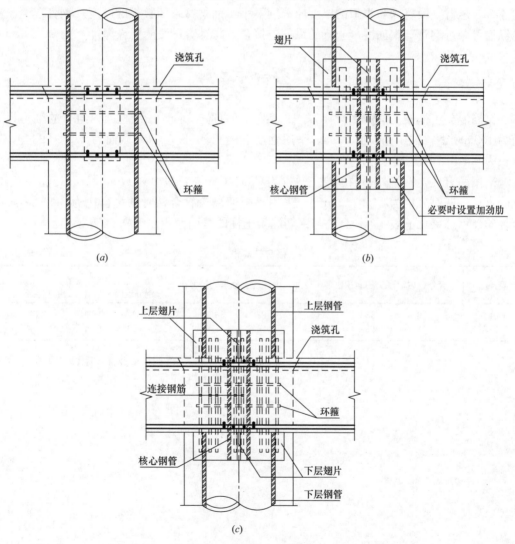

图 2　连接加点立剖面图

(a) 钢管贯通型；(b) 钢板翅片转换型；(c) 钢管钢筋转换型

7.2　钢筋混凝土梁与叠合柱连接

可采用钢管贯通型、钢板翅片转换型和钢管钢筋转换型连接（图2）。钢管贯通型连接的上下层钢管贯通梁柱节点核心区，在管壁开孔，梁的纵向钢筋直接穿过；在核心区高度范围内，在钢管壁外表面焊接不少于两道闭合的钢筋环箍，目的是加强钢管与管外混凝土的粘结。其他两种连接的上下层钢管不贯通核心区，采用厚壁小直径钢管加钢板翅片和钢筋连接上下层钢管。上下层钢管不贯通，便于梁纵向钢筋穿过核心区，但应保证上下层钢管的连接有足够的承载力。

7.3　钢骨混凝土梁与叠合柱连接

上下层钢管在核心区贯通，钢骨混凝土梁中的钢梁与钢管之间可通过钢悬臂梁段及钢筋连接，悬臂梁段翼缘和腹板的厚度应分别不小于钢梁翼缘和腹板的厚度，钢骨混凝土梁的纵筋可穿过钢管与钢筋混凝土梁的纵筋连接，或与悬臂梁段的翼缘焊接。

8　叠合柱算例

钢筋混凝土框架-核心筒结构，高120m，7度抗震设防。二级框架，组合的轴力设计值为103000kN，轴压比限值0.85。采用钢筋混凝土柱，C50，则截面为2300×2300，轴压比为0.843，满足要求。

采用叠合柱，钢管外、内混凝土分别为C50、C60。若截面为1700×1700，Q345钢的钢管直径、壁厚分别为1400，35mm。采用不同期浇筑叠合柱时的叠合比为0.3。两种叠合柱的计算结果见下表1。叠合柱与钢筋混凝土柱的截面面积比为0.546。

叠合柱算例　　　　　　　　　　　　　表1

叠合柱	管外、内混凝土的面积比	管外、内混凝土分担的轴力比	轴压比	
			钢筋混凝土	钢筋混凝土
同期	0.467∶0.533	0.232∶0.768	0.766	0.67
不同期	0.467∶0.533	0.162∶0.838	0.536	0.73

本文引自《建筑结构·技术通讯》2006年3月

钢管高强混凝土叠合柱

林立岩[1]　李庆钢[1]

（1. 辽宁省建筑设计研究院有限责任公司）

【摘　要】 本文讨论以钢管混凝土为核心支柱，后期叠合浇筑外围钢筋混凝土的叠合柱的抗震机理和设计方法。

【关键词】 钢管混凝土；核心柱；叠合柱；延性控制

1　钢筋混凝土的抗震延性控制

地震区高层建筑采用钢筋混凝土柱结构，在设计工况（小震）下一般柱子均处于小偏心受压状态。当遇到罕遇地震（大震）时，强大的水平地震作用使柱端弯矩明显增大，柱的受力状态逐渐转变为大偏心受压，柱端产生塑性铰，柱子承载力接近极限状态。这时，正确的截面设计（抗震控制）应使柱中截面一侧的纵向钢筋先屈服，另一侧的边缘混凝土后压溃，使柱子具有一定的耗能转动能力和延性。众所周知，混凝土的极限压应变值 $\varepsilon_{cu}=0.0033$，当柱子由于强震引起的边缘压应变值达到和超过 0.0033 时，即产生边缘压溃现象。为避免过早出现压溃现象，应控制柱在正常使用阶段（设计工况）的压应变值 ε_c，使之不致过大且应与极限压应变值留有足够的差值。用 $\Delta\varepsilon=\varepsilon_{cu}-\varepsilon_c$ 来度量截面的变形转动能力，$\Delta\varepsilon$ 愈大延性愈好。

控制截面上的轴压比实际上是控制截面的压应变。

在设计一般高层建筑中的柱子处于弹性受力阶段，柱子处于小偏压甚至接近中心受压状态，所以可以近似用截面的平均压应变 ε_c 来代表截面的边缘压应变，

即　$\varepsilon_c = \dfrac{\sigma_c}{E_c} \approx \dfrac{N}{E_c\left(A_c + \dfrac{E_s}{E_c}A_s\right)}$　　(1)

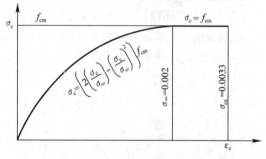

图 1　混凝土偏心受压时的应力-应变曲线

混凝土偏心受压时的应力 σ_c 与应变 ε_c 关系如图 1 所示并按下式计算：

$$\sigma_c \begin{cases} \left[2\left(\dfrac{\varepsilon_c}{\varepsilon_{co}}\right) - \left(\dfrac{\varepsilon_c}{\varepsilon_{co}}\right)^2\right]f_{cm} & (\varepsilon_c \leqslant \varepsilon_{co}) \\[3mm] f_{cm} & (\varepsilon_{co} < \varepsilon_c \leqslant \varepsilon_{cu}) \end{cases} \qquad (2)$$

式中，f_{cm} 为混凝土弯曲抗压强度设计值，约等于 $1.1f_c$，f_c 为混凝土轴心抗压强度设计

值，在设计阶段 σ_c 和 ε_c 的关系均处于抛物线段（$\varepsilon_c \leqslant 0.002$），其比值：

$$E_c = \frac{\sigma_c}{\varepsilon_c} = 1.1\left(\frac{2}{\varepsilon_{co}} - \frac{\varepsilon_c}{\varepsilon_{co}^2}\right)f_c$$

将 E_c 及 $\varepsilon_{co} = 0.002$ 代入式（1），得：

$$\varepsilon_c = \frac{N}{1.1\left(\dfrac{2}{\varepsilon_{co}} - \dfrac{\varepsilon_c}{\varepsilon_{co}^2}\right)f_c\left(A_c + \dfrac{E_s}{E_c}A_s\right)} \tag{3}$$

$$= \frac{\lambda}{1100 - \varepsilon_c \times 2.75 \times 10^5}$$

式中，$\lambda = \dfrac{N}{f_c\left(A_c + \dfrac{E_s}{E_c}A_s\right)}$ 为考虑纵筋的设计轴压比。在轴压比计算时，考虑纵筋的影响更为合理。世界上有的国家（如新西兰等）在规范中规定，轴压比计算时应考虑或部分考虑纵筋的影响。笔者认为，我国规范不考虑纵筋的影响只是一种近似和简化。

式（3）建立了初始压应变 ε_c（设计阶段的压应变）和设计轴压比 λ 之间的关系，也就是说限制 λ 值实际上亦是限制初始压应变 ε_c，也可以用控制 $\Delta\varepsilon$ 的方法来代替限制 λ。

$$\Delta\varepsilon = \varepsilon_{cu} - \varepsilon_c = 0.0033 - \varepsilon_c \tag{4}$$

当 λ 值确定后，可由式（3）算出 ε_c，代入式（4）可求出 $\Delta\varepsilon$。λ 限值是根据柱的抗震等级确定的，相应的 $\Delta\varepsilon$ 值见表 1。

设计轴压比与压应变的关系　　　　　　　　表 1

设计轴压比 λ	0.6	0.7	0.8	0.9	1.0
设计压应变 ε_c	0.00065	0.00079	0.00095	0.00115	0.0014
压应变差值 $\Delta\varepsilon$	0.00265	0.00251	0.00235	0.00215	0.0019

柱截面受偏压时，当受拉区钢筋达到屈服强度且受压边缘混凝土的应变恰好达到混凝土的极限压应变 ε_{cu} 时，称为平衡破坏状态，它是大、小偏压破坏的分界。当破坏时轴力 N_u 小于平衡破坏时所对应的轴力 N_b 时，截面产生大偏压破坏，这种破坏形态具有较好的延性和耗能能力，是抗震设计所希望的。因此采取限制设计轴压比值即为限制最大设计轴力使之不超过平衡破坏时的轴力 N_b，达到产生大偏压的效果。这是一种通常的控制方法，而采取控制截面边缘压应变差值 $\Delta\varepsilon$ 的方法也是一种有效的方法，它似乎对控制柱子变形能力和延性更为直观一些，我们亦可用它来讨论叠合柱的延性控制问题。

2　叠合柱的抗震机理

如前所述，柱子的抗震延性控制，实质上是控制柱子在设计阶段的压应变。对于叠合柱，从控制压应变的角度进行抗震机理分析，既直观又明确。

偏压试验表明，无论普通混凝土柱或组合柱（包括核心柱和叠合柱）破坏时的最大压应变均发生在截面的边缘，当边缘混凝土的应变超过极限压应变值而产生压溃现象导致截面破坏。因此，控制柱截面边缘在设计阶段的压应变成为柱子延性控制的首要问题。

边缘压应变是由轴力和弯矩两部分形成的，设计时一方面应设法减小轴力和弯矩（通过结构布局、减轻自重、概念设计等措施）；另一方面通过调整截面尺寸来适应轴压比限值。新的叠合柱理论是设法改变轴力和弯矩在截面上的分布，减小边缘压应变，达到适当减小柱断面的目的。这只有通过截面叠合的方法才能实现。

叠合，利用时间差进行截面组合，即先施工柱子的核心部分，让它承受早期施工荷载（一般约为设计轴力的 1/4～1/3 左右），以形成早期应变，然后在核心的外围浇筑外围混凝土，新老混凝土叠合形成新的组合断面。早期荷载全部由核心部分承担，叠合后加上的荷载由组合断面共同承担，按组合截面上新老混凝土的竖向刚度比分配。由于核心部分已全部承担早期荷载，加上设计时有意识地增大核心部分的竖向刚度比，使核心部分承受的总轴力比值大为增加，使外围混凝土部分分担的轴力明显减少，外围压应变值也相应减少，则有效地达到控制边缘压应变的目的。由于效果极为明显，可进而达到缩小柱截面尺寸、节约资金、增加使用面积等目的。

叠合的巨大效益，可从一个框架结构遭火灾后的修复设计中得到启示。

沈阳商业城是沈阳当年最大的商业建筑，1996 年一场大火使面积达 8 万 m^2 的钢筋混凝土框架结构遭到严重损伤。原柱断面为 900mm×900mm，表面混凝土烧伤深度达 100mm，其中 50mm 应凿掉，凿去烧损部分后再叠合浇筑外包混凝土 100mm，使断面增大为 1100mm×1100mm，外包部分重新配置柱的纵向钢筋和箍筋。核心部分（刨后净断面 800mm×800mm）承担加固前的荷载，叠合成整体后按竖向刚度分配共同承担后期荷载，由于后期荷载较小且外包的截面积与核心部分截面积接近相等，原柱核心部分分配到约 3/4 的总轴力，外包混凝土仅承担 1/4 的总轴力，其设计轴压比值为 0.29，$\Delta\varepsilon$ 达到 0.003，仅为火灾前设计轴压比的 32%，外包部分的纵筋、箍筋用量均满足 7 度设防构造要求。叠合后核心部分的轴压比为 0.86，虽稍大，仍满足抗震等级为 Ⅲ级 的框架柱要求，且大震时不再增长。因此该工程经此加固后具有足够的抗大震能力。

叠合柱的抗震控制，应控制柱边缘的初始压应变，为便于应用，设计时仍然采用限制外围混凝土的设计轴压比 $\lambda_{外}$，普通混凝土叠合柱 $\lambda_{外}$ 的限值同《建筑抗震设计规范》（GB 50011—2001）；对于以钢管混凝土为核心的叠合柱，根据试验，考虑核心钢管的存在，$\lambda_{外}$ 的限值可适当放宽一些，随钢管直径 D 与柱截面边长 b 之比而定，当 $D<b/3$ 时放宽 0.05，当 $D\geq b/2$ 时最大可放宽 0.10，其他情况取插入值，见表 2。

钢管混凝土叠合柱外围混凝土的轴压比限值 $\lambda_{外}$　　　　　　表 2

外围混凝土强度等级＼抗震等级	一级	二级	三级
C40	0.75（0.80）	0.85（0.90）	0.95（0.95）
C50	0.75（0.80）	0.85（0.90）	0.90（0.95）
C60	0.70（0.75）	0.80（0.85）	0.90（0.90）
C70	0.65（0.70）	0.75（0.80）	0.85（0.90）
C80	0.60（0.65）	0.70（0.75）	0.80（0.85）

注：表中括弧前数值用于 $D<b/3$，括弧内数值用于 $D\geq b/2$，其他内插。

3　钢管高强混凝土叠合柱

钢筋混凝土柱、钢管混凝土柱、钢骨混凝土柱等都是借助于不同材料的"组合"而得以应用发展的。"组合"的概念是新构件、新结构发展的催化剂。而今,"叠合"是在"组合"的基础上更上一层楼,是考虑时间因素的"组合"。钢管高强混凝土叠合柱,可充分发挥各种组合元素的材料特性。

前已述及,提高核心部分的承载能力和竖向刚度是增进叠合柱抗震性能的有效措施。我们于 1995 年在沈阳新闻大厦(24 层)地下室逆作法施工中,首先采用了钢管混凝土叠合柱。继之于 1996 年在辽宁邮政枢纽工程(24 层、高 96.9m)中全面采用了钢管高强混凝土叠合柱和核心柱。目前在沈阳已有一些工程采用了叠合柱、叠合墙。进行了不同类型的柱身试验和节点试验,在实践中证明钢管混凝土叠合柱有如下特点:

(1) 钢管混凝土柱是一种成熟有效的受力构件,作为早期受力柱,可用较小的钢管直径,加上管内高强混凝土即可获得很大的承载力和竖向刚度。早期轴力约占总轴力的 1/4~1/3。一般可以做到占总截面积约 30%的核心钢管混凝土达到承受 50%以上总轴力的目的;

(2) 钢管混凝土具有很大的竖向刚度,特别是当管内浇筑高强、高弹性模量的高性能混凝土时(管内混凝土标号可高于管外)其刚度比更大,后期荷载按刚度分配的结果,可有效减小外围混凝土的设计压应变,一般可减少 30%左右,如果外围混凝土的轴压比按表 2 控制,则可明显减小柱子的截面积;

(3) 钢管与外围混凝土通过箍筋焊接,试验表明两种材料间连接性能良好,在柱子破坏阶段也具有足够的连接,整个柱子符合平截面假定;

(4) 核心钢管的存在增强了柱断面的抗剪能力,比单靠箍筋抗剪更有效,即使在短柱情况下,亦容易做到强剪弱弯;

(5) 由于外围钢筋混凝土对核心钢管混凝土的约束,计算叠合后的核心钢管混凝土的承载力时一般可不计钢管的长细比和荷载偏心率的影响,按《钢管混凝土结构设计与施工规程》(CECS 28—1990)计算时,φ_1 和 φ_e 均可取 1.0,使核心钢管混凝土的承载力得到最充分的发挥。

叠合柱的截面一般由两部分组合而成,两部分各自的抗压强度、竖向刚度的比值、叠合时间的掌握等都对叠合柱的设计有重大影响。为便于分析,这里定义几个名词:

1) 竖向刚度比 β_o:

当核心部分采用钢管混凝土时,叠合柱的竖向刚度 $\sum EA$ 由三部分组成。

$$\sum EA = E_{c1}A_{c1} + E_a A_a + E_{c2}A_{c2}$$

式中,E_{c1}、E_a、E_{c2} 和 A_{c1}、A_a、A_{c2} 分别为外围混凝土、钢管、管内混凝土的弹性模量和截面积。

则核心钢管混凝土的竖向刚度比为:

$$\beta_o = \frac{E_a A_a + E_{c2}A_{c2}}{\sum EA}$$

2) 叠合比 m:

$$m = \frac{N_1}{N_{max}}$$

式中,N_1 为叠合时核心部分所承受的轴力;N_{max} 为该柱的最大轴力设计值。

3) 轴力比 n:

$$n = \frac{N_t}{N_o}$$

式中，N_t 为叠合后钢管混凝土实际承受的竖向力设计值；N_o 为核心钢管混凝土的承载力设计值，按下列公式计算：

$$N_o = f_{c2}A_{c2}(1+1.8\theta)$$
$$\theta = f_a A_a / f_{c2}A_{c2} \tag{5}$$

式中，θ 为钢管混凝土的套箍指标，宜 $\geqslant 0.4$，当管内混凝土强度等级大于 C80 时，θ 宜 $\geqslant 0.5$；f_{c2} 为管内混凝土抗压强度设计值；A_{c2} 为管内混凝土面积；f_a 为钢管的抗拉、压强度设计值；A_a 为钢管的横截面积。

叠合柱截面的正确设计，在于处理好截面尺寸和竖向刚度比 β_o、叠合比 m、轴力比 n 以及与外围混凝土设计轴压比限值之间的关系，特别在巧用时间差上做文章，力求做到在满足抗震的前提下减小整个柱断面，且构造合理，方便施工，省省投资。

提高核心部分的竖向刚度比 β_o 和轴向承载能力是极为有效的，宜适当增加钢管的壁厚，管内混凝土采用高强、高弹性模量的高性能混凝土，管径不必过大，套箍指标不宜太小，通过钢管对管内混凝土的约束可充分发挥混凝土的强度，并克服高强混凝土脆性大的缺点，这也是应用高强混凝土最佳组合。几个试点工程表明，仅占柱截面积约 30% 的核心钢管混凝土，可承受约 50% 左右的总竖向力。

轴力比 n 宜取大点，以充分利用核心钢管混凝土的承载能力，但应不大于 0.95，这是考虑到徐变的因素，不完全用足其强度。

欲使 n 大点，又与叠合比 m 有关，m 值一般取 $1/4 \sim 1/2$。m 取大点，n 趋于 1.0，但 m 值宜满足约束条件：

$$N_t \leqslant 0.95N_o \tag{6}$$

实际上核心钢管混凝土的轴向承载力比《钢管混凝土结构设计与施工规程》（CECS 28—1990）介绍的算法还要高，因为外围混凝土具有一定的配筋率，特别是箍筋绕钢管布设，对核心钢管还产生新的约束，约束创造新的强度，故进而提高其承载力。

钢管混凝土叠合柱的偏压计算：试验表明，采用截面变形协调一致的假设具有足够精度，即外围混凝土与核心钢管之间没有相对滑移，截面保持为平面。据此提出的强度计算方法与我国《混凝土结构设计规范》（GB 50010—2002）中的强度计算方法保持一致。在实际工程中可以用以下简化方法计算：对于给定的设计轴力 N 和设计弯矩 M，可事先按叠合比和竖向刚度比算出钢管混凝土承担的轴力 N_t，则按无钢管的实心钢筋混凝土截面（外形尺寸一样）进行计算，取轴力 $N_c = N - N_t$，弯矩 $M_c = M$，计算时偏心距增大系数 η 同《混凝土结构设计规范》（GB 50010—2002）。经比较，结果偏于安全，但方法简便实用。

外围混凝土的纵筋配筋率按柱子的毛截面（扣除核心钢管混凝土面积）计算，数值不应小于《建筑抗震设计规范》（GB 50011—2001）的规定，也不少于 1.0%。

外围混凝土的箍筋配置：核心钢管混凝土足以承担柱子剪力，箍筋的作用主要是约束外围混凝土并增进与钢管间的连结。最小体积配箍率也按柱子的毛截面计算，可按外围混凝土的轴压比和强度等级确定。

4　试验研究情况

钢管混凝土叠合柱是在钢管混凝土核心柱的基础上发展起来的。当外围混凝土与核心钢管混凝土一次施工面不通过叠合建成时，谓之钢管混凝土核心柱。欲研究叠合柱应首先研究核心柱。1994 年起，我们与大连理工大学土木系合作，对这种柱的抗震性能进行了试验，共做了 40 根柱子偏压试件和 30 根柱子剪切试件。通过试验证明核心区带钢管后，柱子的延性明显增加。

图 2 为两个截面尺寸均为 200mm×200mm 的试件在同样试验条件下的滞回曲线（钢管用 $\phi65-2$），试验时混凝土强度 $f_{cu}=84.82MPa$，两个试件其他条件相同（设计轴压比均为 0.8，纵筋配筋率均为 1.51%，体积含箍率均为 1.42%）。滞回曲线的比例尺是一样的，图中对比可见，带钢管的试件（核心柱）其饱满度、延性、极限强度均优于不带钢管的普通柱。

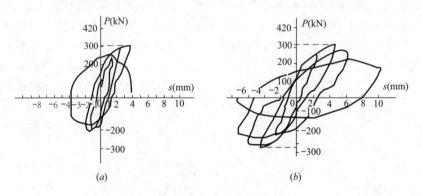

图 2　核心柱与普通柱延性比较

（a）钢筋混凝土普通柱的滞回曲线；（b）钢管混凝土核心柱的滞回曲线

叠合柱和核心柱的试验比较，是委托哈尔滨建筑大学进行的。试验装置如图 3 所示。将辽宁邮政枢纽工程的柱子按 1：4.75 制成模型。试验结果可得到如下结论：

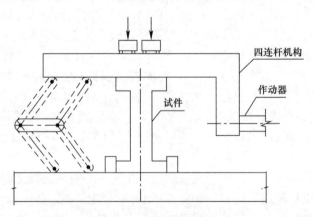

图 3　试验加载装置

（1）叠合柱和核心柱均具有较好的延性，但叠合柱的延性比核心柱更好，在水平反复荷载作用下，其位移延性系数比同样断面的核心柱约提高 30%～70%。表 3 表示同样截面的两种柱的延性试验结果。

（2）各试件均未发生剪切破坏，未出现斜裂缝，最后柱子的破坏均是弯曲型破坏，属延性破坏。

（3）叠合柱滞回曲线稳定、饱满、下降段平缓，其刚度和强度退化小，因而具有良好的抗震性能。

（4）叠合柱和核心柱各组成部分均能共同工作，在达到极限承载力之前，截面应变分布近似符合平截面假定。

叠合柱和核心柱的位移延性系数 表3

试件 位移延性系数	Z-1 核心柱	Z-2 核心柱	Z-3 叠合柱	Z-4 叠合柱	Z-5 叠合柱	Z-6 叠合柱
$M_F = \Delta F / \Delta Y$	3.14	2.63	4.50	3.68	4.35	3.85
与核心柱相比的提高 百分率/%	—	—	55.98	27.56	50.78	33.45

注：ΔF 是骨架曲线上破坏荷载对应的破坏位移；ΔY 为骨架曲线上屈服荷载对应的屈服位移，按 P_{ark} 法计算。

当楼盖采用钢筋混凝土肋形楼盖时，叠合柱的节点做法尤为重要，关系到这一新技术体系的推广应用前景。我们在进行叠合柱研究的同时，首次提出一种新型节点方案（简称CIC节点）。已获得国家专利，其特点是，柱身钢管穿过节点核心区时将钢管的直径改小，以便梁的纵筋大部分从小钢管两侧穿过，小钢管上焊4个钢翅片，与未穿过的梁纵筋焊接，同时起增强节点的承载力，以及安装时连接上下段柱身钢管的作用。

叠合柱的节点，按辽宁邮政枢纽的实际节点制成1∶3模型，在竖向荷载下的试验表明：核心节点的竖向承载力大于核心柱的竖向承载力，节点截面上的钢管、翅片和混凝土在弹性阶段符合平截面假定，轴向力可按刚度大小进行分配。试验还表明，叠合节点的构造合理，翅片的传力可靠，上层钢管混凝土叠合柱的荷载通过翅片和核心小钢管再传给下层的钢管混凝土叠合柱。

在反复荷载作用下的节点试验表明：

（1）在梁柱汇交节点处，柱身和节点均强于梁。本次试验节点有意将梁纵筋增加4倍，仍然是梁端先弯曲破坏。为了保证核心区不发生梁筋滑移产生的裂缝，梁纵筋不应过多地超强配置，且宜与翅片焊接；

（2）由于节点区核心钢管的存在，在反复地震作用下节点具有足够的抗剪强度，明显大于普通混凝土节点，节点延性也好，本工程的节点做法具有可靠的抗震性能；

（3）节点区的外围混凝土、箍筋、核心钢管混凝土、钢翅片等均能起抗剪作用，但每种材料的抗剪性能的发挥程度和时间有先后，最后均能共同产生组合的极限承载力。核心区四角后叠合浇筑的混凝土，由于承受的竖向应力较小，是最先产生剪切裂缝的部位，在构造处理时应予以加强。

5　工 程 应 用

钢管混凝土叠合柱这一新概念自1995年提出后，已先后在国内应用于多项高层建筑中，随着混凝土技术的不断进步，混凝土性能的不断改善，我们发现在钢管内采用高强高弹性模量混凝土，适当扩大管内外混凝土强度的差值，对叠合柱很有效。表4列出在沈阳市近年来采用C100混凝土建造的钢管混凝土叠合柱工程概况。

沈阳采用钢管高强混凝土叠合柱的工程　　　　　表 4

工程名称	层数	高度(m)	建筑面积(万 m²)	最大柱断面(mm)及核心钢管规格	钢管内混凝土强度等级	钢管外混凝土强度等级	叠合比	主体结构建成年代
沈阳富林广场	30	125	8.0	1000×1000 ϕ529-12 Q235	C100	C60	0.25	2001 年
沈阳远吉大厦	28	96.1	2.43	900×900 ϕ529-12 Q345B	C100	C60	0.50	2002 年
沈阳贵和回迁楼	28	89.45	5.1	1000×1000 ϕ529-12 Q345B	C100	C60	0.45	2002 年
沈阳万鑫大厦	主塔 43 两个付塔 34	180 148	19.8	1200×1200 ϕ864-22 Q345B	C100	C60	0.50	2005 年
东北大学科技楼	16	66.1	3.99	600×600 ϕ377-16 Q345B	C100	C60	0 (组合柱)	2005 年
沈阳宏发国际茗城	32	110	5.0	1200×1200	C100	C60	0.25	2006 年
清华同方信息大厦	30	100	4.0	圆柱 D=1100 ϕ650-22 Q345B	C100	C60	0.45	2007 年

对于量大面广的一般工程，不一定采用超高强混凝土，下面列举两个工程都没有采用 C100 级混凝土，同样取得良好的技术经济效果。

（1）辽宁邮政枢纽工程。地上 23 层，总高 96.9m，面积 3.38 万 m²，底部几层采用 C60 混凝土，柱断面为 950mm×950mm，柱轴力为 $N_{max}=25457$kN，若不作钢管混凝土叠合柱，截面的轴压比高达 1.064，增设 ϕ558.2—12 钢管，内灌 C60 混凝土，当钢管混凝土承受 $1/4N_{max}$ 时再浇筑外围 C60 混凝土，余下的 3/4 总轴力按核心钢管混凝土与外围混凝土的竖向刚度比 1:2 分配。其结果是占总截面积 27% 的钢管混凝土承担总轴力的 48%，外围混凝土承担总轴力的 52%，外围混凝土的轴压比为 0.757，降低了 29%，满足抗震要求。柱中钢管面积仅占总截面积的 1.15%，而一般钢骨混凝土柱或钢管混凝土柱的用钢量约占截面积的 5% 左右，可见用钢量是不多的。该工程的优点还表现在由于柱断面减少，致使全楼柱表面的装修面积减少 305m²，节省高级大理石贴面造价 90 万元。

（2）沈阳和泰大厦。建筑面积 3.5 万 m²（含和平区地税局办公楼），为一大底盘上的双塔楼建筑。底下 6 层为框支层，上托 2 个塔楼，其中公寓楼为纯剪力墙结构，20 层，框支柱断面为 600mm×600mm，核心钢管为 ϕ325-9，外围混凝土为 C50，管中为 C80 高强高弹性模量混凝土。在钢管混凝土受荷载达 $0.4N_{max}$ 叠合浇筑外围混凝土，使外围轴压比为 0.69。该柱用约占柱截面积 23% 的钢管混凝土承担了约 60% 的总轴力，足见核心钢管混凝土减小外围混凝土轴力的作用。本工程若不用叠合柱，则用 C50 混凝土断面为 850mm×850mm，截面积正好增加一倍，造价增加 70 万元（直接费用）。

参 考 文 献

［1］ 林立岩. 以钢管混凝土为核心的高强混凝土叠合柱，第三届中日建筑结构技术交流会论文集，
　　　1997，深圳.

［2］ 赵国藩等. 钢管混凝土增强高强混凝土的抗震性能研究，大连理工大学学报第 36 卷第 6 期.

［3］ 李惠，吴波，林立岩. 钢管高强混凝土叠合柱的抗震性能研究《地震工程与工程振动》18 卷 1 期，
　　　1998.3.

［4］ 林立岩，张忠刚. 混凝土柱的叠合理论及工程应用《混凝土结构基本理论及工程应用》天津大学出
　　　版社 1998.

［5］ 林立岩，岳丽中等. 钢管混凝土叠合柱理论及设计方法《工程力学》2000 年 1 月.

［6］　林立岩. 混凝土与钢的组合促进高层建筑结构的发展《两岸高楼耐震结构研讨会论文集》，
　　　2002.12，台北.

钢管混凝土叠合柱的设计概念与技术经济性分析

林立岩　李庆钢　林　南

（辽宁省建筑设计研究院有限责任公司，沈阳）

【摘　要】　本文通过一项具体工程的柱子设计，论述钢管混凝土叠合柱的设计概念，通过成柱过程中对不同组成材料采取强化、组合、约束、叠合等手段，达到截面优化。同时分析讨论叠合柱的技术经济性和优化设计的目标。

【关键词】　叠合柱；强化；组合；约束；叠合；优化

1　前　　言

钢管混凝土叠合柱（简称叠合柱）于 1995 年首次在沈阳日报大厦地下室工程中应用[1]，使自支护半逆作法施工地下室获得成功。1996 年，辽宁省邮政枢纽工程采用叠合柱，成为第一幢采用钢管混凝土叠合柱结构的高层建筑[2]。1997 年在第三届中日建筑结构技术交流会上，作者介绍了叠合柱的设计经验和应用小结[3]。经过 10 年的深化研究，叠合柱结构体系已在国内不少幢高层或地下工程中获得应用，如某市的地铁车站，地下 4 层，地上 16 层，以叠合柱具有良好的抗震、抗火、抗爆、抗冲撞性能以及有利于自支护、半逆作法施工的优点加以应用。清华大学、哈尔滨工业大学、大连理工大学等单位进行了大量的结构性能试验，使这种新结构日趋成熟。"已形成我国自主开拓的一种结构体系。"由清华大学和辽宁省建筑设计研究院有限责任公司共同主编的技术标准《钢管混凝土叠合柱技术规程》（CECS 188—2005）[4,5]（以下简称《规程》）已于 2005 年 11 月 1 日颁布施行。

钢管混凝土叠合柱是由截面中部的钢管混凝土柱和钢管外的钢筋混凝土叠合而成的柱（图 1）。钢管外的钢筋混凝土可以滞后（不同期）浇筑，也可以和管内混凝土同期浇筑（但可以用不同的强度等级）。叠合柱的核心部分设置钢管混凝土柱，让它承受总轴力的约 3/4，并提供主要抗剪承载力；外围混凝土仅承担总轴力的 1/4 左右，让它的轴压比小，变形能力大，并承受截面上的大部分弯矩。外围混凝土中的纵筋尽量以直径粗且根数少的方式布置于截面的角区，主筋和箍筋还应满足外围混凝土的最小配筋率要求。

刚开始应用《规程》时，有的技术人员对该种结构体系的技术经济性不好掌握，对施工的难易程度也不甚理解。几年来的试点工程表明，只要合理组织施工，这种结构的施工并不复杂，节点构造也很简单可靠，和普通混凝土柱比较，由于后叠合部分的施工不占主导工期，整体施工进度要快，梁钢筋的绑扎和定位精度高。至于柱本身的技术经济性，与

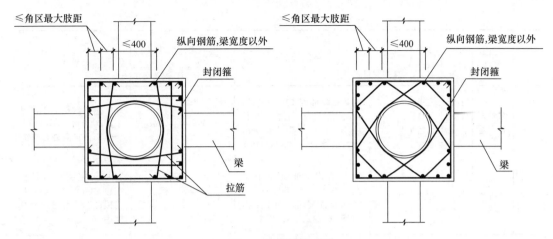

图 1 叠合柱截面图

普通混凝土柱比较，首先表现在可以明显减少柱断面上，断面小了，则建筑自重减轻，水泥用量减少，建设能耗降低；其次两者总用钢量基本持平或略有增加；与相同荷载相同断面的型钢混凝土柱比较，用钢量要少得多。

几年来，随着高强高性能混凝土的推广应用和高强厚壁直缝埋弧焊管的大量供应，使叠合柱的设计可以做到更加先进合理、更加经济。尤其是 C80 以上级高强、高弹性模量、高施工性能的超高强混凝土的应用，更使叠合柱的优越性得以充分发挥。表 1 列举沈阳市近几年已成功建成并采用 C100 级混凝土的几个工程实例，均由一般土建施工队伍施工。这些工程大都是通过商业开发投资修建，如果只图技术先进而不顾经济，业主是绝对不干的。所以每个工程都应和业主一起作详细的技术经济论证，让业主心服口服。当然，分析论证时一定要全面，不仅针对柱本身的造价，还要考虑到柱表面积减少引起的装修造价的降低，考虑到增加使用面积引起的综合效益等，如表 1 中第 5 项东大科技楼工程由于柱断面由 1m×1m 减为 0.6m×0.6m，使每个标准教室都能增设一列固定座席；有的工程在地下车库中由于柱断面减少，使柱间停车位由 2 个增加到 3 个等。

沈阳市已建成采用 C100 级钢管混凝土叠合柱工程一览表　　表 1

序号	工程名称	地上层数	高度(m)	建筑面积(万 m²)	主体结构情况	混凝土强度等级		备注
						钢管内	钢管外	
1	沈阳富林广场	30	125	8.0	框架筒体结构，外框柱间距 8 层以上为 4.5m，8 层以下转换为 9m，采用框支叠合柱	C90（设计）C100（施工）	C60	2001 年完成叠合柱施工，为我国第一次在钢管内采用 C100 自密实混凝土
2	沈阳远吉大厦	28	96.1	2.43	地下室逆作法，从地下 2 层到地上 5 层为框支层，用叠合柱，地上 6 层以上为剪力墙结构	C100	C60	2002 年完成叠合柱施工；2005 年建成使用
3	沈阳贵和回迁楼	28	89.45	5.1	大底盘上设双塔楼，塔楼为剪力墙结构，底部 4 层大底盘采用框支叠合柱	C100	C60	2002 年完成叠合柱施工；2005 年建成使用

续表

序号	工程名称	地上层数	高度 (m)	建筑面积 (万 m²)	主体结构情况	混凝土强度等级		备注
						钢管内	钢管外	
4	沈阳万鑫大厦	主塔40 副塔34	主塔180 副塔148	19.8	框架—筒体结构，三个塔楼均用叠合柱，最大柱边长由 1600mm 减为 1200mm，最大钢管 φ864-22，Q345-B	C100	C60	2005 年完成叠合柱施工；2006 年结构封顶，为沈阳市目前最高建筑
5	东北大学科技楼	16	66.1	3.99	框剪结构，带有 4 个中庭，柱子为 600mm × 600mm 组合柱，钢管为 φ377-16（12），Q345-B	C100	C60	2005 年完成叠合柱施工；2006 年上半年结构封顶；2007 年 3 月建成使用
6	沈阳宏发国际名城	32	110	5.0	框剪结构，每单元中 4 个受力最大的柱子为 1200mm×1200mm 叠合柱	C100	C60	2006 年完成叠合柱施工；2006 年末主体建成

表 1 中的几个已建成实例均是在管内采用 C100 级混凝土，在管外采用 C60 级混凝土，一般柱断面的边长可减少 400～600mm，还有许多工程管内采用 C80，管外用 C60 混凝土也取得很好的经济效益。辽宁省个别偏远地区的工程，管内用 C60，管外用 C40 混凝土，也比全用 C40 级混凝土柱明显缩小断面。为何有这么大的经济技术效益，本文通过对叠合柱的成柱特点分析和一项具体工程的柱子设计，来讨论钢管混凝土叠合柱的优越性。

2　钢管混凝土叠合柱的成柱特点和设计概念

在高层重载柱设计时，增强柱子承载能力和抗震性能的主要理念和方法有：（1）强化，采用高强高性能建筑材料；（2）组合，将不同材料组合到一个构件中，取长补短；（3）约束，通过对材料间的相互约束，或对弱性材料的约束改善其性能；（4）叠合，使内力在截面中的分布更趋合理，从而增强其抗力和延性。

钢管混凝土叠合柱兼容并蓄了以上四种增强理念，优化配置各种成柱材料，最充分地发掘其潜力，达到大幅度减小成柱断面。下面具体论述叠合柱在成柱时是如何凸显以上四种设计理念的。

2.1　强化

即提高建筑材料的材质。目前我国已能生产高强（Q345～Q410 级钢材）、厚壁（最厚可达 40～60mm）的结构用直缝埋弧焊管，比早期使用的 Q235、壁厚≤12mm 的螺旋卷管有了长足的进步，对管内混凝土可以提供更大的套箍指标；在混凝土材料方面，高强、高弹性模量、可泵送、低收缩、低徐变、适量早强的混凝土研制成功，特别是有的高强混凝土的后期强度仍有一定的增长可以抵消由于徐变和材料的非线性引起的不良影响。由于叠合柱的特点在于其轴压承载力主要来自性价比较高的混凝土，而不主要靠钢材，这是它在经济上优于其他钢和混凝土组合柱结构的原因所在。将超高强混凝土用于钢管之中，可以抑制其自身性能缺点，充分发挥高强的特点，用量又少，是超高强混凝土工程应用的最佳场合。辽宁地区已有 20 多幢高层建筑在管内采用 C80～C100 级自密实混凝土，其配制材料已成功实现国产化[6]。

2.2　组合

叠合柱基本上是钢和混凝土的组合，主要靠混凝土承受轴压力。钢管内用的是高强素混凝土（如 C60～C100 级），钢管外用的是一般强度的钢筋混凝土（如 C40～C60 级）。叠合柱基本上属于混凝土结构，但由于不同材料在截面上组合时的分布位置合理，使核心混凝土和核心钢管一起主要起抗压和抗剪作用，外围混凝土和外围钢筋起部分抗压，但主要起抗弯作用。钢管主要起套箍约束作用，用量较少，用钢量远远低于同样荷载的型钢混凝土柱和钢管混凝土柱。

2.3　约束

通过钢管约束管内素混凝土，提高其轴压承载力和塑性，又通过管外钢筋混凝土约束核心区的钢管混凝土，可充分利用钢管混凝土的短柱轴压承载力。

关于钢管对管内混凝土的约束增强作用，在钢管混凝土的文献中已有详细论述[7,8]，本文不再赘述。本文只讨论管外钢筋混凝土对核心钢管混凝土的约束增强作用。

管外钢筋混凝土的设置，一方面使钢管壁不会或推迟发生向外屈曲，提高钢管壁的轴压极限强度，同时由于管壁的增强，使之对管内混凝土的约束作用增强；另一方面管外钢筋混凝土的存在，整体上提高了核心钢管混凝土的受压稳定性和偏压时减小由于偏心距对轴压强度的折减。

由文献［9］可知，一般钢管混凝土柱的承载力设计值，为其短柱的轴压承载力设计值乘以 φ_l（考虑长细比影响的承载力折减系数）和 φ_e（考虑偏心率影响的承载力折减系数）。只当柱的长细比≤4 时 φ_l 才等于 1.0，当长细比＞4 以后 φ_l 急剧减少。φ_e 的折减也很厉害。试以一个 $\phi508$ 的钢管混凝土柱为例，其计算长度为 4.2m，则 $\varphi_l=0.76$；当偏心距 $e_0=100$mm 时，$\varphi_e=0.70$，$\varphi_l \times \varphi_e=0.76 \times 0.7=0.532$，也就是说有接近一半（47%）的短柱承载力被折减掉了。所以，工程界曾有这么一种议论，认为钢管混凝土不适用于荷载很轻、弯矩较大的柱，管内也不必用强度等级大的混凝土，就是因为荷载过小时，选的管径不能过小，致使其短柱承载力未能发挥。

叠合柱结构是钢筋混凝土结构，柱子的稳定性宜按钢筋混凝土柱考虑，只当长细比＞8 时才进行承载力折减，当柱中钢管居中时，外围混凝土承受主要弯矩，也勿需进行 φ_e 折减。因此只要控制好叠合柱的尺寸（实际工程中很容易做到长细比≤8），其核心钢管不论尺寸大小，其短柱的轴压承载力可以充分加以利用。

叠合柱具有多重约束作用：钢管壁约束管内混凝土，钢管内、外混凝土约束钢管壁，管外钢筋混凝土又对核心钢管混凝土构成整体约束。在这种相互多重约束下，改善了各种材料的应力状态和工作条件使叠合柱中各种材料的优点和性能都可以充分发挥出来。

2.4　叠合

利用时间差进行截面优化组合，达到竖向轴向力的合理分配。混凝土理论可以证明[10]，柱子的抗震延性控制，实质上是控制柱子在设计阶段（小震组合）的压应变值不应过大；无论普通混凝土柱或组合柱，在偏压破坏时的最大压应变均发生在截面的边缘，大震时当边缘混凝土的压应变超过极限压应变值（0.003～0.0033）时，则产生压溃现象导致截面破坏。叠合理念是设法改变设计阶段轴力在截面上的分布，减小外围混凝土的边缘压应变值，使之与极限压应变值相差更大，达到增加截面的转动变形能力，增加延性，并可适当减小柱外围的截面积。而核心区的钢管混凝土没有控制轴压比的要求，则通过叠合可分担到更多的轴力，可充分利用其短柱的承载力。

叠合柱设计理念正是综合利用以上四种（强化、组合、约束、叠合）增强手段，使各种材料合理巧妙地组合于一个构件之中，实现优化配置。在具体操作时，每个工程的优化目标可以不同，如有的追求造价最低，有的追求断面最小，有的局限于用当地材料搞优化设计（如利用当地现行的混凝土强度等级和可购到的钢管规格型号等）。这就要求在设计过程中因地制宜地控制调整好各种设计参数，总是能达到相对最优的目标。下面结合一个柱子的设计过程，进一步剖析各种设计参数的影响和调整。

3　一个柱子设计的技术经济性剖析

某高层建筑主体 28 层，地下 2 层，顶部塔楼另加 6 层，采用框架—核心筒结构，标准层平面见图 2。现设计地面首层的柱子，在图 2 中标示的 A 柱轴力最大，则方案设计阶段取该柱进行设计剖析。按 7 度设防，A 柱的抗震等级为二级。

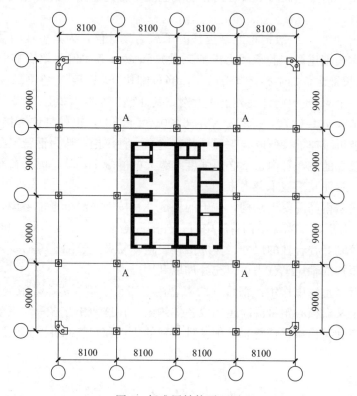

图 2　标准层结构平面图

3.1　轴力估算

A柱受荷面积为 $64m^2/$ 层，平均标准荷载按 $15kN/m^2$，设计荷载为 $1.35×15=20.25kN/m^2$，受荷层数 28 层，总轴力设计值 $N=28×64×20.25=36288kN$。

A柱靠近核心筒体，与筒体间有梁板相连，电算时将结构按弹性体分析，A柱承受的竖向力要向竖向刚度大的筒体转移，故电算算出的柱轴力比上面的估算值偏小。轴力大小及其在叠合柱中的分配是叠合柱设计中的一个非常敏感的问题，力求准确并偏安全，故《规程》6.2.6条中规定"当框架抗震等级为特一级和一级时，应取电算和按柱实际受荷面积和荷载情况计算所得两个轴压力设计值中的较大者"。A柱抗震等级虽为二级，但由于它靠核心筒过近，故仍应按受荷面积估算，取 $N=36288kN$ 进行以下的截面设计。

3.2　初选断面

为了比较，先按普通混凝土柱设计断面。沈阳地区在高层建筑中已普遍使用C60级混凝土，轴压比 n 按 0.8 控制，需截面积 $A=N/(n·f_c)=36288/(0.8×27.5)=1.65m^2$，取 $1.3×1.3=1.69m^2$，配筋率暂按最小配筋率，取构造值配置（图 3）。由于底部各层层高为 4.8m，当柱边长为 1.3m 时均系短柱，轴压比限值应减去 0.05，则柱断面应改为 $1.35m×1.35m$，现仍按 $1.3m×1.3m$ 与叠合柱进行比较。

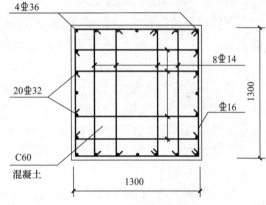

图 3　混凝土柱截面

在初选叠合柱断面时，考虑到沈阳地区采用C80~C100级超高强混凝土已有成熟经验，（C80~C100级混凝土的生产和配制技术已通过国家级鉴定并获部级科技进步奖），同时各种规格的厚壁直缝埋弧焊管已批量生产，可以代替早期应用的壁厚较薄的螺旋缝焊接卷管。因此初步选定如图4所示的三种叠合柱断面方案，经与业主沟通，最后取断面最小为优化目标，故下面均取方案Ⅰ作进一步深化分析验算。

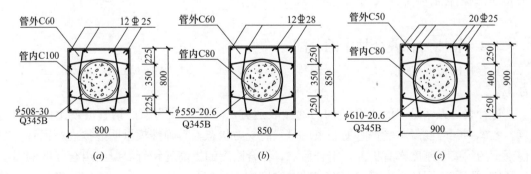

图 4　三个叠合柱截面方案

(a) 方案 1；(b) 方案 2；(c) 方案 3

钢管的材质取 Q345B，早期设计叠合柱常用 Q235B，前者比后者强度提高约 50%，而价格仅增加约 10%，故当前应优先选用性价比优越的 Q345B。近年来国内有的钢管厂已开始用强度更高的 Q390 和 Q410 钢板生产厚壁直缝钢管。可提供更大的套箍指标，性价比更好，是今后发展的方向。

叠合柱钢管内的混凝土一般采取逐层浇筑的方法，每层为一浇筑段，由管的上口向下浇灌。对高层建筑而言，要求混凝土的施工性能为：可泵送、免振自密实、不发生泌水离析现象，初凝时间不过早；从结构角度要求是：高强、高弹性模量、高耐久性、低收缩。管外混凝土一般占总截面积的 2/3 左右，当采用价格较低的 C60 及 C60 以下级混凝土时，可基本控制住柱子的造价。且 C60 及 C60 以下的混凝土具有很好的抗火性能，脆性比超高强混凝土小，弹性模量较低，有利于控制轴向刚度使总轴力向核心钢管混凝土分配。钢管的外径 D，一般取柱截面边长减去 300mm 左右。这样既有利于施工，又保证核心钢管混凝土获得较大的竖向刚度。

3.3 核心钢管混凝土

钢管的外径为 508mm，壁厚 30mm，材质为 Q345B，管内浇灌 C100 混凝土，钢管截面积 $A_a = 45050.5\text{mm}^2$，钢管内混凝土面积 $A_{cc} = 157633\text{mm}^2$，套箍指标按《规程》式 6.2.5-2 为 $\theta = f_a A_a / (f_{cc} A_{cc}) = 295 \times 45050.5 / (43.9 \times 157633) = 1.92$。

核心钢管混凝土短柱（$\varphi_l = 1.0$）的轴压承载力，依《规程》式 6.2.5-1 为 $N_u = \varphi_l f_{cc} A_{cc}(1 + 1.8\theta) = 1.0 \times 43.9 \times 157633(1 + 1.8 \times 1.92) = 30836\text{kN}$。

如果分别计算空钢管的短柱承载力和管内混凝土的短柱承载力则分别为 $295 \times 45050.5 = 13289.9\text{kN}$ 和 $43.9 \times 157633 = 6920.1\text{kN}$，二者之和为 20210kN，远小于 N_u，约束增强系数为 30836/20210 = 1.53。

钢管混凝土由两种材料组合而成，其轴压力不是 1+1=2，而是 (1+1)×1.53 = 3.06，远大于 2。反观目前工程上常用的型钢混凝土柱和方钢管混凝土柱，它们也是用两种同样的材料组合而成，但短柱的总轴压承载力基本上都是两种材料轴压承载力之和，即 1+1=2。试以方钢管混凝土柱为例作比较，当二者用同样的 C100 混凝土和 Q345B 钢材时，要达到与 ϕ508-30 圆钢管混凝土柱同样的轴压承载力，方钢管的边长应取 550mm×550mm，钢板厚度取 32.5mm。足见，后者无论截面积、用钢量和混凝土用量都分别比 ϕ508-30 圆钢管混凝土柱大 49%、59%、70%。

3.4 轴压力在叠合柱中的分配

叠合柱的截面轴向刚度，按《规程》式 5.2.3-1，可表达为 $EA = E_{co}A_{co} + (E_{cc}A_{cc} + E_aA_a)$。

这种表达方法是一般组合结构的通用表达方法，后两项为核心钢管混凝土的轴向刚度。考虑到管内混凝土受钢管的约束后呈三向受力状态，其弹性模量明显提高；钢管壁在混凝土的约束下刚度亦有提高，组合后二者组合刚度的提高随钢管混凝土组合强度的提高而同比例提高，则核心钢管混凝土的轴向刚度应按《规程》6.2.3 条的规定，仍取管内混凝土的弹性刚度乘以约束提高系数，表达为 $E_{cc}A_{cc}(1 + 1.8\theta)$。

本例为 $4.1\times10^4\times157633(1+1.8\times1.92)=280.97\times10^8\,\mathrm{N}$，外围混凝土面积 $A_{co}=800\times800-\pi\times508^2/4=437317\,\mathrm{mm^2}$，外围混凝土的轴向刚度 $E_{co}A_{co}=3.6\times10^4\times437317=157.43\times10^8\,\mathrm{N}$，叠合柱轴向刚度 $EA=157.43\times10^8+280.97\times10^8=438.4\times10^8\,\mathrm{N}$。

外围混凝土的轴向刚度占总刚度的比例：

$K_0=(E_{co}A_{co})/EA=157.43\times10^8/438.4\times10^8=0.36$。

核心钢管混凝土轴向刚度占总刚度的比例：$K_c=1-0.36=0.64$。

叠合成整体后，新加上的轴力将按 K_0 和 K_c 的比例分配到外围混凝土和核心钢管混凝土中。根据一些试点工程的经验，K_c 值应控制在 0.6 以上才更有利。由于核心钢管混凝土的轴压强度可以得到最充分的发挥利用，提高它的刚度比例，让它多承担轴向力，是经济合理的。这也是叠合柱的突出特点。

3.5　确定叠合比

按《规程》式 6.2.2，叠合比 $m=N_i/N$

式中，N—叠合柱的轴压力设计值；N_i—浇筑钢管外混凝土前，钢管混凝土柱已承受的轴压力设计值。可按该柱的受荷面积，已支承楼板的层数，按实际的活荷载标准值和静荷载标准值乘以各自的分项系数计算出。

叠合比 m 是叠合柱设计时非常重要的设计参数；是促使核心钢管混凝土的轴压强度得以充分利用和调控外围钢筋混凝土轴压比值的最主要手段；也是影响叠合柱经济性的重要参数。

m 一般取 $0.2\sim0.6$ 之间，试点工程中最小的 m 曾取过 0.15，最大取 0.6。当 $m=0$ 时，为管内外混凝土同期浇筑的叠合柱（又称组合柱），宜在承载力较小（$N\leqslant20000\,\mathrm{kN}$）的柱中使用。承载力 N 很大时，柱断面较大，相应核心钢管混凝土的截面和承载力也大，为充分利用其短柱承载力，m 可取大些。

m 一般通过试算优化确定，但要首先满足以下三个约束条件：

（1）约束条件 1：

钢管混凝土承受的轴压力设计值 $N_{cc}<0.9N_u$，见《规程》式 6.2.4。

（2）约束条件 2：

钢管混凝土的轴压比 $n=N_{co}/(f_{co}A_{co})\leqslant$ 轴压比限值 $[n]$，见《规程》式 6.2.14。

（3）约束条件 3：

① 无地震作用组合时：

$N\leqslant0.9\varphi(f_{co}A_{co}+f_y'A_{ss})+f_{cc}A_{cc}(1+1.8\theta)$，见《规程》式 6.2.7-1。

② 有地震作用组合时：

$N\leqslant[0.9\varphi(f_{co}A_{co}+f_y'A_{ss})+f_{cc}A_{cc}(1+1.8\theta)]/\gamma_{RE}$，见《规程》式 6.2.7-2。

本例当 m 取 0.3 时，能满足以上三个条件，具体验算如下：

条件 1：$N_i=mN=0.3\times36288=10886.4\,\mathrm{kN}$；

$N_{cc}=(N-N_i)\times K_c+N_i=27143\,\mathrm{KN}<0.9N_u=27752\,\mathrm{kN}$，可。

条件 2：$n=(N-N_{cc})/(f_{co}A_{co})=(36288000-27143000)/(27.5\times437317)=0.76<0.8$，可。

条件 3：外围混凝土纵筋实配 $12\phi25$，$A_{ss}=5890.8\,\mathrm{mm^2}$，含筋率大于 1.2% 外围混凝

土面积，叠合柱的长细比 $l_0/b=5.4/0.8=6.75<8$ 故取 $\varphi=1.0$，则《规程》式 6.2.7-1 的右端项为 $0.9\times1.0(27.5\times437317+300\times5890.8)+43.9\times157633\times(1+1.8\times1.92)=40167kN>36288kN$，可。

除以上三个主要约束条件外，叠合柱设计还应验算偏压承载力（6.2.9 条）。抗剪承载力（6.2.10 条），偏心受拉时的斜截面抗剪承载力（6.2.11 条）等以及检验一些构造要求如含管率、纵筋配筋率、配箍率……。以上各项较容易得到满足，可在 m 确定之后逐一检验。

3.6 整体复核和偏压验算

m 确定之后，柱子截面基本确定。这时可以根据《规程》5.2.3-2 条求出柱的弯曲刚度，再按等效刚度的原则，换算为单一混凝土材料（强度等级同管外混凝土）的截面尺寸，重新输入计算机进行全结构分析。这时可得出结构的各项变形指标，并得出每个柱的轴力 N、弯矩 M、剪力 V，可再次进行前述诸项复核。只是柱轴力 N，根据本文第 3.1 节的规定，仍取估算值。偏压验算采取近似且偏安全的方法：弯矩取上述电算结果 M（全截面弯矩），叠合柱的截面尺寸（本例为 $800\times800mm$）按单一混凝土材料，其强度等级同管外混凝土（本例为 C60），按《混凝土结构设计规范》（GB 50010）关于钢筋混凝土柱正截面承载力的公式计算。本例在 7 度区，计算结果仍然是构造配筋。

4 结 论

由实例分析可知，通过优化设计的叠合柱，其截面积（$800mm\times800mm$）仅为普通混凝土柱（$1300mm\times1300mm$）的 38%，柱边长减小 500mm，每个柱子周围可增加 $1.05m^2$ 的有效使用面积，柱每延长米高度的装饰面积减少 $2m^2$。叠合柱的用钢量（包括钢管和管外混凝土中的钢筋、钢箍）与普通混凝土柱的用钢量可以做到基本持平（本例由于采用较大的套箍指标，所以钢管壁较厚，用钢量稍多一点）。我们认为，为了更有效地改善叠合柱的性能，用钢量稍多一点是完全值得的，总比其他类型组合柱有更大的优越性。

本例叠合柱截面中，占总截面积 31.7% 的核心钢管混凝土承担 75% 的总轴力，充分利用了钢管混凝土的短柱承载力；占总截面 68.3% 的外围混凝土，仅仅承担 25% 的总轴力，可以控制柱的延性。不少试点工程表明，这种分配比例是基本合理的。整个截面中仍然是由管内、外的混凝土起主要承载作用。叠合柱结构仍然属于钢筋混凝土结构。

叠合柱在成柱过程中，通过"强化、组合、约束、叠合"等增强手段的综合应用，将各种建筑材料实行优化配置，可以生成抗压、抗剪、抗扭强度大、抗震、抗火、抗爆、抗冲撞性能好，而且截面积比普通混凝土柱明显减小、施工方便，经济合理的高性能结构柱。在混凝土剪力墙或筒体中配置钢管混凝土柱的研究也已成熟，在《规程》中均有体现。总之，钢管混凝土叠合柱已在我国各地推开，已形成具有我国特色的自主创新型结构体系。

（本文曾发表于第 7 届中日建筑结构技术交流会论文集 重庆）

参 考 文 献

[1]　林立岩. 高层建筑深基坑的自支护体系［J］，地基基础工程，1997（3）.

[2]　林立岩等. 钢管高强混凝土叠合柱在辽宁省邮政枢纽大楼工程中的应用［C］//高强混凝土工程应用论文集. 北京·清华大学出版社，1998.

[3]　林立岩等. 以钢管混凝土为核心的高强混凝土叠合柱［C］//第三届中日建筑结构技术交流会论文集，深圳，1997.

[4]　钢管混凝土叠合柱结构技术规程（CECS 188：2005），北京：中国计划出版社，2005.

[5]　钱稼茹，林立岩.《钢管混凝土叠合柱结构技术规程》介绍［J］，建筑结构，2006（3）.

[6]　康立中，徐欣，于大忠，韩素芳等. 简述沈阳地区高强高性能混凝土的研究与应用［C］//高性能混凝土和矿物掺合料的研究与工程应用技术交流会论文集，珠海，中国土木工程学会混凝土及预应力混凝土分会混凝土质量专业委员会，2006.

[7]　蔡绍怀. 现代钢管混凝土结构［M］，北京：人民交通出版社，2003.

[8]　钟善桐. 钢管混凝土结构［M］，哈尔滨：黑龙江科学技术出版社，1994.

[9]　钢管混凝土结构设计与施工规程（CECS 28—90），北京：中国计划出版社，1992.

[10]　林立岩等. 钢管混凝土叠合柱理论及设计方法［J］，工程力学增刊，2000.

沈阳富林广场的钢管高强混凝土叠合柱结构

林立岩　宋作军

（辽宁省建筑设计研究院有限责任公司）

1　工程概况

沈阳富林广场（后改名为锦兆园国际金融大厦）是一栋集商贸、办公及餐饮于一体的综合性高层建筑，地下 2 层，地上 34 层（含 1 层设备层另有 3 层屋顶结构层），高 118.5m，总建筑面积为 7.2 万 m²，采用框架筒体结构，地下二层为平战结合的六级人防工程兼汽车库，地下一层为设备用房，一至八层为餐饮及商贸用房，九至十四层为写字楼，十五层以上为商住用房，十四层与十五层间为设备层，兼作结构转换层。该工程的典型平面及剖面见图 1～图 4。

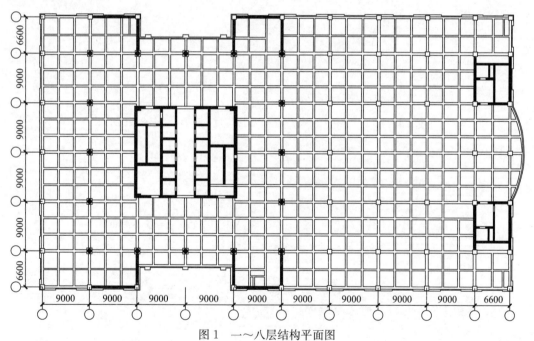

图 1　一～八层结构平面图

由于建筑要求，该工程的平面布置在塔楼与裙楼之间不设抗震缝，形成大底盘上偏置塔楼，为此在大底盘的⑥轴线处在 8 层以下设二道剪力墙，并在端部（10）～（11）轴线间利用楼梯间的位置设两个钢筋混凝土筒体，明显地减少了塔楼的扭转效应；另外大底盘高八层，也超出规范规定的层数（7 度区为 7 层），采用钢筋混凝土叠合柱后，框支部分可以增高到八层。

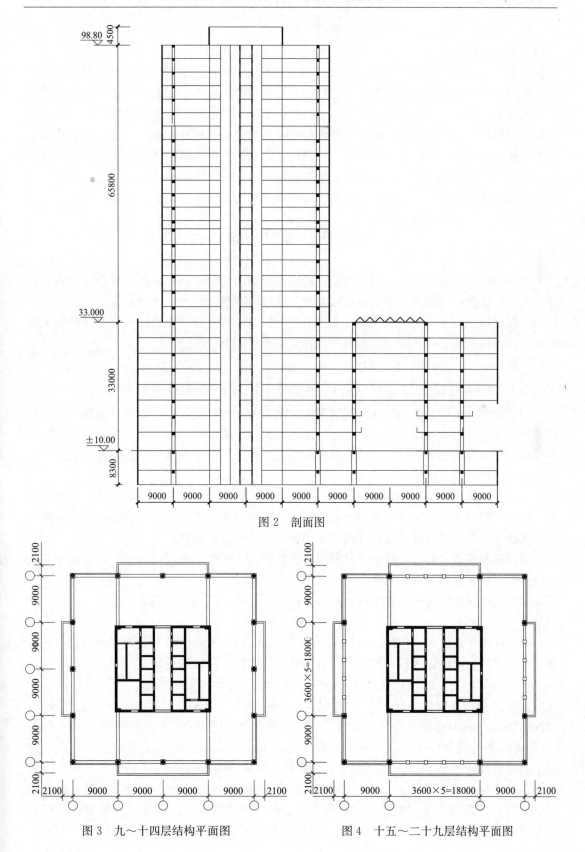

图 2　剖面图

图 3　九~十四层结构平面图　　　　　图 4　十五~二十九层结构平面图

该工程基础采用整体大空间筏板基础，塔楼底下板厚 2.0m，裙房底下板厚 0.8m，八层以下楼板采用肋形梁板结构，九层以上塔楼的楼板采用跨度 9m 的后张无粘结部分预应力混凝土平板结构，板厚 22cm。富林广场的柱网大，为了增加面积，层高又很低，层数多，高层部分的框架柱轴力很大，一层柱轴力最高达 30000kN。如此高的轴压力即使采用高强混凝土如 C60，柱断面也需 1300mm×1300mm，不仅易出现短柱现象，而且因高强混凝土的脆性，须更严的轴压比限制和更高的纵筋配筋率和钢箍配箍率，使高强混凝土的优势未能充分发挥。如何在保证柱轴压比限值，即保证柱抗震延性的前提下尽量减小柱断面，充分利用高强混凝土的优点，提供更多的可使用面积，是本工程的一个设计难点。我们在实际设计中采用了新的叠合柱结构理论和构造措施。

2　钢管高强混凝土组合柱

钢管混凝土结构因钢管对内部混凝土的强力约束而使其具有良好的延性和承载能力已为世人充分认识，但钢管混凝土结构因其节点处理的困难，较大的用钢量及防火防护等问题使工程应用受到一定限制。我们在前期研究中证明，将钢管放在普通混凝土柱断面中间形成钢管混凝土核心柱，可较好地解决钢管混凝土柱的上述缺点。

2.1　钢管混凝土核心柱（管内外混凝土同期浇筑的叠合柱）

用钢管混凝土作为柱的核心是钢骨混凝土结构的一种特例，它可以改善高强混凝土柱的延性，提高柱的抗震性能和承载能力，而且经实践证明因其芯柱尺寸较小，易于穿过框架节点，使节点区的梁柱配筋构造简单合理，便于施工。而对其受力性能通过一系列试验研究可得出以下主要结论：

（1）核心柱虽然仍靠外围的普通钢筋混凝土抗弯，但由于核心钢管分担了一部分轴力，使外围混凝土所实际承受的轴力减小，在相同弯距作用下，更容易使破坏形态控制在大偏压状态，即延性破坏。核心柱的延性明显高于普通混凝土柱。

（2）核心钢管的存在，增强了柱断面的抗剪能力，比单靠箍筋抗剪更有效，即使在短柱情况下，也容易做到强剪弱弯。

（3）由于钢管穿过节点核心区，提高了框架节点核心区的抗剪强度，可简化核心区的构造。

（4）在水平反复荷载作用下延迟了柱子的开裂时间，延长了从开裂到峰值到破坏的过程，增强了柱端塑性铰的转动能力，这也是柱延性提高的一个明显标志。

众所周知，柱轴压比是柱延性，即变形能力的一个重要影响因素，而柱轴压比实际是柱断面上平均压应力与柱混凝土轴心抗压强度的比值。在一定的混凝土强度等级下，柱断面压应力越小其转动变形能力越大。控制设计轴压比也就是控制柱断面在设计阶段（小震时）的平均压应变。当柱在偏心荷载尤其是大震引起的水平反复荷载作用下，断面上的边缘压应变达到或超过混凝土的极限压应变时，柱边缘受压区混凝土将产生压溃破坏。核心柱虽能改善普通混凝土柱的延性，但未能充分发挥核心区钢管混凝土良好的受压性能，较多地减小柱断面尺寸，提供更多的可使用面积。如何充分利用核心区钢管混凝土，尤其是钢管内填充高强混凝土时的高效受压性能，使它多承受柱轴力，而外围混凝土只承受部分轴力和弯矩作用引起的附加轴力，则是下述钢管混凝土叠合柱要解决的问题。

2.2　钢管混凝土叠合柱（管内外混凝土不同期浇筑的叠合柱）

基于上述思路，我们在钢管混凝土核心杆的基础上提出了钢管混凝土叠合柱这种新的结构形式，它是通过采用不同的施工程序来实现的：首先安装核心钢管，浇筑管中的高强混凝土，以钢管混凝土为支柱，浇筑本层及以上楼层，在楼板靠柱处预留后浇孔，当核心钢管混凝土承受的轴力约达到该柱最大设计轴力的 $1/4\sim1/3$ 时，再叠合浇筑钢管外围混凝土，使之形成一个整体柱来承受后期施加的荷载。浇筑外围混凝土前应设置好外围混凝土中的钢筋，并将钢箍与核心钢管管壁焊接，以增加相互间连接。（如图 5 所示）

叠合柱断面由钢管、管内混凝土和外围混凝土三部分组成，后期施加的荷载按此三部分的竖向刚度分配给三部分共同承受。由于核心钢管及内部混凝土虽占截面面积比例较小，但其竖向刚度相对较大以及先期已承受了约 $1/4\sim1/3$ 的总轴力，则作用于柱外围混凝土上的轴压力一般为总设计轴力的 $1/2$ 左右，若柱断面尺寸不变，柱外围混凝土的设计轴压比明显减小，因此柱的延性即抗震性能明显提高；若要维持相同的轴压比，则可以较多地减小柱断面。

叠合柱的最大特点是可以充分发挥核心钢管的承载能力。由于外围钢筋混凝土对核心钢管混凝土的强力约束，计算叠合后的核心钢管混凝土承载力时一般可以不计钢管的长细比及荷载偏心率的影响，经过合理的设计，控制好钢管混凝土和外围混凝土的刚度、尺寸比例，可以使钢管混凝土和外围混凝土几乎同时达到极限强度。

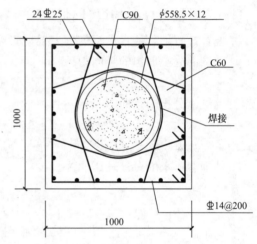

图 5　钢管混凝土叠合柱断面

叠合柱既保留了钢管混凝土核心柱的一系列优点，又由于外围混凝土的轴压比可以设计得较小，使得有比后者更大的延性。经试验标明，钢管混凝土叠合柱在水平反复荷载作用下，其位移延性系数比同样断面的钢管混凝土核心柱约提高 30%～70%。

2.3　叠合柱结构体系

"组合"是新结构形式出现的摇篮。对于数十层的高层或超高层建筑，柱轴力自下而上相差很多。下部数层的柱轴力很大，且是关键部位，要求具有良好的抗震性，采用钢管高强混凝土叠合柱是比较适宜的，中间楼层的柱轴力比较适中，采用钢管混凝土核心柱即能满足抗震延性的要求，又可减少施工程序，而顶部数层的柱轴力一般很小，常常采用普通钢筋混凝土柱。这样，在实际工程中，对高层建筑不同部位的框架柱采用不同的柱型来适应其轴力的变化，是一种新的组合柱结构体系。

3　设 计 计 算

3.1　叠合柱的刚度

叠合柱的竖向刚度 $\sum EA$、弯曲刚度 $\sum EI$ 及剪切刚度 $\sum GA$ 均由三部分各自的刚度组成：

$$\sum EA = E_{C1}A_{C1} + E_S A_S + E_{C2}A_{C2}$$
$$\sum EI = E_{C1}I_{C1} + E_S I_S + E_{C2}I_{C2}$$
$$\sum GA = G_{C1}A_{C1} + G_S A_S + G_{C2}A_{C2}$$

式中，E、A、I 为弹性模量、截面积和惯性矩，角标 C1、C2 表示钢管内、外的混凝土。

3.2　轴力分配与设计轴压比

叠合柱三部分各自承担的轴力根据三部分各自的竖向刚度比例来分配。

外围混凝土承担的竖向力：

$$N_{C2} = E_{C2}A_{C2}(N_{max} - N_1)/\sum EA$$

钢管混凝土分担的竖向力：

$$N = N_1 + (E_{C1}A_{C1} + E_S A_S)(N_{max} - N_1)/\sum EA$$

式中，N_{max} 为柱最大轴力设计值，N_1 是外围混凝土叠合前核心钢管混凝土承受的先期轴力。

外围混凝土的设计轴压比为：

$$\lambda_{C2} = N_{C2}/f_{C2}A_{C2}$$

式中，f_{C2}、A_{C2} 分别为外围混凝土的轴心抗压强度设计值和截面积。

以本工程高层部分一层框架柱为例，柱最大轴力设计值 $N_{max}=30000$kN，柱断面采用 1000mm×1000mm，核心钢管为 $\phi 529 \times 12$，Q235 钢，钢管中混凝土采用 C90 级，$f_c=39.9$MPa，外围混凝土采用 C60 级，$f_c=27.5$MPa。钢管的截面积 $A_s = \pi(529^2 - 517^2)/4 = 9858.3$mm²，钢管内混凝土的截面积 $A_{C1} = \pi \times 517^2/4 = 209928$mm²，钢套箍指标 $\theta = f_S A_S/f_{C1}A_{C1} = 215 \times 9858.3/39.9/209928 = 0.253$，核心钢管混凝土的受压承载能力 $N_0 = A_{C1}f_{C1}(1+1.8\theta) = 209928 \times 39.9(1+1.8 \times 0.253) = 209928 \times 39.9 \times 1.455 = 12187$kN，核心钢管混凝土的压缩刚度 $EA = E_S A_S + E_{C1}A_{C1} = 206 \times 10^3 \times 9858.3 + 3.9 \times 10^4 \times 209928 = 102180 \times 10^5$N，外围混凝土压缩刚度（按 C60 计）$E_{C2}A_{C2} = 3.60 \times 10^4 (1000 \times 1000 - \pi \times 529^2/4) = 3.60 \times 10^4 \times 780213 = 280877 \times 10^5$N，核心钢管混凝土与外围混凝土的刚度比为 $EA/E_{C2}A_{C2} = 102180 \times 10^5/280877 \times 10^5 = 1/2.75$，核心钢管混凝土与整个柱截面的刚度比为 $EA/\sum EA = 102180 \times 10^5/(102180 \times 10^5 + 280877 \times 10^5) = 0.268$。

若考虑当核心钢管混凝土承受的轴力 $N_1 = N_{max}/4 = 7500$kN 时叠合外围混凝土，后期施加的轴力 $N_a = 3N_{max}/4 = 22500$kN，按刚度分配给核心钢管混凝土为 $N_2 = 0.268 \times 22500 = 6030$kN，核心钢管混凝土共承受的轴力为 $N_1 + N_2 = 7500 + 6030 = 13530kN\approx 0.95N_0$，外围混凝土承受的轴力为 $N_{C2} = 30000 - 13530 = 16470$kN，则外围混凝土的轴压比为 $\lambda_{C2} = 16470 \times 10^3/27.5/780213 = 0.768$，可满足抗震要求。

关于偏压验算，在 7 度区、层数不太高的高层建筑，一般柱断面尺寸仍然按轴压比控制。若要验算，采取近似方法：按现行国家标准《混凝土结构设计规范》（GB 50010）中关于钢筋混凝土柱正截面承载力的公式计算。截面尺寸取叠合柱的全截面尺寸，轴压力可采用钢管外混凝土承受的轴压力设计值，弯矩采用叠合柱全截面的弯矩设计值，混凝土取钢管外围混凝土的强度等级。本工程算出来仍然是按构造配置柱的纵向钢筋。

4　节点构造

一种结构型式只有便于实现才有意义。梁柱节点构造是钢管混凝土核心柱和叠合柱能否在实际工程中应用的关键，且关系到结构的传力及抗剪性能，在很大程度上影响着结构的施工难易程度和技术经济指标。叠合柱的钢管尺寸虽然较小，但节点内梁的纵筋同样不易穿过。我们在实际工程中采用了一种新型的节点方案，其特点是柱身钢管穿过节点核心区时分段，将节点范围的钢管直径改小，以便梁的大部分纵筋从小钢管两侧穿过，小钢管两端各焊四个翅片，插入上下柱内粗钢管预留的四条缝内焊接，以便增强节点的承载能力，并起安装连接上下段柱身钢管的作用。见图6～图9。

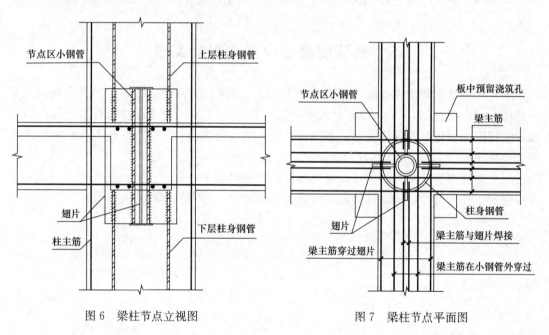

图6　梁柱节点立视图　　　　　图7　梁柱节点平面图

节点处的焊缝长度厚度均须经过计算确定。未叠合前，节点处的截面较弱，应使之能够承受施工期间的最大竖向力 N_1，叠合成整体后，应满足抗震要求。节点区主要由核心钢管混凝土和翅片抗剪，但钢管混凝土过于集中在核心部位，仍应靠箍筋来保证核心区外围混凝土不致过早开裂。箍筋构造可以简化，但同时要保证纵向钢筋不发生屈曲以及施工时便于浇筑后期混凝土。为了避免梁纵筋的滑移，梁穿过翅片的纵筋均宜与翅片焊接。

钢管混凝土核心柱的节点也采用类似的型式，节点区小直径钢管上焊接的翅片只起安装连接上下柱身钢管的作用，不必穿过核心区，梁中的纵筋直接从小钢管的两侧穿过。

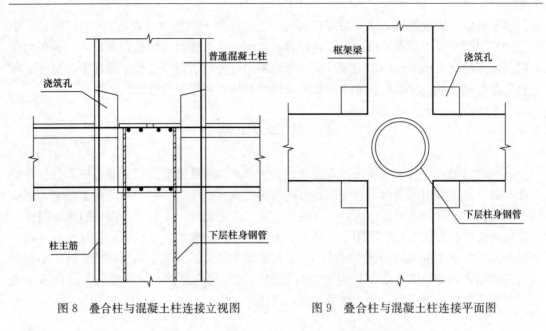

图 8　叠合柱与混凝土柱连接立视图　　　　　　图 9　叠合柱与混凝土柱连接平面图

5　高强混凝土应用的最新突破

　　本工程钢管内部浇注强度等级高达 C100 的高强度、高性能混凝土,当时在我国混凝土结构工程中系首创,C100 混凝土的研制是由我院和沈阳北方建设股份有限公司联合完成,组织国内著名专家(陈肇元、李国泮、吴佩刚、巴恒静、李惠等)进行严格鉴定。在钢管中采用 C100 高强度、高性能混凝土设计建造超百米高层建筑工程,C100 高强、高性能混凝土受到钢管的强力约束,充分挖掘了钢管和混凝土各自的优势,扬长避短,增加了高强混凝土柱的延性,提高柱的抗震性能和承载能力,具有里程碑意义。

钢管高强混凝土组合柱轴压承载力试验研究

钱稼茹[1]　康洪震[1,2]
（1. 清华大学结构工程与振动教育部重点实验室，北京；
2. 唐山学院唐山市结构工程与振动重点实验室，唐山）

【摘　要】　为研究钢管高强混凝土组合柱的轴心受压承载力，完成了 18 个组合柱试件的轴压试验。试件的主要变化参数有：钢管混凝土套箍指标、管外混凝土强度和箍筋配箍特征值。试验结果表明，峰值承载力前和达到时，钢管和管外钢筋混凝土纵向变形一致；管外钢筋混凝土破坏后，核心的钢管混凝土提供了较大的后期强度和轴向变形能力；钢管混凝土的套箍指标、管外混凝土的强度和箍筋配箍特征值是影响组合柱轴压承载力的主要因素。试验结果进一步验证了《钢管混凝土叠合柱结构技术规程》（CECS 188—2005）给出的组合柱轴心受压承载力计算公式同样适用于钢管高强混凝土组合柱。

【关键词】　钢管混凝土；组合柱；试验研究；轴压承载力；套箍指标；配箍特征值

【前言】

钢管混凝土组合柱（简称组合柱）是由钢管混凝土外包钢筋混凝土而成的柱，也可看成是在钢筋混凝土柱截面中部设置钢管混凝土的柱[1]。由于钢管的约束作用，钢管内可采用高强、高弹性模量混凝土，其轴心受压承载力大而轴向变形小；管外钢筋混凝土具有良好的耐火性能，并且便于与钢筋混凝土梁连接。组合柱特别适合用做承受轴压力大的抗震框架柱。轴压性能是组合柱的基本性能。自 20 世纪 90 年代提出组合柱（叠合柱）后，国内学者对其轴压性能进行了研究[2-6]，并编制了《钢管混凝土叠合柱结构技术规程》（CECS 188—2005）[7]，该规程的颁布与实施为组合柱（叠合柱）在超高层建筑的应用奠定了基础。

由于已有的试验数据较少，同时钢管内采用高强混凝土时轴压承载力计算方法需更多的试验数据的验证，通过 18 根组合柱的轴心抗压试验，研究其轴心受压承载力及其影响因素。

1　试验概况[6]

18 根组合柱试件截面尺寸均为 220mm×220mm，高 660mm。试件变化参数有：钢管直径和壁厚、管外混凝土强度和配箍特征值。轴心抗压试验在 5000kN 普通长柱试验机上进行，单调加载至试件破坏。

2　试验结果分析

2.1　轴力-纵向应变关系曲线

图 1 为全部试件轴力-纵向应变关系曲线，纵向应变值为 4 个位移计量测的 450mm 高

度范围内的竖向位移计算的平均应变。图 1（a）为钢管直径 114mm 试件 CC1～CC8 的轴
力-纵向应变曲线，图 1（b）为钢管直径 89mm 试件 CC9～CC18 的轴力-纵向应变曲线。
从图中可以明显地看出，每组试件的轴力-纵向应变关系曲线可分为两类：第一类为管外
混凝土立方体强度 f_{cu}＝73.5MPa 和 67.1MPa 的试件曲线，第二类为管外混凝土立方体强
度 f_{cu}＝51.5MPa 的试件。第一类曲线的特点为：曲线在峰值点之前基本是直线，表明塑
性变形很小，峰值点后曲线下降较快。第二类曲线的特点为：峰值点前表现出明显的塑性
变形，峰值点后曲线下降平缓。两类曲线的共同特点是：轴力 N_u^t 下降到一定值后，应变
增长而轴力下降缓慢。试件的轴压承载力试验值列于表 1。

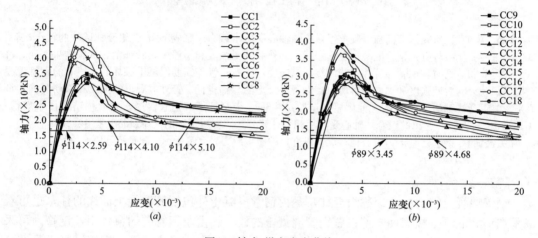

图 1　轴力-纵向应变曲线

试件轴心受压承载力　　　　　　　　　　　　　　　表 1

试件	N_u (kN)	N_u^t (kN)	β	ε_0 (10^{-6})	试件	N_u (kN)	N_u^t (kN)	β	ε_0 (10^{-6})
CC1	3369	3552	1.05	3698	CC10	3892	3718	0.96	2866
CC2	4247	4754	1.12	2577	CC11	2984	3083	1.03	3282
CC3	3039	3387	1.11	3445	CC12	2907	3018	1.04	3647
CC4	3934	4362	1.11	3178	CC13	2907	3004	1.03	3602
CC5	3114	3236	1.04	3633	CC14	2907	2817	0.97	3275
CC6	3710	3979	1.07	2539	CC15	2907	3045	1.05	3368
CC7	3526	3485	0.99	3527	CC16	3566	3946	1.11	3031
CC8	4122	4362	1.06	2593	CC17	2985	2887	0.97	3910
CC9	2907	3171	1.09	3664	CC18	3643	3925	1.08	2736

注：β 的平均值为 1.05，均方差为 0.0048。

2.2　纵向应变

图 2 所示为试件 CC4 和 CC7 的轴力-纵向应变关系曲线，包括应变片量测的钢管、纵
筋和混凝土的纵向应变，以及位移计量测的平均应变。从图中可以看出，峰值荷载前和达
到时，钢管和钢筋混凝土的纵向应变相同。表明钢管混凝土和管外钢筋混凝土没有发生纵
向相对变形，截面保持平面应变。其他试件的试验结果都表明了这一点。

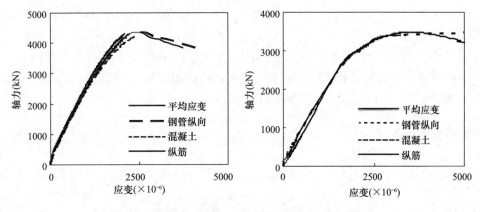

图 2　试件 CC4 和 CC7 轴力-纵向应变关系曲线

2.3　横向应变

图 3 为试件 CC7 和 CC8 钢管环向应变和箍筋应变与轴力关系曲线。曲线表明，加载初期，钢管环向应变和箍筋应变基本相同，均随荷载线性增加；加载到 70% 左右的最大荷载，箍筋应变增大加快，且大于钢管环向应变的增长；接近峰值荷载时，箍筋应变有突然的快速增大；钢管环向应变从加载初到峰值荷载均为线性增长，峰值荷载时为 1000×10^{-6} 左右，小于箍筋应变，表明在峰值荷载时钢管对管内混凝土的约束作用还比较小；轴力下降阶段，钢管环向应变继续增加，对管内混凝土提供环向约束，使试件承载力的下降速度不像钢筋混凝土柱那样快，提供了较大的后期强度和轴向变形能力。

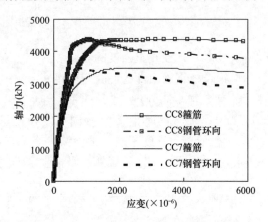

图 3　试件 CC7 和 CC8 轴力-应变关系曲线

3　轴心受压承载力

3.1　影响因素分析

（1）套箍指标的影响

套箍指标是影响钢管混凝土力学性能的主要因素[8]，其大小决定了对管内混凝土的约束程度，也就是决定了管内三向受压混凝土的侧向约束应力的大小。同时还决定了钢管混凝土达到峰值承载力后承载力的变化趋势。已有的研究表明[9]，对于高强混凝土，套箍指标 $\theta > 2.04$ 时，其轴力-应变曲线为单调递增，没有下降段。组合柱的套箍不宜过高，因为钢管外的钢筋混凝土会相对较早地达到极限承载力而退出工作。试验采用的套箍指标试验值为 $0.350 \sim 0.869$。

试件中 CC1 与 CC3，CC2 与 CC4，CC9 与 CC11 和 CC12 的其他参数相同，仅套箍指标不同，套箍指标大的 CC1，CC2 和 CC11 的峰值承载力分别大于 CC3，CC4 和 CC12 的。由于混凝土的离散性，也有例外，如套箍指标大的 CC11 的峰值承载力小于套箍指标小的 CC9。图 4 所示为其他参数相同、套箍指标不同的试件的轴力-应变曲线。图 4 还表明，钢管混凝土截面面积大的试件，套箍指标的影响也大。

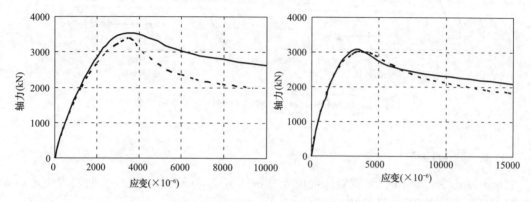

图 4　套箍指标对轴压承载力的影响

（2）管外混凝土强度的影响

组合柱钢管内外的混凝土强度可以相同，也可以不同。试件的管内混凝土强度相同，管外有 3 种不同强度。试件 CC5 与 CC6，CC7 与 CC8，CC10 与 CC11，CC15 与 CC16，CC17 与 CC18 的其他参数相同（体积配箍率相同，混凝土强度高的试件，配箍特征值小），仅混凝土强度不同。试验结果表明，混凝土强度高的试件，峰值承载力大。图 5 为其他参数相同或相近、管外混凝土强度不同的试件轴力-应变曲线对比。

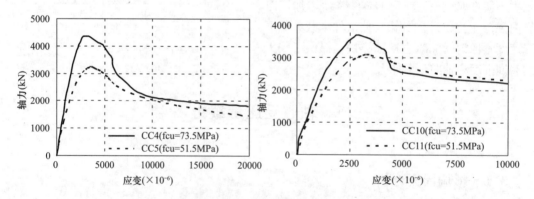

图 5　管外混凝土强度对轴压承载力的影响

（3）配箍特征值的影响

箍筋对组合柱管外混凝土起到约束横向变形的作用。已有的研究表明[10]，箍筋约束的混凝土柱轴压承载力有一定的提高。图 6 为其他参数相同、配箍特征值不同（体积配箍率也不同）试件的轴力-应变曲线比较，可以看出，提高组合柱管外混凝土配箍特征值 λ，对轴压承载力有一定的提高作用。

3.2　轴压承载力计算公式

组合柱由核心钢管混凝土和管外钢筋混凝土组成，其轴心受压承载力也应由这两部分轴压承载力组成。试验研究表明[8,10,11]：箍筋约束混凝土的峰值应变约为 2000×10^{-6}；箍筋约束高强混凝土的峰值应变约为 $(2500 \sim 3500) \times 10^{-6}$；钢管混凝土的峰值纵向应变在 4000×10^{-6} 以上。表 1 给出了试件达到峰值承载力时的应变 ε_0，可以看出，管外混凝土

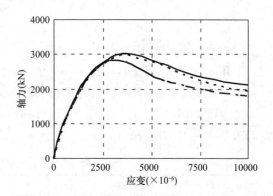

图 6　配箍特征值对轴压承载力的影响

强度 51.5MPa 的试件峰值应变为 $(3275 \sim 3910) \times 10^{-6}$ 管外混凝土强度为 73.5 和 67.1MPa 的试件峰值应变为 $(2577 \sim 3178) \times 10^{-6}$。表明组合柱试件达到轴压承载力时，已经达到箍筋约束高强混凝土的峰值应变，但尚未达到钢管混凝土的峰值应变，即已经达到管外箍筋约束混凝土的轴压承载力，未达到钢管混凝土的轴压承载力。

《混凝土结构设计规范》（GB 50010—2002）[12]计算钢筋混凝土柱的轴心受压承载力时，不考虑箍筋约束对混凝土轴心抗压强度的提高。为与规范一致，采用下式计算组合柱的轴压承载力 N_u：

$$N_u = \beta(N_0 + N_c) \tag{1}$$

式中，β 是组合系数；N_0 为管外钢筋混凝土轴压承载力；N_c 是钢管混凝土轴压承载力。

由文献 [12] 和 [9]，N_0 和 N_c 可由下式计算：

$$N_0 = f_{co}A_{co} + f_yA_s \tag{2}$$

$$N_c = f_{cc}A_{cc}(1 + 1.8\theta) \tag{3}$$

式中，f_{co} 和 A_{co} 分别为管外混凝土的轴心抗压强度和截面面积，f_y 和 A_s 分别为纵筋屈服强度和截面面积，f_{cc} 和 A_{cc} 分别为钢管内混凝土轴心抗压强度和截面面积。

表 1 中列出了试件的轴压承载力计算值 N_u 和计算的组合系数 β，$\beta = N_u^t / N_u$。从表中数据可以看出：全部 18 个试件的 β 值基本接近于 1，平均值为 1.05。为简化计算，可直接用下式计算组合柱的轴压承载力：

$$N_u = (A_{co}f_{co} + f_yA_s) + f_{cc}A_{cc}(1 + 1.8\theta) \tag{4}$$

按文献 [12]，为了使混凝土受压构件和受弯构件具有相同水准的可靠度，轴心受压的钢筋混凝土构件承载力按 $0.9(A_{co}f_{co} + f_yA_s)$ 计算。因此，钢管混凝土组合柱轴心受压承载力可用下式计算：

$$N_u = 0.9(A_{co}f_{co} + f_yA_s) + f_{cc}A_{cc}(1 + 1.8\theta) \tag{5}$$

式（5）与《钢管混凝土叠合柱结构技术规程》（CECS 188—2005）[7]给出的组合柱轴心受压承载力计算公式相同，说明其也同样适用于钢管高强混凝土组合柱。如上所述，管外为箍筋约束钢筋混凝土，而式（5）未考虑箍筋约束对混凝土轴心抗压强度的提高作用。有关该问题将另文讨论。

图 1（a）和图 1（b）中分别有三条和二条水平线，其纵坐标分别为相应尺寸的钢管混凝土按式（2b）计算的轴心受压承载力，与其相应的组合柱轴力-纵向应变曲线下降段基本上趋于此线。因此可以把钢管混凝土的轴压承载力作为组合柱的剩余承载力。

3.3　公式验证

用式（4）计算文献［2］～［5］的 19 个组合柱的轴压承载力 N_u^c，与轴压承载力试验值 N_u^t 一并列于表 2，承载力计算值与试验值的相对误差 ω 也列于表 2 中，ω 用下式计算：$\omega=(N_u^c-N_u^t)/N_u^t$。计算值与试验值接近，仅个别试件的误差大于 10%。式（4）计算方法可行，满足工程要求。

文献［2］～［5］试件的试验与计算结果比较　　　　　　　表 2

文献	试件编号	θ	N_u^t（kN）	N_u^c（kN）	ω（%）
	FZ1	0.883	7691	7813	1.59
	FZ2	0.913	8052	8065	0.16
［2］	FZ3	0.965	8563	8342	2.58
	FZ4	0.544	7490	7467	0.31
	FZ5	0.833	8011	7985	0.32
	A1-1	0.268	2511	2333	7.09
	A1-2	0.268	2447	2333	4.66
	B1-1	0.434	2850	2587	9.23
［3］	B1-2	0.434	2992	2587	13.54
	C1-1	0.624	2594	2726	5.09
	C1-2	0.624	2761	2726	1.27
	D1-1	0.822	2842	2876	1.20
	D1-2	0.822	2906	2876	1.03
	CDCFT1-1	0.765	2663	2592	2.67
［3］	CDCFT1-2	0.729	2653	2670	0.64
	CDCFT1-3	0.782	2633	2556	2.92
	SRCG11	2.681	4570	4366	4.46
［4］	SRCG12	2.681	4230	4366	3.22
	SRCG13	2.681	4170	4366	4.70

注：ω 的平均值为 3.5%，均方差为 0.0214。

4　结　　论

通过 18 个钢管混凝土组合柱的轴心抗压试验与分析，可得到以下结论：

（1）峰值轴压承载力前和达到时，钢管混凝土和管外钢筋混凝土的纵向变形一致；管外钢筋混凝土破坏后，核心的钢管混凝土提供了较大的后期强度和轴向变形能力。

（2）钢管混凝土的套箍指标、管外混凝土的强度和箍筋的配箍特征值是影响组合柱轴压承载力的主要因素。

（3）试验和有关文献的结果验证了规程 CECS 188—2005 给出的组合柱轴心受压承载力计算公式的正确性，且适用于钢管高强混凝土组合柱。

参 考 文 献

[1] 林立岩，李庆钢. 钢管混凝土叠合柱的设计概念与技术经济性分析 [J]. 建筑结构，2008，38 (3)：17-21.

[2] 蔡健，谢晓锋，杨春等. 核心高强钢管混凝土柱轴压性能的试验研究 [J]. 华南理工大学学报，2002，30 (6)：81-85.

[3] 陈周熠，赵国藩，易伟建等. 带圆钢管劲性高强混凝土轴压短柱试验研究 [J]. 大连理工大学学报，2005，45 (5)：688-691.

[4] 柏宇. 分层钢管混凝土芯柱及其节点的试验研究 [D]. 北京：清华大学，2004.

[5] 林拥军. 配有圆钢管的钢骨混凝土柱试验研究 [D]. 南京：东南大学，2002.

[6] 康洪震，钱稼茹. 钢管混凝土叠合柱轴压强度试验研究 [J]. 建筑结构，2006，36 (S1)：9.22-9.25.

[7] 钢管混凝土叠合柱结构技术规程 CECS 188—2005 [S]. 北京：计划出版社，2005.

[8] 王力尚，钱稼茹. 钢管高强混凝土应力-应变全曲线试验研究 [J]. 建筑结构，2004，34 (1)：11-19.

[9] 谭克锋，蒲心诚，蔡绍怀. 钢管超高强混凝土的性能与极限承载能力的研究 [J]. 建筑结构学报，1999，20 (1)：10-14.

[10] 过镇海. 钢筋混凝土原理 [M]. 2 版. 北京：中国建筑工业出版社 2001.

[11] 钱稼茹，程丽荣，周栋梁. 普通约束混凝土柱的中心受压性能 [J]. 清华大学学报，2002，42 (10)：1369-1373.

[12] 混凝土结构设计规范 GB 50010—2002 [S]. 北京：中国建筑工业出版社，2002. 30 (6)：81-85.

第二篇
约束砌体组合墙结构体系

2008 年 5 月 12 日发生在汶川的强烈地震导致砌体结构房屋大量倒塌，我国传统的砌体结构正面临着巨大的冲击和挑战。砌体结构如何抵抗强烈地震是工程建设领域的重大课题之一，砌体结构的创新与发展迫在眉睫。20 世纪 80 年代末诞生于沈阳市的钢筋混凝土—砖组合墙结构，经过试点工程设计建设以及大量的墙体模型拟动力试验（与中国建筑科学研究院、大连理工大学、哈尔滨工业大学、中科院哈尔滨工程力学所共同完成），沈阳市建委于 1991 年颁布了《钢筋混凝土—砖组合墙结构设计与施工规程》（SYJB 2-95），辽宁省已经建成几百万平方米的组合墙结构房屋，在全国各地区也建了几十万平方米的组合墙结构房屋。组合墙结构在汶川大地震中展现出良好的抗震能力，结合汶川地震经验教训和辽宁省组合墙结构体系的研究及应用，作者认为组合墙结构应在原"钢筋混凝土—砖组合墙结构"的基础上升级换代。通过强化构造柱和圈梁对砌体的约束和加强各片墙体间的紧密连接，采用这两个既节省造价又行之有效的手段，对整幢砌体建筑的所有墙段使用强约束块实行全面约束，墙体的抗震性能显著提高，形成约束砌体组合墙结构体系。这是砌体结构抗震设计创新的必由之路，约束砌体组合墙结构是符合国情的结构体系，今后应深入研究和推广应用。

单　明　郑　志（辽宁省建筑设计研究院有限责任公司）

本章编辑　林立岩　张前国

约束砌体结构成套技术研究

王天锡[1]　李国华[1] 等，张前国[2]　林立岩[2] 等，魏　琏[3]　崔健友[3]　刘立泉[3] 等，
邬瑞峰[4]　解明雨[4]　奚肖凤[4]　陈熙之[4] 等

（1. 沈阳市建委科研设计处；2. 辽宁省建筑设计院；3. 中国建研院抗震所；4. 大连理工大学力学系）

（本文由林立岩执笔）

【摘　要】　本课题提出用约束砌体概念来改善传统的砖砌体房屋设计。这种约束砌体概念是与我国实际情况相适应的。它用钢筋混凝土约束柱、约束梁来包围砌体，形成包围单元（约束块），再用这些约束块组合成整体房屋，来共同承受竖向荷载和水平地震作用，构成钢筋混凝土——砖组合墙新体系。本文论述了这一新体系的特点及各构件的功能。本课题通过试验，分析和工程试建，证明组合墙结构是一种经济有效的抗震体系，可以在 7 度区建造多层房屋。

1　组合墙——约束砌体概念的建立及组合墙结构的特点

无筋砌体房屋是一种抗震性能差的脆性结构。长期以来，人们试图采用各种方法改善其抗震性能。在国外主要用配筋的方法，即采用空心砖或空心砌块，在孔中插竖筋并浇灌混凝土形成芯柱；在水平灰缝中设置水平钢筋，芯柱和水平钢筋构成一般不大于 1m 的约束网格。采用这种方法可以改善砌体的性能，若使用高强度砌块及性能好的砂浆，在地震区也已建起十几层的高层建筑。

欧洲共同体 CIB 组织不久前在 Eurocode 6 中曾对约束墙体（confined masonry）下过定义，认为是用水平和竖向圈梁来约束砌体，并规定约束方格的尺寸无论宽度和高度都不应大于 5m（这一点和我国构造柱规程不作最大间距限制不同），竖向约束构件尺寸可以小到 150mm×150mm，梁配筋不小于 2.5cm²。由于断面和配筋都很小，结构受力完全由砌体承受，混凝土构件只起构造上增强作用。因此 Eurocode 6 对这类房屋的层数仍然限制的很低。

唐山地震以后，构造柱逐渐在我国多层砖房中得到应用，它和圈梁一起，对所包围的部分砌体起约束作用，可增强墙体并阻止砌体破坏后的散落。但它只是起部分约束和局部增强作用，因为构造柱一般仅在部分墙段上设置，并未整体地改变砖房的受力和变形性能。

钢筋混凝土—砖组合墙结构是建立在对整幢建筑所有墙段进行全面强化约束的基础上。组合墙结构有两层含义，一是将钢筋混凝土梁、柱和砌体牢固地联结在一起组合成三位一体的结构构件，它实际上是梁、柱对砌体的包围单元（约束块），梁柱不仅起约束作用，而且是受力构件；二是整幢建筑都是由规格尺寸不同的约束块组合而成，建筑物的所有墙段，无论纵墙还是横墙，都在上述包围单元的约束中（图 1）。约束单元分两种：一种

接近正方形，为加强型约束块，用于受力较大的底部几层以及开洞较多的全部外纵墙，这种约束块尺寸一般小于 3m×3m，用于外纵墙为开间乘层高，用于横墙为半个房间进深乘层高。约束块边柱的断面和配筋比一般构造柱适当加大；另一种为长方形，如图 1 横墙上约束块的划分方形约束块，用于建筑的纵墙和上部几层的横墙，这种约束块的尺寸长度一般为前者的两倍，取房间进深乘层高。约束块边柱的断面和配筋与一般构造柱基本相同。

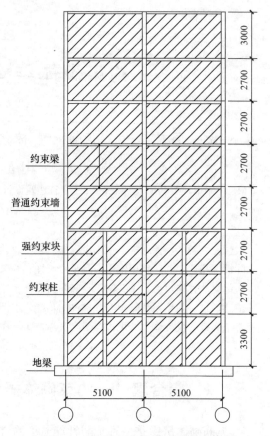

图 1　早期约束砌体试件横剖面图

整幢房屋就是这种包围单元的组合。我们所设计的约束砌体既对局部墙段进行约束增强，又对整个墙体进行约束增强，因而从空间上和整体上对所有墙体的抗震能力都得到增强，并集合所有墙段的抗力来共同抗震。这种组合墙约束砌体理论的重要概念，也是它和一般设置构造柱砖房的主要区别。一般构造柱砖房只是在重点部位设置构造柱，圈梁也不是全墙层层设置且在平面上并非在每道横墙上都贯通，因而只能在重点部位形成局部的包围约束。采取全墙约束的组合墙结构，消除了薄弱部位（未经约束的墙段），由于底部采用加强型约束，使抗震能力提高。经模型试验和弹塑性非线性分析表明，8 层住宅的薄弱层上移到第四、五层，形成下层强于上层的有利抗震体系。

约束砌体中的柱子，既是约束构件，又是受力构件（这一点不同于 Eurocode 6 的规定），称之为约束柱；梁的功能也已超出普通圈梁范畴，故称之为约束梁。它们都是约束砌体中必不可少的组成部分。梁、柱包围约束砌体，砌体反过来也约束梁、柱，约束与反约束，形成互相支持、互相补充、各取所长，充分发挥各自材料特点的组合墙体，三者共同承担剪力、弯矩和竖向力。约束砌体是先砌墙后浇柱子，砌墙时预留马牙槎而且每隔 500mm 留 2ϕ6 拉结钢筋。一系列试验表明，它们间的结合是牢固的，即使墙体完全破坏也未见到结合面开裂现象，对于加强型约束块，柱子的断面和配筋均大于一般构造柱，又由于柱间距较小，拉结筋在柱间均通长设置，已构成配筋约束墙体，性能得到更大的改善。

组合墙结构既不同于一般的砌体结构，也不同于框架填充墙结构。因为框架结构主要由钢筋混凝土框架梁、柱承重；后填充的墙体不能与框架结合一起，只起围护或隔断作用；只在满足一定构造条件下才考虑填充墙与框架的共同工作的影响；水平地震引起的弯矩主要由框架柱子的弯曲变形来承受，而组合墙结构中的柱子虽受力非常复杂，但基本上以轴向力为主，截面弯矩较小，且每层没有反弯点，因此可以充分发挥截面和配筋都很小的柱的材料性能。

组合墙结构的施工方法和建筑材料与普通房屋很相似。它的技术经济指标很接近多层砖房，只是在最关键的部位增用少量的钢筋和混凝土。一幢 8 层组合墙住宅楼，造价只比带构造柱的 7 层砌体房屋贵 7.5%。从已建成的近百万平方米这类房屋看，较同样层数的钢筋混凝土轻型框架结构房屋可降低造价 20%～25%，节省钢材 50%，节省木材 45%，且施工周期短，一般当年施工当年建成。因此这种结构形式在我国推广应用具有很大的技术和经济效益。

2　组合墙各部件的主要性能

组合墙由砌体、约束柱和约束梁三个必不可少的部件组成。砌体的功能除了起房屋围护、隔断作用外，它能承重、抗剪、抵抗整体弯曲，又是房屋侧向刚度的主要保证，在约束砌体中，又对梁、柱起约束作用，特别对柱子，可限制其侧向失稳，提高柱子的抗力。约束柱和约束梁的受力机理非常复杂，从 1987 年开始，我们通过几十个墙片试验和整体模型试验以及现场实测和大量的理论分析工作，现已基本上弄清其受力机理并相应得到组合墙体的设计验算公式。

（1）约束柱在组合墙中的主要性能是：

1）提高墙体的抗剪能力。砌体在约束状态下抗剪强度得到提高，另外约束柱本身也有一定的抗剪刚度，也参与抗剪，与砌体协同工作的结果，使砌体抗剪的初裂强度和极限强度都得到提高，尤其是极限强度提高尤其多。加强形约束块又比长方形约束块开裂荷载提高约 45%，极限荷载提高约 63%～97%。

2）改善墙体在水平地震作用下的耗能机理，增强延性。对比试验（图 2 和图 3）表明；有约束柱时砌体中出现的斜裂缝不是单一的主裂缝；而是在主裂缝的附近乃至整个墙面中发现大量分布的细微裂缝，使砌体各部分都能充分发挥其抗剪能力和耗能作用；没有约束柱时，一般只产生一条集中裂缝，然后这条裂缝迅速扩大贯通以致整个墙片破坏。素墙片的延性系数 μ 一般小于 1.5，而约束块中的砌体各部分都参与抗剪和耗能；使裂缝多而分散，极限承载力和变形能力明显提高。长方形约束块 μ 可达 3 左右；而加强型约束块 μ 值可达 3～4。

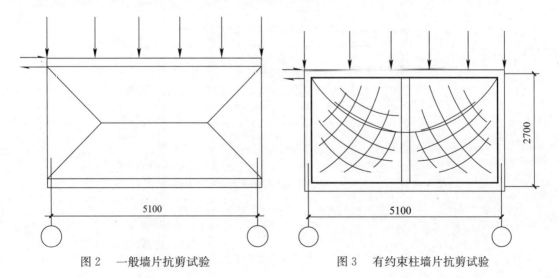

图 2　一般墙片抗剪试验　　　　　　　　　图 3　有约束柱墙片抗剪试验

• 56 •　科技创新推动工程设计优质发展

3) 约束柱与砌体一起按竖向刚度比例分担竖向荷载。在一般 8 层住宅建筑中，约束柱根据其尺寸大小可承担 50% 以上竖向力，因而可使砖墙减薄到底层仅 240mm（传统的中高层住宅下部二层横墙厚为 370mm）可扩大建筑使用面积。这一点很受建设单位的欢迎。

4) 约束柱是横纵墙间最好的连结件。由于约束柱通过马牙槎和拉结筋与砌体有良好的连接；约束柱又受约束梁的拉结；因此可消除砌体结构遇地震时外墙外闪的一大震害。

5) 建筑物横墙两端的边缘约束柱，是抵抗水平地震引起整体倾覆弯矩的最有效构件。试验表明，倾覆弯矩主要通过约束柱中产生轴向力（拉或压）来抵抗，和纯框架结构靠柱子弯曲变形来抵抗相比要经济得多（约束柱不需要很大的断面和配筋）；和纯砌体结构靠墙身水平截面中产生拉、压应力（砌体抗拉强度低）来抵抗相比要合理得多，因此组合墙结构是一种经济有效的抗震墙结构。基于这个认识，可以适当放宽建筑物的高宽比和总高度限制。

6) 约束柱是实现房屋横向抗弯能力大于抗剪能力的重要手段。震害调查和试验均表明，横向水平地震作用下多层砌体结构如果在横墙出现剪切 X 形裂缝之前，外纵墙底部先出现沿纵向通长水平裂缝；这种整体弯曲破坏先于剪切破坏的破坏形态是最不利的。约束柱的存在特别是其中的钢筋受拉，使房屋因弯曲而分配给纵墙砌体中的拉应力明显减少，做到"强剪弱弯"。

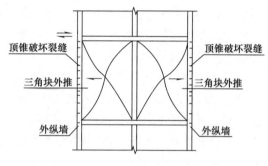

图 4　纵墙顶推破坏

7) 砌体产生 X 形裂缝后，端部三角块有被推出散落的危险，约束柱的存在，可约束这部分砌体的散落倒塌，并可避免外纵墙的顶推破坏（图 4）这时边柱中将产生一定的弯矩。

8) 对采用加强型约束块的横墙而言，中间约束柱及与之浇筑在一起的楼盖现浇带，形似纵向框架，构成防止墙身出平面外失稳倒塌的又一道防线（图 5）。

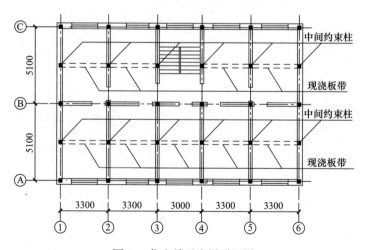

图 5　住宅单元底层平面图

9）房屋的外纵墙上，约束柱是设置在外墙垛（窗间墙）的中央。对于有大窗洞的外墙，这样设置的效果也是显著的。通过多开间开洞纵墙片试验表明，垛中央的约束柱可阻止 X 形裂缝的过早形成和贯通，提高外纵墙的极限抗剪能力。

10）约束柱对纵横墙的良好联结作用，使纵横墙的整体空间作用增强，竖向正应力充分扩散。对于横墙承重的房屋，可使竖向力扩散到纵墙上，除减轻横墙负担外，可提高纵墙的抗剪能力。对个别抗力差的墙段，通过整体协调工作，可使抗力得以弥补。

11）约束柱的存在，也增加了房屋抗垂直地震和不规则房屋抗地震扭转效应的能力。

综上所述，约束柱在组合墙结构中有非常重要的作用。在砌体的反约束下，它受到拉、压、弯、剪的复杂应力，但可充分发挥柱混凝土和钢筋的材料性能，因此试验和分析都表明，柱本身不需过大的截面和配筋，所增加造价是十分有限的。

（2）约束梁在组合墙中的主要性能是：

1）约束砌体，使水平地震产生的 X 形裂缝只局限在每层高度范围内，不致产生贯通多层的大斜裂缝。

2）约束梁的存在，可阻止砌体沿台阶形裂缝的过大开展，与约束柱一起对砌体构成包围约束，形成第二道防线，防治三角形开裂块对外墙的顶推破坏。

3）将分配到每片墙段上的水平地震作用均匀地传给墙段的整个截面（包括给约束柱）。

4）协调竖向变形，使竖向荷载基本上按竖向刚度比例分配到砌体和约束柱上去。特别是分配梁（用于横墙上加强约束块和一般约束块交接处的约束梁）的设置，是这种分配作用更加完善。分配梁和约束梁使竖向荷载向柱子传递，减轻砌体负荷，又使边柱承受较大预压力，增加整体抗弯能力。

5）约束楼盖，约束梁每层全墙设置，既闭合又贯通，形成水平框架，提高楼盖的水平刚度，使楼盖与墙体结合成整体箱形结构，有效地抵抗来自任何方向的地震作用。

6）作为约束柱的支点，提高柱子的稳定性；对柱子和砌体间的牢固结合（这是组合墙成立的基础）起增强作用。

7）起圈梁作用，对地基不均匀沉降、温度变化等起抵抗作用。最底部的约束梁即地梁，可将荷载分散给地基，可以减轻和防止地震时的地表裂隙将房屋撕裂。

约束梁和约束柱一样，其性能只有在与砌体牢固结合成整体后才能形成和充分发挥。其形状似梁、柱，构成的网格又似框架，而其受力状态则与梁、柱、框架完全不同，倒是很像带暗柱、暗梁的剪力墙结构。内力分析时，可以把这种组合墙体看成是在其平面内受有外载荷的平面应力构件来分析。

3　主要试验研究情况

为了弄清组合墙结构的受力特性、变形特征、抗震能力，检验设计思想，建立相应的设计计算方法，从 1987 年至今，我们共进行了以下几方面的工作。其中试验工作主要由中国建研院抗震所，大连理工大学工程力学系承担，在各单位通力合作下完成的。

（1）横墙墙片在竖向力及低周反复荷载下的受力破坏特征和变形性能试验，共进行 18 片横墙，对比了约束块尺寸大小、中间约束柱截面大小等影响因素。

（2）外纵墙墙片（有窗洞）的受力、变形性能试验，共进行 16 片试验，研究了开孔面积大小的影响和窗间墙中央加约束柱后的开裂规律及约束效果。

（3）八层组合墙房屋 1∶2 空间模型试验。研究整体结构的受力、变形规律、延性、破坏部位和过程，全面检验约束砌体理论的可靠性。

（4）研究组合墙房屋高宽比的影响，做了 2 个 7 层及 2 个 9 层墙片的试验及不同高宽比墙片的对比分析。

（5）垂直压应力、砂浆及混凝土强度等级、约束柱的截面积、配筋率、柱中钢筋的销栓作用等因素对墙体抗剪强度及侧移刚度的影响。这部分内容共进行 12 片试验。

（6）采用承重空心砖组合墙体的研究。针对节能住宅设计，要求外墙采用 240mm 厚承重空心砖再复合轻质保温材料的复合墙体，进行了与实心砖组合墙对比试验，共进行 8 片试验。

（7）八层组合墙房屋动力特性实测，了解这种结构房屋的自振周期、阻尼比、振型曲线。共实测 12 幢试点工程。

（8）八层组合墙房屋的弹塑性地震反应分析，输入地震波，采用剪弯型层间模型，用直接动力法进行时程分析，了解结构进入弹塑性状态后的变形特征、薄弱层位置、弯曲与剪切变形各占比重等并与模型试验相对照。

（9）8 层组合墙房屋的抗震可靠性分析，求出房屋的开裂概率、倒塌概率及相应的可靠度指标 β，以确保"大震不倒"的设计原则。

（10）设计计算方法和构造措施的研究、试点工程施工方法的调查总结、技术经济定额指标的编制。

（11）在以上工作的基础上编制了沈阳市技术标准《钢筋混凝土—砖组合结构抗震设计与施工规程》，目前已完成征求意见稿。这一规程集中总结了我们几年来试验研究的成果。

我们还将进一步研究大开间组合墙结构、底层框剪上部组合墙结构（适合在临街建带有商业网点的住宅）。汶川地震后，对组合墙结构有了进一步的认识。现在对整幢砌体建筑中的所有墙段（纵向、横向、上下层）一律改用强约束块组合，实行全面约束，体系名称也改为"约束砌体组合墙结构"，使抗震性能有明显改进，完全满足现行《建筑抗震设计规范》GB 50011 对此的要求。

参 考 文 献

[1] 王天锡，张前国，邬瑞峰等. 约束砌体结构房屋抗震设计［M］. 首届全国砌体结构学术交流会论文集，1991.10.

[2] 魏琏，崔建友，刘之泉等. 约束砌体房屋二分之一比例模型结构抗震性能试验研究［M］. 首届全国砌体结构学术交流会论文集，1991.10.

[3] 夏敬谦，黄泉生，邬瑞峰等. 底部框架组合墙结构模型震动台试验研究［M］. 首届全国砌体结构学术交流会论文集，1991.10.

[4] 邬瑞峰，陈熙之，黄维平，解明雨. 三种组合墙砌体房屋抗震性能的综合比较［M］. 首届全国砌体结构学术交流会论文集，1991.10.

[5] 唐岱新，朱本全等. 底层大开间框剪组合墙结构抗震性能研究［J］. 哈尔滨建筑大学学报，1998.

周期反复荷载作用下组合墙结构的抗震性能研究

黄维平[1]　　邬瑞锋[2]

（1. 青岛海洋大学；2. 大连理工大学）

【摘　要】　通过组合墙片和构造柱墙片的对比试验，分析研究了组合墙的承载能力和恢复力特性。试验结果表明，组合墙结构的抗剪能力与构造柱墙片相比有较大的提高，其抗弯性能也有很大的改善，并具有良好的整体性能和恢复力特性，能够满足结构抗震的要求，同时，组合墙结构的承重能力也得以大幅度提高，其轴压比降低了 50%，不失为一种在地震区发展中多层砌体房屋较好结构形式。

【关键词】　组合墙；抗震性能；试验研究

通过组合墙与构造柱墙片的对比试验，分析研究了组合墙的承载能力和弹塑性行为，考察了钢混凝土柱与砌体的协同工作特性和结构的完整性。

1　试 验 概 况

试验采用了对比试验的方法，试件为 1/2 比例的模型墙片，如图 1 所示。其中构造柱墙片两片，每片设有两根构造柱，截面尺寸为 120mm×240mm，配筋为 4Φ8。箍筋为 Φ4@150。组合墙片 10 片，每片设有三根约束柱，截面尺寸为 200mm×240mm，配筋为 4Φ12，箍筋为 Φ4@150，砌体与约束柱的结合处砌有马牙槎并配有拉结筋。两种墙片均用 SK1 型空心砖砌成，模型墙片的材料强度等级为：空心砖为 MU10，砂浆为 M7.5，约束梁和约束柱的混凝土为 C20。材料的实测强度见表 1 所示。

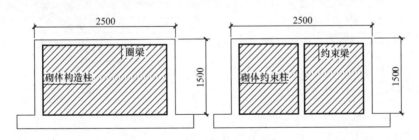

图 1　试验模型墙片示意图

为了研究竖向应力的分配规律和约束柱的受力状况，在墙片上、中、下三个横截面和约束柱的钢筋的相应位置上贴有应变片测量墙片轴向应变和弯曲应变，其中：上截面为砌体与约束梁结合处；中截面为墙片的 1/2 高度处；下截面为砌体与底梁的结合处。墙片的滞回曲线由 X-Y 绘图仪绘制，其纵轴和横轴分别由设置在墙片顶端的力传感器和位移传感器绘制。

试验荷载分为两部分，一部分为竖向荷载，由 8 个均布在约束梁上的串联千斤顶施加，竖向压应力为 0.3MPa。竖向荷载先于横向荷载一次加足，然后由各截面的应变测定竖向荷载的分配。另一部分为横向荷载，由约束梁两端的两个水平千斤顶等级差交替循环施加。加载分为两个阶段，第一个阶段是弹性试验阶段，侧向荷载从 80kN 开始，以每级 20kN 的增量等级差逐级加载直至墙片开裂，此时的荷载值定义为墙片的开裂荷载。从墙片开裂到试验结束为试验的第二个阶段——弹塑性试验阶段，这个阶段的加载方式改用等增量位移控制逐级加载，每级荷载做两个循环（两次循环的平均值是绘制骨架曲线的依据），直至荷载降低至 20% 结束，此时的荷载值定义为墙片的极限荷载。

试验重点考察了组合墙片的弹塑性性能及其与构造柱墙片的区别，对组合墙片的恢复力特性和延性指标，特别是约束柱和砌体的整体工作性能都进行了认真的分析研究。

2 试验结果分析

1. 组合墙结构的恢复力特性

滞回特性是砌体结构弹塑性性能的一个重要标志，砌体结构在开裂前具有较好的恢复力特性，滞回环较窄，表现为弹性状态。砌体开裂后，其刚度下降较快，变形恢复缓慢，残余变形增大，滞回环迅速加宽。图 2 是构造柱墙片和组合墙片的滞回曲线，比较两种墙片的滞回曲线可以明显地看出，构造柱墙片开裂后的刚度有较大幅度的降低，P-$\triangle$ 曲线的斜率减小，滞回环变宽，说明其恢复力特性下降。而组合墙片的恢复力特性大大优于构造柱墙片：墙片开裂前，滞回环呈直线状，表现为线弹性；墙片开裂后，由于约束柱的作用，墙片仍具有较大的恢复力，尽管墙片的刚度逐渐减少，但其滞回环的变化比较缓慢，只有当中间约束柱被两侧砌体的裂缝贯穿后，滞回环才有明显的变化，此时墙片已达到极限状态。

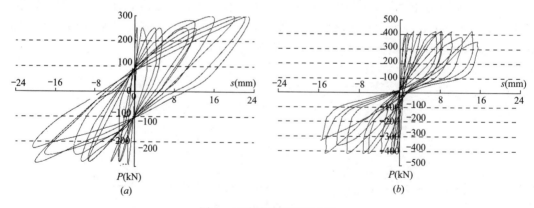

图 2 试验墙片的滞回曲线

(a) 构造柱墙片；(b) 组合墙片

延性是另一个表征砌体结构弹塑性性能的指标。这可以从构造柱墙片的骨架曲线（图 3a）看出。由于脆性结构的破坏常常是在较短的时间内发生的，因此，其抗震性能差。图 3（a）所示的构造柱墙片的延性系数只有 3.17。从开裂到破坏，其承受的荷载很小，位移增量也较小。这是由于构造柱墙片一旦产生裂缝，很少再有新的裂缝产生。因此，在周期反复荷载作用下，变形能由仅有的几条裂缝消耗，如图 4（*a*）所示，裂缝扩展的驱动能量较大，裂缝扩展迅速。

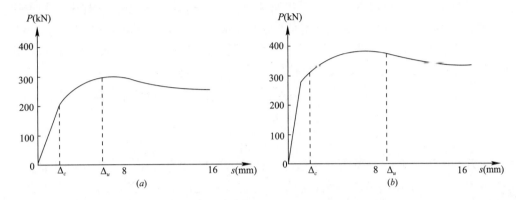

图 3　试验模型墙片的骨架曲线

组合墙结构则完全不同，在开裂到破坏的过程中，由于约束柱对砌体裂缝扩展的阻碍作用，在周期反复荷载作用下，会有新的裂缝不断地产生，如图 4（*b*）所示。而新裂缝的产生将释放一部分变形能，使得先生裂缝的扩展驱动能降低，扩展速度减缓。因此，组合墙片有较好的延性指标，其延性系数达到了 5.72，比构造柱墙片增大了 80%。从开裂到破坏，墙片承受了近 100kN 的荷载增量，墙片的位移也有较大幅度的增长，如图 3（*b*）所示。这表明，约束柱大大改善了砌体结构的塑性性能。

2. 组合墙结构的承载能力

从前面的分析可知，约束柱在组合墙结构的变形恢复中起了很大的作用。因此，钢筋混凝土梁、柱在组合墙结构中不仅仅是约束砌体的构造措施，它们参与了砌体的抗弯、抗剪和承重，从而大大提高了组合墙的承载能力。试验结果表明，由于砌体和约束柱的相互约束和相互支持，组合墙的抗剪强度有较大的提高，砌体和约束柱作为一个整体构件共同抵抗外力的作用。砌体的抗剪能力大于抗弯能力，而混凝土柱则相反，抗弯能力大于抗剪能力。二者作为一个整体构件工作时，不仅各自的能力得到了充分发挥，而且互相弥补了各自的弱点。表 1 列出了部分试验结果，从中可以看出，组合墙片的开裂荷载平均为 361kN，比构造柱墙片提高了 31%，极限荷载达到了 425kN，比构造柱墙片提高了 32%。

部分墙片实验结果　　　　　　　　　　　　　　　　　　表 1

墙片类型	编号	荷载（kN）		位移（mm）		延性系数	材料实测强度（MPa）			
		开裂	极限	开裂	极限		砖	砂浆	混凝土	钢筋
组合墙*	1	344	428	1.64	8.94	5.45	12.4	5.73	14.9	317
	2	378	422	1.41	8.47	5.99	12.4	5.97	16.5	317
构造柱	3	264	307	1.41	4.71	3.34	12.4	6.40	16.1	317
	4	286	335	0.94	2.82	3.00	12.4	5.93	14.5	317

注：* 仅给出了一组材料实测强度与构造柱相近的组合墙片试验结果

组合墙的承重能力也有大幅度的提高，试验结果表明，竖向压应力在约束柱与砌体间是按刚度分配的，也就是说，组合墙结构在重力作用下满足变形协调条件。在约束梁的横截面上，三根约束柱承担了 63% 的重力，其中中柱承担了 37%。这是由于中柱受到两侧砌体的约束呈双向受压状态，因而轴向刚度较大。而两边柱均有一侧自由，轴向刚度小于中柱。在墙体的 1/2 高度横截面上，上述两项指标分别为 65% 和 40%，柱子的承重比例略有增加，且中柱起的作用更大。在墙体根部的横截面上，柱子的承重比例达到了 66%，而中柱自己就占了 48%，这与有限元分析所得结果一致[2]。由于约束柱的面积仅占墙体横截面积的 24%，因此，可以求出砌体和约束柱的压应力分别为：

$$\sigma = \frac{0.37N}{0.76A} = 0.49\sigma_0 \tag{1}$$

$$\sigma_c = \frac{0.63N}{0.24A} = 2.63\sigma_0 \tag{2}$$

其中：σ 为砌体压应力；σ_0 为约束柱压应力；σ_c 为墙体平均压应力；N 为墙片轴力；A 为墙片截面积。这个结果意味着组合墙结构的砌体单元轴压比与普通砌体结构相比降低了 51%。仅就承重而言，在使用相同材料的条件下，组合墙结构房屋的层数可增加一倍。

由进一步的分析可知，在重力作用下，组合墙结构的砌体和约束柱的轴压应力比为 $\sigma/\sigma_c=0.186$，而试验墙片的砌体和混凝土的抗压强度设计值分别为 $f=1.73\text{N/mm}^2$ 和 $f_c=10\text{N/mm}^2$，因此，砌体和混凝土的抗压强度比 $f/f_c=0.173$，与二者的压应力比基本相同。这就是说，二者的轴压比基本相同，混凝土的安全储备略大一些，这样就可以充分发挥两种材料的强度潜力。

3. 组合墙结构的协同工作性能

组合墙结构的砌体和钢筋混凝土梁、柱，只有协同工作才能体现组合结构的优势。试验表明，组合墙结构的整体性非常强，砌体和约束柱始终协同工作，直至墙片破坏，破坏时的砌体和约束柱仍没有发生剥离，裂缝在砌体和约束柱的界面上是连续的。比较组合墙片和构造柱墙片的破坏过程可知，组合墙结构的整体抗弯性能较之构造柱墙片有较大提高，构造柱墙片的初始裂缝发生在弯曲受拉一侧的墙片根部且成水平状，表现为抗弯强度不足；而组合墙的开裂是以砌体中部出现斜裂缝为标志的，表现为剪切破坏。构造柱墙片开裂之后，裂缝沿着墙片的对角线迅速扩展为一条主裂缝，墙片上的次生裂缝较少，故从开裂到破坏的过程较短。而组合墙的破坏形态与钢筋混凝土剪力墙相似，由于中柱阻碍了主裂缝的扩展，因此，从开裂到破坏的过程较长，在主裂缝形成前，已有多条次生裂缝形成，两块砌体的裂缝在各自的范围内充分发展。而此时，墙片的恢复力主要靠约束柱提供，直到中柱被两侧砌体上的裂缝贯穿，主裂缝被中柱分成上下交错的两段，如图 4 所示。比较两图可知，组合墙片的砌体作用得到了充分的发挥，破坏时，砌体已布满了裂缝。而构造柱墙片由于主裂缝的迅速扩展过早地失去了承载能力，砌体的大部分区域没有破坏痕迹。

组合墙约束柱的钢筋应变曲线清楚地表明了约束柱在墙片抗剪中的作用。两边柱在周期反复荷载作用下，一侧受拉而另一侧受压，表现为弯曲状态；而中柱的应变则呈剪切状态。墙片开裂前，砌体的抗剪作用较大，中柱的应变较小，边柱的应变呈线性变化。墙片开裂后，砌体的承载能力迅速下降，墙片的抗弯和抗剪作用主要靠约束柱承担，故约束柱的应变迅速增大。

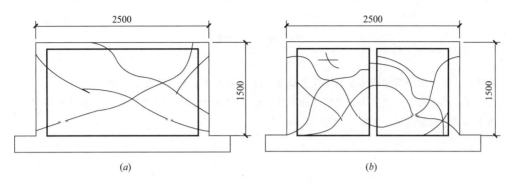

图 4 墙片裂缝示意图

3 讨 论

（1）组合墙的弹塑性性能优于构造柱墙片，其延性系数增大了 60% 以上。因此，抗震验算时，可适当提高组合墙的层间弹塑性位移角的限值。

（2）组合墙的承载能力比构造柱墙片有较大的提高，其抗剪能力提高了 30% 左右，承重能力提高了 50% 左右。由于其轴力在砌体和约束柱之间按刚度分配，且砌体的轴压比比约束柱的轴压比大 8%，因此，建议组合墙结构的受压构件按式计算。

$$N \leqslant \Phi(fA + 0.8f_cA_c) \tag{3}$$

其中，N 为荷载设计值产生的轴向力；Φ 为高厚比和轴向力偏心影响系数，可按《砌体结构设计规范》（GBJ 3—88）附录五计算；f 为砌体抗压强度设计值；A 为砌体承压面积；f_c 为混凝土抗压强度设计值；A_c 为混凝土承压面积。

（3）组合墙能够充分发挥砌体和约束柱的作用，二者相互约束，互为补充。约束柱弥补了砌体抗弯强度低的不足，砌体增强了约束柱的抗剪能力。因此，组合墙的抗弯和抗剪能力都明显好于构造柱墙片，是较理想的抗震剪力墙构件。

（4）由于组合墙的承重能力和抗弯、抗剪性能及延性的提高，将其作为发展中高层的砌体建筑结构形式是可行的。应当注意的是，发展组合墙结构是为了增加砌体结构房屋的高度和层数，因此，组合墙房屋一般都突破了规范的高度和层数限制。由于约束柱提高了组合墙的抗弯能力，在计算底部几层侧移刚度时，应考虑倾覆力矩的作用。否则，抗震验算的结果将出现较大误差。就组合墙结构而言，当层数达到八层时，倾覆力矩引起的底层墙体侧移为剪切位移 30%～60%，超过横向弯曲位移的 5 倍左右。

（5）根据试验结果，组合墙中砌体的竖向设计荷载可取墙体全部竖向荷载的印%，或将约束柱折算成砌体记入承重面积，即：

$$\sigma = N/[A + 0.5(E_c/E)A_c]$$

式中，σ 为轴力产生的砌体压应力；E 为砌体弹性模量；A 为砌体截面积；E_c 为混凝土的弹性模量；A_c 为混凝土柱截面积，N 为设计轴力。

（6）砌体与约束柱的结合处应设计成马牙槎并设置拉结筋，以确保砌体与约束柱的协同工作能力得以充分发挥。

参 考 文 献

［1］　黄维平. 组合墙建筑结构体系抗震性能研究［D］. 大连理工大学博士学位论文，1995.

［2］　奚肖凤，邬瑞锋等. 组合墙的弹塑性分析及强度和刚度简化计算公式［M］. 首届全国砌体建筑结构学术交流会论文集，沈阳，1991：42-50.

汶川地震后我省新建的第一幢农村小学

林　敢[1]　林　南[2]

（1　东北大学建筑设计院；2　辽宁省建筑标准设计研究院）

【摘　要】 辽宁省辽中县聋哑学校是一幢农村小学，汶川地震前刚开工修建，地震后要求提高抗震能力，但学校建于辽宁省贫困地区，经费缺乏，希望仍用当地的传统建筑材料和施工队伍建造。经过方案论证并吸取成都市许多建于 20 世纪 80 年代的砌体房屋能抗大震的成功经验，仍然坚持采用我省 20 世纪八九十年代开始推广应用的约束砌体组合墙结构，取得了显著效益。

【关键词】 约束砌体结构；构造柱；组合墙

1　工 程 概 况

辽中县聋哑学校建于辽宁省辽中县的郊区农村，当地设防烈度为 7 度，原设计为二层砌体结构的教学楼。由当地农村工程队施工，在汶川大地震之前建完基础及部分墙身。由于教学需要，建设单位提出新学校要再增建一层，这时正好发生了 5·12 汶川大地震。教育部门的领导提出不仅要增建一层，而且一定要能抗震，成为当地最安全、最让人民群众放心的建筑；并希望仍采用当地传统的建筑材料和当地的施工队伍施工；使该建筑务必于 2008 年当年建成，争取秋季开学投入使用。

经过了辽宁省土建学会建筑结构专业委员会的专家咨询认为：新建筑宜提高设防烈度，按 8 度设计，层数不宜超过 3 层；楼板应用现浇钢筋混凝土；屋盖可改为轻钢保温彩板结构下吊天棚减轻荷载；调整墙身传力路径以减少部分墙段荷载，减少部分已建条形基础的荷重。这样，接建一层是可行的。专家还建议墙身一律改用我省新研制成功的抗震性能优异的混凝土盲孔空心砖（后因供货不及仍采用黏土承重空心砖，这是一点遗憾）。

该建筑根据北方气候特点和残疾人使用要求，采用内廊布局，加大走廊宽度和房屋的进深，适当减少横墙间距，房屋体型力求对称规则。

2　结 构 体 系

经过认真研究，主体结构体系采用约束砌体组合墙结构体系，即通过构造柱和圈梁的设置，使所有的承重墙段，无论纵墙还是横墙都处于构造柱和圈梁的包围约束之中。层层设圈梁，构造柱的间距一般不超过 2 倍层高，重要部位不超过一倍层高（本工程均采用不超过一倍层高，形成加强型约束块）。关于约束砌体（曾称之为钢筋混凝土—砖组合墙）的介绍，可参见文献 [1]～[5]。在结构方案形成过程中曾比较过采用带构造柱的砌体结构，后者完全按国家标准《建筑抗震设计规范》（GB 50011—2001）设计。

　　图1是本工程构造柱的平面布置图，共设置80个构造柱，与圈梁一起构成96个强约束块，形成约束砌体组合墙结构体系。做到对每个墙段实行"四面约束"，对整幢建筑实行"整体约束"，在墙轴线拐折处及所有弱点处实行"加强约束"。

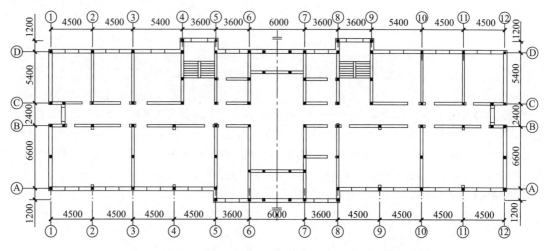

图1　方案1构造柱布置图（按约束砌体组合墙结构布置）

　　图2是按国标《建筑抗震设计规范》（GB 50011—2001）的规定布置的构造柱，共设置52个构造柱，仅形成50个约束块，可称为带构造柱的砌体结构体系。

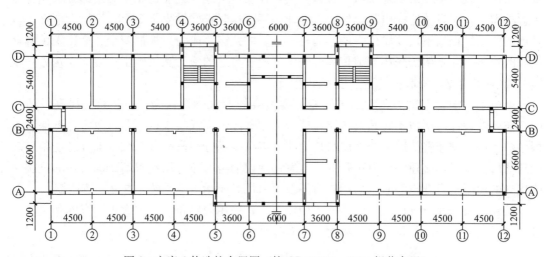

图2　方案2构造柱布置图（按 GB 50011—2001 规范布置）

3　经 济 比 较

　　两个方案进行了技术经济比较，方案2（图2）的约束块50个，只有方案1（图1）96块的52%，方案1都是强约束块，每块砌块的宽高比接近正方形，方案2中有48%的墙段构不成强约束块，还有不少宽高比接近2，可见方案2的整体牢固性较差，整体延性也差，薄弱环节多。但方案 2 由于构造柱用得较少，造价较低，是按现行抗震规范设计的原先方案。

为了弄清提高设防标准的经济代价，经比较，构造柱用 C20 混凝土，预算单价按当时的价格为 312 元/m³，被取代的砖砌体的单价为 220.5/m³，二者差 91.5/m³，每根构造柱高 12m，平面尺寸 0.24m×0.24m，则每根构造柱增加造价 0.24×0.24×12×91.5＝63.25 元，方案 1 比方案 2 的构造柱多 28 个，共增加造价 28×63.25＝1771 元。

该工程总建筑面积 2297m²，每平方米建筑造价为 750 元，预算总造价为 172.3 万元。改用约束砌块结构（方案 1）后，由于构造柱数量的增多使总造价仅增加 1771 元，占工程总造价的 1.03‰，另外，与约束砌体配套还增加了一些构造措施，如圈梁配筋增多，窗台下增加通长配置 3Φ8 厚 60mm 的混凝土加强带。在楼梯间侧墙中相邻构造柱间每 500mm 高增设通长拉结钢筋，楼梯梁增加抗剪钢筋等。这些措施引起的造价增加也在 1‰ 左右，因此，方案 1 比方案 2 在总造价上的增加充其量不会超过 5‰，极为有限。

4　效益分析

采用约束砌体组合墙结构，只比规范规定的带构造柱的砌体结构增加造价不足 3‰。带来的效益有：

（1）明显提高抗震水准，全部是强约束砌块，提高"大震不倒"的可靠度；

（2）建设单位认为造价增加极为有限，完全值得，也完全承受得了；

（3）施工单位认为所有墙身平面节点处都加构造柱，大大方便砌筑，否则当地规定节点处应采用各向退坡砌筑法，需多名瓦工同时作业，施工不变；

（4）几次大地震后，当地群众对构造柱已有深刻的认同，心理上增进了抗震的信心。

5　抗震调查

本工程实施过程正是四川抗震救灾的最紧急时刻，不断传来许多中小学房屋倒塌的痛心消息，如北川中学 2853 人，仅幸存 1342 人，都江堰聚源中学 1800 师生，遇难 50 多人，严重影响到本工程的建设信心。当时，有人提出砌体建筑今后还能不能用的问题，学校建筑如何提高设防标准？于是我们决定去四川考察。

先到成都，成都的设防烈度为 7 度，实际烈度达到 6～7 度，也就是说成都的房屋已遭受到"小震"和"中震"的检验。经调查，各类建筑基本上完好，尚未发现多层砌体结构砖墙裂缝。特别是成都市区尚有大量建造于 20 世纪 80 年代的砌体住宅（从外形和粉饰上很容易辨认），那是按我国《工业与民用建筑抗震设计规范》（TJ 11—1978）设计的，通过当地老工程师了解到，唐山地震后当地普遍乐于采用构造柱，构造柱是按我国 1982 年颁布的《多层砖房设置钢筋混凝土构造柱抗震设计与施工规范》（JGJ 13—1982）[7] 设计的，布置的数量较多，已经做到了"小震不坏、中震可修"，说明砖房加上圈梁和构造柱基本上是可以抗震，有人完全否定 1978 版规范是不妥的。但成都的房屋还没有经受"大震"的检验。

再到都江堰，那里的房屋也是按 7 度设防的，实际烈度达到 8～9 度，砌体结构都真正经受了"大震"的检验，有 30% 的房屋倒塌或局部倒塌，没倒的裂损也较大，说明砌体结构由于脆性大，延性不足，抗"大震"的性能较差，但也发现有一部分房屋（包括 20 世纪 80 年代建的）安然屹立，说明只要正确的按我国各时期抗震规范设计和施工，并在构造柱的应用和抗震构造措施上进行改善，房屋是可以达到抗"大震"标准。

进而了解震区中小学校的情况，中国建筑西南设计研究设计院冯远总工程师在一篇调查总结中写道："我院承担了 104 所农村小学校舍的设计，2007 年全部投入使用。其中有 65 所学校建在这次地震烈度达到 8～11 度的地区。教学楼一般为 3～4 层砌体结构，部分为 2 层框架结构。在砌体结构纵横墙交接处和挑梁处设置了构造柱，层层设圈梁，保证了这次地震后全部教学楼站立，无一倒塌。"经过进一步调查，走访了部分西南院设计的小学。非常惊喜，看到这些"大震不倒"的学校建筑，基本上是按约束砌体的概念设计的，但尚未达到组合墙结构的水平。

有了以上调查结果，我们信心大增，坚信在中小学校采用约束砌体组合墙结构能达到"大震不倒"的预期目标。亲历汶川灾区，我们深深体会到：提高砌体结构的整体牢固性，是这种结构抗"大震"概念设计的首要目标。而当前的抗震设计规范在抗"大震"的可靠度方面略显不足[3]，应适当加强。我们认为本工程采用约束砌体组合墙结构，只增用 28 根构造柱，增加总造价 2‰，就使强约束块总数由只占总墙段数的 52% 提升到 100%，可大大增强了该建筑的整体牢固性和整体变形能力。应成为今后砌体结构改善的方向。

6　后　　记

该工程已于 2008 年末竣工并通过质量验收，当年投入使用。该工程是汶川 5·12 地震后我省新建的第一幢农村小学。其抗震性能获得学生家长、学校老师和当地领导的好评，被认为是当地最安全的学校建筑。

地震对建筑破坏的影响因素很多，地震波的特点、场地条件、实际烈度、设计方案、建筑材料、施工质量、管理水平等都影响制约建筑的抗震性能。本文仅仅从结构设计和经济角度对之进行分析讨论，恐会有疏漏和不足之处。建议国家着手编制《约束砌体组合墙结构设计与施工规程》。

本工程在设计过程中承蒙辽宁省建筑设计研究院有限责任公司林立岩设计大师的悉心指导和帮助，谨此致谢。

参 考 文 献

[1]　林立岩，张前国，王天锡等. 约束砌体结构成套技术研究 [D]. 首届全国砌体结构学术交流会论文集，1991，10.
[2]　奚肖凤，邬瑞峰等. 组合墙（约束砌体）的弹塑性分析及强度和刚度简化计算公式 [D]. 首届全国砌体结构学术交流会论文集，1991，10.
[3]　邬瑞峰等. 钢筋混凝土构造柱砖墙的近似计算 [D]. 大连理工大学工程力学研究所科研报告，1982-3010.
[4]　大连理工大学工程力学系. 约束砌体外纵墙墙片试验 [D]. 大连理工大学科研报告，1996.6.
[5]　邬瑞峰，顾红霞. 带构造柱多层砖房的抗震可靠度 [D]. 全国地震工程学术讨论会论文集，1984.3.

[6]　中华人民共和国国家标准. 建筑抗震设计规范 GB 50011—2001 [S]. 北京，中国建筑工业出版社，
　　　2001.

[7]　中华人民共和国行业标准. 多层砖房设置钢筋混凝土构造柱抗震设计与施工规程 JGJ 13—1982
　　　[S]. 北京；1982.

　　（本文发表于《第十二届高层建筑抗震技术交流会论文集 2009. 北京》）

应继续采用约束砌体组合墙结构体系

林　南[1]　温青培[2]　孙　强[3]

(1　辽宁省建筑标准设计研究院；2　中建东北设计研究院有限公司；

3　辽宁省建筑设计研究院有限责任公司)

【摘　要】 汶川震后调查表明，按我国现行抗震规范设计的砌体建筑，可以基本做到"小震不坏"；但由于砌体结构的脆弱特性，做到"大震不倒"还有一定差距。大震时砌体的震害场面十分惨烈。根据这一特点，提议用"约束砌体组合墙结构体系"来代替一定数量构造柱的砌体结构。并在近几年实践中验证其效果显著，而且花费不多，值得推广应用。

该体系用加强约束的办法，首先改善房屋的结构布局，增加整体规则性，然后用圈梁和约束柱这两大约束构件对整幢建筑实行"全面约束"，并缩小约束尺寸对所有承重墙实行"四周约束"，对重点薄弱部位实行"加强约束"。使约束构件形成上下左右连通的约束框格，可大大提高砌体结构的延性和抗大震性能。

【关键词】 约束砌体；组合墙；约束块；延性构件

抗震防灾学是随着抗震科学不断研究和对每次历大地震经验教训的分析总结而逐步发展的。

砌体结构的抗震减灾设计研究，更是和以上两项工作密切联系在一起。在 2020 年前建成小康社会大潮推动之下更是迫切而密不可分。

中国是砌体结构大国，不但历史悠久，而且应用数量很广。根据中国国情，目前在中国城镇建设中仍占有 60%～70% 左右的绝对优势。随着研究工作的不断深入和建筑材料科技的发展，进一步探讨研究砌体结构的抗震任务还任重道远。

以下结合辽宁省的情况，来总结探讨砌体结构的应用发展情况：

1　我省砌体结构抗震技术发展的回顾

新中国成立以来砌体结构的发展基本上可分为以下几个时期

1.1　圈梁的合理利用时期

20 世纪 50 年代是新中国成立以后建筑业蓬勃发展的第一个时期，当时还未考虑抗震。砌体结构的应用最广泛，民用住宅占绝大部分，层数超过五层，如铁西工人村等，当时提高工程质量主要注重房屋的规则性和合理应用圈梁的手段。为了防止温度裂缝和基础的不均匀沉降，普遍在屋顶和基础顶面增加圈梁，较好的建筑物隔层设圈梁，或采用钢筋混凝土现浇楼盖，较好的公共建筑有东北设计院和辽宁省水电设计院的办公楼、宾馆有八层的辽宁大厦等。这些建筑都经受了 1975 年海城地震（7.3 级）的考验（距震中均小于 300km）。

1.2 开始探讨应用构造柱时期（1977～1989 年）

唐山 1976 年地震（7.8 级）是新中国成立后在中等大城市突发毁灭性的灾难，极大程度地提升了工程界对地震巨大破坏的认识，并迅速地、但也是初步地对这次地震（包括海城、邢台、乌鲁木齐等）的经验进行了总结，于 1978 年开始颁布了我国新修订的第一部《建筑抗震设计规范》[1]。我国在工程抗震领域掀起了一场试验研究和理论探索热潮。开始了关于设置构造柱的应用，当时只是在建筑物的薄弱部位增设构造柱。但对柱子的构造、间距、约束作用和圈梁、和砌体三者之间的相互作用并不很了解，所以，虽然认识到增设构造柱有很大的效果，但对砌体结构的改善还不明显。如 1989 版抗震规范[2]中对 6、7 度区可以隔层设置圈梁，对内纵墙中未提出设置构造柱的要求等。

1.3 应用组合墙结构时期（1990～2008 年）

经过 20 世纪 80 年代对构造柱的研究，认识到构造柱，必须和圈梁、砌体联合作用，形成整体性强的组合墙，才能明显提高砌体结构的抗震性能。根据沈阳市建委领导的试验小组的研究，于 1994 年 12 月通过了《钢筋混凝土-砖组合墙结构技术规程》，从此开始"组合墙结构"应用的新时期。20 世纪 80 年代，沈阳市建委组织辽宁省建筑设计研究院有限责任公司、大连理工大学力学系、中国建研院抗震所、国家地震局哈尔滨工力所等单位通力合作，对带构造柱墙进行试验研究，取得了一系列有益成果，但当时该成果的应用主要为缓解沈阳市居民住房紧迫和旧城区改造动迁比例过大的问题，根据规划和使用要求，设计、建造了 400 多万平方米不同使用性质的中高层组合墙房屋和多层大开间房屋，这些建筑大多为七层，也有少量的六层和八层。当时有片面追求增加层数。研究成果集中发表于"首届全国砌体结构学术交流会论文集"[4]。

1.4 约束砌体组合墙结构时期（2008 年～今）

约束砌体组合墙结构是在组合墙结构的基础上进一步研究发展起来的。2008 年发生里氏 8.0 级汶川特大地震后，我们赶赴汶川进行调查研究，看到灾区砌体结构倒塌的惨烈场面，听到灾民们对砌体结构安全性的呼声非常强烈，我们深深感到对砌体结构，应大大加强其抗震性能，做到"大震不坏"，确保人们的生命安全是第一位的，规范的修订步子要迈得快一些，不要每隔十几年修订一次，每次修订步子要快一些。如圈梁，明明知道其效果很好，可每次隔十几年，才从顶层设置改为顶、底层设置，再改为隔层设置，再改为内外墙都要设置，最后是层层设置。应一次下狠心改为所有承重砖墙垛不分上下前后都层层设置。又如构造柱的设置，刚开始限制设置间距为 25m，后来逐步从 18m 减到 15m，再减到 13m。每次都历时十年以上。汶川地震后，我们下决心将构造柱改为上、下层一律连通设置；间距等于层高或开间，形成接近正方形的强约束块。在汶川调研期间，我们还发现近几年西南建筑设计研究院设计的 60 余幢农村砌体结构小学校舍，在这次地震中安然屹立在强震区。都江堰紫坪铺学校（四层）、彭州白鹿九年制学校（三层）、北川县一所还是单面走廊的学校建筑（三层）……。该院总工程师冯远说："这些不倒的建筑都是因为设置了构造柱和圈梁。"我们对照一下规范，这些措施基本上按《建筑抗震设计规范》

（GB 50011—2001）设计的并适当加严。说明加密构造柱和圈梁，缩小约束块尺寸，对提高多层砌体房屋的抗震性能有极大的好处。

在血的教训面前，我们当时就现场决定，将辽宁省正在设计施工（按 GB 50011—2001 设计施工）的一幢农村残障人士学校改为约束砌体组合墙结构：即房屋布局规则化，通过全面约束提高房屋的整体牢固性；所有的承重墙不论在哪一层，哪一方向，均在圈梁和约束柱的包围约束之中；缩小约束块尺寸，一般强约束块取楼层层高高度和开间宽度，形成四周约束，对楼梯间、转角、大洞口处及大梁压墙处等墙段薄弱部位实行局部加强约束。

实现"整体约束"，"四周约束"，"加强约束"后的约束砌体组合墙结构是一项创新和发展，受到了广大中小城镇居民和富裕地区的农民的热烈欢迎，建设费用虽比原来的组合墙结构略微高出一点，但高出非常有限，不超过按 GB 50011—2001 设计的 5‰。对奔小康的震区农民来讲，他们根本不在乎这一点，他们认为"小康"的首要目标是有一套既舒适又安全牢固的家，生命无价，多花 5‰不算什么，所以现在在辽南一带处处是新建的农民小楼，二、三层楼居多（图 1）。他们自己设计自己施工，都采用约束砌体组合墙结构。

图 1

基础设计也很重要，因为砌体结构脆性大，地震时因地基产生不均匀沉降而造成的上部破坏也很常见。

2　约束砌体组合墙结构的构成和特性

圈梁和约束柱是组合墙的两大构件。

圈梁的功能，除传统的功能概念外，增加对构造柱的拉结功能，钢筋要穿越柱子，只有紧密拉结，才能抱压箍住墙体，也可改称约束梁。约束砌体是先砌墙后浇柱子，砌墙时预留马牙槎而且每隔 500mm 留 2Φ6 拉结钢筋。震区调查和一系列试验表明，它们间的结合是牢固的，即使墙体完全破坏也未见到结合面开裂的现象。

柱子的断面、配筋不宜过大，（只当墙体轴压比过大时才可适当加大），应保证是延性构件，可改称为约束柱。这样，梁柱包围约束砌体，砌体反过来也约束梁、柱，再加上它们之间预埋钢筋拉结，约束与反约束形成互补作用，充分发挥各自材料的特点。墙、柱、梁三者紧密结合，形成组合框架，又叫约束块。对墙体加强约束后，使其强度提高，延性加大，裂缝变细且分散分布在框格之中，增加了墙体的抗震耗能性能，也限制了其平面外滑移，使斜裂缝不会穿出房间，避免了大范围的坍塌，增强了建筑物的整体牢固性；墙体对构件的反约束，使其避免变形集中和刚度突变，消除反弯点，保持延性状态，起柔性骨架作用。

整幢建筑都是由这些约束块紧密排列，梁柱左右上下连通闭合，不留空白，形成框格，避免连锁坍塌，因此叫约束砌体组合墙结构体系。

这样，无论水平方向，还是垂直方向，钢筋混凝土约束构件都能形成水平或垂直的连续立体框格，这些具有一定延性（变形适应性）的强约束块既保证了建筑物的整体牢固性，又消除了非约束砌体墙段脆性大，抗裂能力小的缺点。

3　约束砌体结构的试验研究

力学计算只解决"小震不坏"问题，抗震设计要做到"大震不倒"，但后者主要通过概念分析实验研究来解决。"大震不倒"的设计定量方法研究是今后需不断探索的目标。

约束砌体组合墙结构的主要概念是整幢楼都使用强约束块实行"整体约束"以保证其整体牢固性；对所有的承重墙段都实行四面"包围约束"以提高其抗震性能；对局部薄弱部位实行局部"加强约束"以改善其局部弱点，免除弱处先坏现象。

通过二十多年的试验研究加上和这次汶川大震的感受，我们认为有以下问题需着重进一步探讨：

（1）探讨约束块尺寸大小。一般应缩小约束块尺寸，限制约束柱的间距。约束块的高度一般取层高，宽度分两种，当宽度≤层高时称为强约束块，这种接近正方形的约束块约束效果最佳；当宽度为 2 倍层高时叫长方形约束块，约束效果就明显下降。当约束块的宽度大于 2 倍层高时约束效果很差，已不起约束作用。故约束砌体组合墙结构一律取用强约束块，以较大幅度提高组合墙的性能。

（2）汶川地震表明，砌体结构是脆性结构，变形能力差，大震时一旦开裂，就迅速扩展贯通，以致倒塌，产生惨烈的恐惧感。为此利用约束柱紧密地约束墙体，能有效地增加墙身的延性变形能力和吸收地震能量，使裂缝细而分散，消除灾民的不安全感，已经进行过的墙片抗剪试验表明，素墙片的延性系数 μ 一般小于 1.5，长方形约束块的 μ 值可达 2～3，而强约束块 μ 值往往可达 4 以上，如果构造柱的断面及钢筋加以适量增加，墙体中加水平钢筋，μ 值超过 6 是容易达到的，也就是说，约束砌体组合墙结构，不同于一般加构造柱的砌体结构，已接近延性结构的定义门槛。

（3）砌体的抗剪强度低，在水平地震作用下过早出现裂缝，又由于其脆性，使裂缝迅速扩展，以致结构过早破坏。要提高其抗裂性能，固然可提高块体和砂浆的强度，但震区调查表明，收效最明显的还是采用约束砌体组合墙。辽宁省的前期试验表明，强约束块组合墙片的开裂荷载比一般长方形约束块墙片水平开裂荷载提高约 40%，极限荷载提高约 75%。这是因为"四面约束"保证了约束柱、约束梁与墙体的共同作用；约束柱虽受力复杂，但基本上以轴向力为主，截面弯矩很小且每层没有反弯点，因此，可充分发挥柱子的材料性能和约束性能。可使墙片的水平抗剪强度从现今规范的"小震不裂"提高到"中震不裂"的水平。

（4）对多层房屋，避免上下楼层间刚度突变是非常重要的概念；有的外纵墙设计，顶层用强约束块连续布置，其下一层改用长方形约束块，这样上下刚度突变反而增大了顶层的地震作用，对加强顶层并没好处。另外，一般较规则的多层砖房的破坏，先从底层开始，底层最重，往上逐渐减轻，有不少设计在底层或底部两层用强约束块，到上面改为长方形约束块，意图节省点造价，其实刚度变化对抗震是不利的，也省不了多少成本，应当由下至上将构造柱直通到顶。

（5）注意弱点部位加强约束。砌体结构一个特点是地震时薄弱部位特别容易提前破坏，如墙转角处、楼梯间、局部大洞口周围、局部狭窄墙段，约束柱与顶部圈梁的拉结处和与底部基础的锚固处。

弱点部位的加固最好的办法是加强加密约束，除加密构造柱外，还可在洞口上下和窗台标高处局部增设圈梁带，也可以在砌体中增设水平配筋。

（6）加强地基和基础：

在房屋布置上要躲开断裂带，房屋的纵向不与断裂带垂直。

基础设计方面应适当加深，适度扩展。使地表土层传给建筑物基础的水平地震作用减小，基础应有足够的整体牢固性、与地基的嵌固性，还应有扩散荷载的性能、约束一层墙体的性能、拉结约束柱的性能。

（7）只要刚度比控制得当，底层框剪，上部约束砌体组合墙结构是可以继续使用的。这种混合结构，很适用于小城镇建设。汶川一些非极震区和成都市区这类房屋安然屹立，说明第二层的侧向刚度 K_{II} 和底层的侧向刚度 K_{I} 应尽量接近，避免刚度突变，如何控制还要进一步研究。汶川调研结果认为：$K_{\mathrm{II}}/K_{\mathrm{I}} \approx 1$ 较为适宜，在 $0.8 \leqslant K_{\mathrm{II}}/K_{\mathrm{I}} \leqslant 1.20$ 范围内均为合理。

另外还应控制上层墙的偏心，不使底层框架产生扭转反应，底框架中应适当布置剪力墙。

（8）关于设计安全度问题的讨论。这是一个长期讨论的问题，每次修订规范都有争论。在抗震设防方面，我国采取缓步走的策略，每次修订都有提高，但每次修订提高幅度都不大。

我国的抗震设防目标是"小震不坏，中震可修，大震不倒"。这是完全正确的，但缺乏与地震能量间的定量分析挂钩，特别针对砌体结构。在汶川地震调查期间，我们接触到的美国专家认为，与其将大量资金用在研究机理和划分震级上，不如用在把房屋盖得更结实一些上。他们规定的设计标准是：遇到相当我国中震烈度应该"不坏"，超过我国大震烈度（至少 2 度）应该"不倒"。安全度比我国高得多。

安全度的规定和一个国家的综合国力有关，国外许多国家规定当人均国内生产总值达到 5000 美元时，各国规范都会较大幅度提高安全度一次。我国 2015 年人均 GDP 达到 8000 美元，不少地方超过 1 万美元，照他们的做法，现在到了我国较大幅度提高安全度的时候了。

砌体房屋是一种脆性结构，安全度一向偏低，提高起来较困难，但采用约束砌体组合墙，做到全楼"整体约束"、墙段"四周约束"、弱点"加强约束"，使墙体的强度和延性明显增大，是一种花钱少而能较大幅度提高设计安全度的方法。

4　计算方法和经济分析

约束砌体组合墙结构的设计计算，完全可借助于前一段的研究成果，用辽宁省《钢筋混凝土-砖组合墙结构技术规程》（SYJB 2—1995）的公式进行计算，对地震作用的计算仍可采用底部剪力法进行简化计算。主要进行抗剪验算，对层数较高建筑，辅以轴压比校核。SYJB 2—1995虽是辽宁省的地方标准，但确是大连理工大学工力系、中国建筑科学院工程抗震研究所、国家地震局工力所、沈阳市工程质量监督站以及省内各大设计院的专家们通力合作，经过试验和试建，并经过我国最有名的专家审查通过的。现在用起来应注意按约束砌体组合墙的新规定选取计算单元和一些影响参数，并根据近些年使用经验加以修订。在此，我们迫切呼吁尽早编制新的国家设计规范，把设计安全度提到新的水平。

对于这种结构体系的经济分析，可举一个实例加以分析。

辽宁省聋哑学校建于辽中县的郊区，当地设防烈度为7度，三层砌体结构建筑，按《建筑抗震设计规范》GB 50011—2001[5]设计，汶川地震时已建完基础，大地震的消息传来，县领导要求建成为当地最安全、最让人民群众放心的建筑，而且仍采用当地传统的建筑材料和用当地的施工队伍施工，并务必于2008年当年建成使用。于是设计人员立即奔赴汶川震区进行实际调查。

先到成都，成都的设防烈度为7度，实际烈度达到6~7度，也就是说成都的房屋已遭受到"小震"和"中震"的检验。经调查，砌体房屋基本完好，有些老房子是按照我国《工业与民用建筑抗震设计规范》（TJ 11—1978）设计的，唐山地震（1976年）后当地普遍乐于采用构造柱，构造柱是按我国1982年颁布的《多层房屋设置钢筋混凝土构造柱抗震设计与施工规范》设计的，已经做到了"小震不坏"，但成都的房屋还没受到"大震"的检验。

再到都江堰，那里的房屋也是按7度设防的，实际烈度达到8~9度，砌体结构都真正经受了"大震"的检验，有30%的房屋倒塌，没倒的裂损也较大（修复有困难），说明砌体结构由于脆性大、延性不足、强度低、可靠度不足，抗"大震"的性能较差。进而了解震区中小学校的情况，中国建筑西南设计研究院冯远总工程师在一篇调查中总结写道："我院承担了104所农村小学校舍的设计，2007年全部投入使用。其中有65所学校建在这次地震烈度达到8~11度的地区。教学楼一般为3~4层砌体结构，部分为两层框架结构。在砌体结构纵横墙交接处和挑梁处设置了构造柱，层层设圈梁，保证了这次地震后全部教学楼站立，无一倒塌。"经过进一步调查，走访了部分西南院设计的小学。非常惊喜，看到这些"大震不倒"的学校建筑，基本上是按约束砌体的概念设计的，但尚未达到本文所介绍的组合墙结构的水平。

有了以上调查结果，我们信心大增，坚信在中小学校采用约束砌体组合墙结构能达到"大震不倒"的预期目标。亲历汶川灾区，我们深深体会到：提高砌体结构的整体牢固性，是这种结构抗"大震"概念设计的首要目标。而当前的抗震设计规范在抗"大震"的可靠度方面略显不足，应适当加强。针对辽中县聋哑人小学校舍，我们立即做了一个新方案，平面见图2，老方案平面见图3。

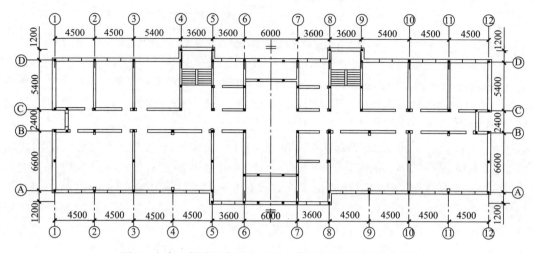

图2 方案1构造柱布置图（按约束砌体组合墙结构布置）

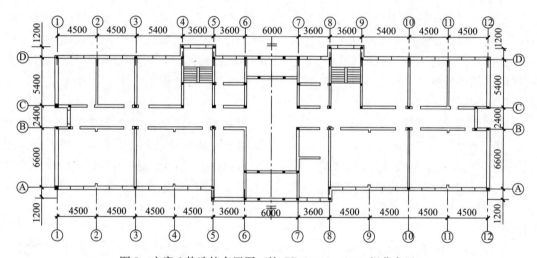

图3 方案2构造柱布置图（按 GB 50011—2001 规范布置）

新方案共设 80 个构造柱，形成宽高比小于或接近正方形的 96 个强约束块，对全楼形成全面加强约束。原方案是按国家抗震规范 GB 50011—2001 布置的构造柱，共有构造柱 52 个，形成 50 个约束块，有 48% 的墙段宽高比接近或大于 2，可见其整体牢固性较差，薄弱环节多。

经比较，构造柱用 C20 混凝土，预算单价按当时的价格为 312 元/m³，被取代的砌体的单价为 220.5 元/m³，二者差 91.5 元/m³，每根柱总高 12m，平面尺寸 0.24m×0.24m，则每根构造柱增加造价为 0.24×0.24×12×91.5＝63.25 元，新方案比原方案构造柱多 28 根，共增加造价 28×63.25＝1771 元。该工程总建筑面积 2297m²，每平方米建筑造价为 750 元，预算总造价为 172.3 万元。改用约束砌体组合墙后，由于构造柱数量的增多使总造价仅增加 1771 元，占工程总造价的 1.031‰。另外，与约束砌体配套还增加了一些构造措施，如构造柱用混凝土量比计算要大一些，圈梁配筋增多，窗台下增加通长配置 3Φ8 厚 60mm 的混凝土加强带。在楼梯间侧墙中相邻构造柱间每 500mm 高增设通长拉结钢筋，楼梯间增设抗剪钢筋等。这些措施引起的造价增加在 1‰～2‰左右，因此，新方案比原方案在造价上的增加充其量不会超过 5‰，极为有限。抗震性能预计从"小震不坏"提升到"大震不倒"，何乐而不为。经与设计单位协商，他们完全同意这个意见，该学校于 2008 年顺利建成，现已使用近 10 年。

5　后　记

汶川地震已经快十年了，经过升级改造后的砌体结构在中国继续在发展着。在中小城市、小城镇建设和乡村建设仍被大量采用，地震区的使用率超过 60％，这是中国国情的体现。

对于砌体结构的材料，辽宁省推广应用承重空心砖。近年来，华拓科技开发有限公司生产一种混凝土三孔凹形顶盲孔砖（简称三孔砖），是一种创新"绿色"产品。块材小型化（比传统红砖平面尺寸高度仅大 3cm），用混凝土浇筑成型，做到"禁红、禁实、禁烧"，采用煤矸石、石渣、粉煤灰等工业废料为基料，不用黏土，不用烧结，做到小型、少孔、厚壁，保留小砖砌体的方便砌筑的优点，这种块体不仅造价低廉，而且强度高，经大连理工大学工程力学系的试验证明，由于采用盲孔凹槽厚壁，大大提高了砌块的抗剪性能，其抗压强度比同样实心砖要高，在辽宁南部地区和沈阳已生产使用近二十年，效果很好，因此今后应采用混凝土三孔凹形盲孔砖作为约束砌体组合墙结构的主要材料。

关于约束砌体组合墙结构的楼屋盖，汶川地震后一律改用现浇混凝土板，增强了板的整体牢固性，也加强了对墙体的约束。最近几年提倡装配化施工，但千万应在预制装配式楼板上浇一层配筋现浇层，才能达到同样效果。

汶川地震已经过去十年了，这些年来，我们一直在探索砌体结构的振兴之路。约束砌体组合墙结构是我国砌体结构专家们长期共同研发的切合国情的创新结构，我们坚信，在坚持创新驱动战略的指引下，一定可以实现新的创新突破。

本文在撰写过程中承蒙辽宁省建筑设计研究院有限责任公司林立岩设计大师、中建东北设计研究院有限公司陈勇设计大师和沈阳建筑大学贾连光教授的悉心指导和帮助，谨此致谢。

参 考 文 献

[1] 工业与民用建筑抗震设计规范 TJ 11—1978 [S]. 北京：地震出版社，1978.
[2] 中华人民共和国国家标准. 建筑抗震设计规范 GBJ 11—1989 [S]. 北京：地震出版社，1990.
[3] 辽宁省钢筋混凝土-砖组合墙结构技术规程 SYJB 2—1995 [S]. 沈阳：辽宁省科技出版社，1995.
[4] 首届全国砌体结构学术交流会论文集 [M]. 1991，10. 沈阳.
[5] 中华人民共和国国家标准. 建筑抗震设计规范 GB 50011—2001 [S]. 北京：中国建筑工业出版社，2001.
[6] 林南，林敢. 汶川地震后辽宁省新建的第一幢农村小学 [D]. 第十二届高层建筑抗震技术交流会论文集，2009. 10，北京.

第三篇
结构优化设计

　　结构优化设计共收录 5 篇文章。前 2 篇为用解析优化法对结构进行优化设计。该法首先确定设计变量和目标函数，然后用计算机进行网络搜索求出最优解；后 2 篇为用概念设计及试验研究方法进行优化设计。因为在地震情况下特别是要做到"大震不倒"，只靠理论计算误差甚大，应主要靠概念分析，并结合实际震害调查总结，采取相应构造措施，并通过试验研究才能达到优化目标。本章着重讨论高层建筑中最常提到的框架—核心筒结构体系和剪力墙结构体系的设计优化；其中最后 1 篇为 1 个结构优化比较成功的实例，建于大连市，是大连市的专家完成的，用工程实例说明结构优化设计的巨大效益。

　　"平板网架的优化设计"发表于科学出版社编辑的"土木工程中计算机应用文集"（1985 年 1 月出版），"用最大应变能准则法进行空间钢结构优化"发表于"现代设计法及离散分析学会论文集"（1993 年出版）。该两篇文章的内容经中国科学院院士钱令希教授审查，认为"用最大应变能准则法进行钢结构优化是我国首创，达到了国际领先水平"。用该理论编制的计算机软件（与海工局设计院合作编制）曾获得部级科技进步一等奖。该软件还在国内许多设计院（如航天部北京设计院等）中推广应用，功能不断扩大，从开始只对平板网架进行优化发展为对空间钢结构的优化，为我国空间结构的发展应用立下汗马功劳。

本章编辑　孙　强　林立岩

平板网架的优化设计

林立岩[1]

（1. 辽宁省建筑设计研究院有限责任公司）

1　前　　言

平板型钢网架，由于它的空间刚度大、抗震性能好，使用灵活和良好的经济指标，已成为目前在工程中广泛采用的屋盖形式。近年来，随着分析方法和加工制作的不断完善，以及节点制作的定型化和商品化，即使在中小跨度上，它也日益显示出优越性。

由于这种结构是高次超静定的，分析工作十分复杂，往往不能一次确定合适的杆件截面和网架的几何外形；因而实现优化设计，从可行解引向最优解，其难度就更大了。若进一步实现自动设计，即使整个设计过程包括初始参数的确定、分析、判断、组合、优选、演化、复核、结果整理和表达等全过程，完全由电子计算机一次完成，不必人工辅助作业，则是近代结构设计应大力研究的重要方向。

按照本文方法，我们编制了通用电算程序——WU-1 和 WU-2，采用 ALGOL-60 语言，在 TQ-16 或 709 机上计算，可以对各种类型、各种平面形状的平板型钢网架，在多种工况下进行自动优化设计。对于一般较大型网架（直径 90m 或平面尺寸 80m×80m），均可在 20min 内完成。

2　设计变量和目标函数

影响网架结构经济性的因素有：杆件截面尺寸（截面积和回转半径）、网架的几何高度、网格在平面上的划分数以及网架型式的选择等。

网架的杆件总数 M 中，扣除支座链杆、对称面上的约束附加杆后，实际参加截面优选的杆件数为 M_C，则杆件截面的设计变量总数为 M_C 个。对于截面积相同的受压杆，由于截面的回转半径不同，其承载能力有很大出入；因此，我们引入截面型号来作为杆件截面优化的选择变量，对应每个型号，相应有两个分量：截面积 F 和回转半径 r_0。当对约束条件进行判断时，要同时考虑 F 和 r_0；而当计算目标函数值时，只对 F 进行计算。

网架的几何高度 H，它对网架的用钢量、挠度以及围护结构的造价等都有明显的影响，故作为一个独立的设计变量加以考虑。

至于屋面做法、屋面板形式，网格划分和网架型式等因素，若当作设计变量考虑，其可变程度受到很大限制，好在一个具体工程中，可行的方案只有极少几个，可对之分别优化再作比较，故不在程序中考虑为独立变量。

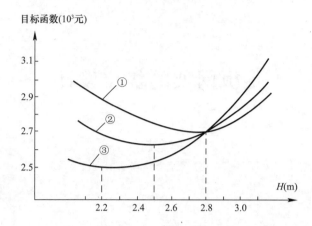

图 1　24m×30m 正放四角锥网架目标函数和网架高度关系

①—目标函数只考虑耗钢量；②—目标函数中增加外墙的造价影响；③—目标函数中增加外墙造价及采暖费用影响

目标函数的确定，要考虑到综合经济效果，网架工程的经济性不仅表现于耗钢量，而且随着其几何高度的改变，四周围护结构的高度也在改变。这部分造价的增减，以及随着建筑体积的增减，散热量和空调设备费用的增减均是不可忽视的。我们试以某影院 24m×30m 正放四角锥网架为例（图 1），其最优几何高度随着目标函数内容的不同由 2.8m 降为 2.2m。另外，网架最低耗钢量随高度 H 的变化率是比较平缓的，故其他因素的影响就很敏感，也说明目标函数的正确确定对结果影响很大。

我们采用的目标函数值为可比部分的造价，除包含网架杆件的制作费用外，还将外墙造价及采暖设备一次投资增量和在一定折旧年限内的通过外墙耗热量费用都与网架杆件的制作费用相比，换算为折合耗钢量（t）计算。这样，考虑了各种可比因素，使优化结果更符合实际情况。

目标函数 SW 的表达式：

$$SW = W + \frac{L_{\mathrm{w}} \cdot \Delta H}{W \cdot C_{\mathrm{p}}}(C_{\mathrm{w}} + C_{\mathrm{s}} + t \cdot C_{\mathrm{b}}) \tag{1}$$

式中，W——网架杆件部分（不包括节点）总重量；

　　ΔH——网架高度当前值 H 与初始高度 H_0 之差；

　　L_{w}——网架计算部分占有外墙长度；

　　C_{w}——每平方米外墙（包括粉饰）造价；

　　C_{s}——每平方米外墙增加采暖设备造价（暂按 3 元/m² 计）；

　　C_{b}——每平方米外墙每年热损耗费用（暂按 1.32 元/m² 计）；

　　t——折旧年限；

　　C_{p}——网架杆件部分（不包括节点）的制作单价。

网架节点总数在优化过程中是不变的，因此节点用钢量和造价可近似假定是不变的。同样，屋面造价在优化过程中也是不变量，均不计入目标函数中。

3　约束条件

在组织优化过程中，须使设计变量满足以下约束条件：

3.1　应力约束

$$\sigma_{ij} \leqslant [\sigma] \begin{pmatrix} i = 1,2,\cdots\cdots, MC \\ j = 1,2,\cdots\cdots, LC \end{pmatrix} \tag{2}$$

式中，σ_{ij}——第 i 杆在第 j 工况时的应力；

　　$[\sigma]$——容许应力；

　　LC——工况数。

3.2　稳定性约束

对于压杆，可将应力约束和局部稳定性约束合并成一个约束条件

$$\sigma_{ij} \leqslant \varphi[\sigma] \begin{pmatrix} i = 1,2,\cdots\cdots, MP \\ j = 1,2,\cdots\cdots, LC \end{pmatrix} \tag{3}$$

式中，MP——压杆数量；

　　φ——根据杆件最大长细比 λ 决定的稳定系数，按下列公式计算：

当 $\lambda_c \leqslant \lambda \leqslant 250$ 时，

$$\varphi = \frac{\pi^2 E}{\lambda^2 \sigma_s \left[1.41 - 0.13\left(1 + \dfrac{\lambda - \lambda_c}{250 - \lambda_c}\right) \right]}$$

当 $\lambda < \lambda_c$ 时，

$$\varphi = \frac{\left[1 - 0.43\left(\dfrac{\lambda}{\lambda_c}\right)^2 \right] \sigma_s}{1 + 0.28\left(\dfrac{\lambda}{\lambda_c}\right)^2}$$

式中，$\lambda_c = \sqrt{\dfrac{\pi^2 E}{0.57 \sigma_s}}$，$E$ 为弹性模量，σ_s 为钢材的屈服应力。

另外，《网架结构设计与施工规定》（JGJ 7—1980）中对杆件的长细比在构造上作如下限制，这也是稳定性约束的补充条件：

　　对于一般拉杆：　　　　　　　　　　　　$\lambda \leqslant 400$

　　对于支座附近处拉杆：　　　　　　　　　$\lambda \leqslant 300$ 　　　　　　　　　(4)

　　对于压杆：　　　　　　　　　　　　　　$\lambda \leqslant 180$ 　　　　　　　　　(5)

所有杆件都须满足式（2）～式（5）才可以是可行解。国内有的单位在研究网架优化时不把杆件截面当变量看待，把优化的收敛准则定为前后两次的目标函数值差<3%或须调整截面的杆件数与总杆件数之比不大于5%等；这样做是用可行域外的非基本可行解来作为判断优选的标准。虽然算出网架的"最优"几何尺寸，但还有一部分杆件不满足式（2）和式（3）。如果都做到满足式（2）和式（3），则目标函数值的最优位置会有一定变动。

3.3　变形约束

$$W_{max} \leqslant [f] \tag{6}$$

式中，W_{max}——网架跨中最大竖向挠度；

· 84 ·
科技创新推动工程设计优质发展

$[f]$——容许挠度，一般取网架短向跨度的 $1/200\sim 1/250$。

3.4 杆件截面型号约束

一个网架的杆件截面型号数是有限制的，我们采取输入钢管或组合型钢表的办法。表中有 FS 种型号，所有杆件截面都只能在这批限定型号中选定，即应满足条件

$$FN[k] \in FK[i] \qquad \begin{pmatrix} k = 1,2,\cdots\cdots,M \\ i = 1,2,\cdots\cdots,FS \end{pmatrix} \qquad (7)$$

式中，$FK[k]$——第 k 根杆件的截面型号；

$FK[i]$——给定的截面型号的集合。

为了施工和设计方便，还需要限定该工程的截面型号总数为 FSC 个。上述型钢表的型号数量可以给得较多，而最后优化后的型号数宜合理减少。由于新的截面集合 $FK1[j]$ 包含在原来集合 $FK[i]$ 之中，则约束条件式（7）最后变为

$$FN[k] \in FK1[j] \qquad \begin{cases} k = 1,2,\cdots\cdots,M \\ j = 1,2,\cdots\cdots,FSC \\ FSC \leqslant FS \end{cases} \qquad (8)$$

这样规定，使截面优化结果不是选用截面积，而是截面型号，直接就可据此绘制施工图，做到自动设计与优化设计一次完成；其好处是显然的，但带来的问题是：

（1）使设计变量高度离散化且不等间距，需要探讨离散化截面的优化方法；

（2）使目标函数随网架高度的变化曲线不够光滑；

（3）出现较多的构造杆——内力较小的杆件，其截面由构造要求确定。一个网架中有一定数量构造杆是通常现象。构造杆占总杆数比例过大，材料不能被充分利用，使经济指标降低，但若在给定的型钢表中，使面积级差配合恰当，可选范围比较广，则这个问题就不大了。

4 杆件截面的优化

杆件截面的优化按满应力准则进行。即在多种工况下，通过若干次截面调整，使各个杆件应力在某一工况下达到或接近容许应力值。

由于只能在给定的型钢表中择优，设计变量的离散性大，加上杆件的截面积和回转半径之间无法建立函数关系，因此我们的寻优步骤是这样安排的（简称为离散法）：对网架中的某一杆件 K，先找出其内力 $T[K]$ 并算出其理想截面积 $F_c = T[K]/[\sigma]$，然后在 FS 个型号中逐一找出每个型号的面积 F_i、回转半径 R_i 及用作 K 杆时的长细比，满足约束条件式（4）和式（5）后再计算稳定系数 φ_i（拉杆 $\varphi_i=1$）。由于第 i 型号用作 K 杆达到满应力时最大容许轴向力为 $\varphi_i \cdot F_i \cdot [\sigma]$，则当 $F_c \leqslant \varphi_i \cdot F_i$ 时，即认为已满足条件式（2）和式（3）。最后，从这些满足约束条件的型号中挑选出 F_i 最小者，即认为是最接近于满应力的截面型号。其粗框图见图 2。

对各种型式网架计算表明，按此法进行截面优化的收敛速度是很快的。对于任意初始截面，一般只须经过三次分析（包括初始分析）即达到目标函数值差 1‰ 以内，而且初始截面可任意选定，其结果是相同的（表 1）。这说明，从提供的型号表中优选截面，收敛速

度要比把截面积当连续变量看待的齿行法为快。这是因为网架中有相当部分的构造杆，用离散法时这部分杆件的截面往往第一次即选定，以后重复分析时不再变更，加上其他杆件由于截面变量有一定离散幅度，当二次重分析之间内力差较小时，不少杆件的截面也不调整；这样两次重分析之间的杆件的内力，由于刚度分布的变化较小也就较接近，而用齿行法每次重分析时所有杆件都进行同样比例幅度的面积调整，刚度变化要大得多。

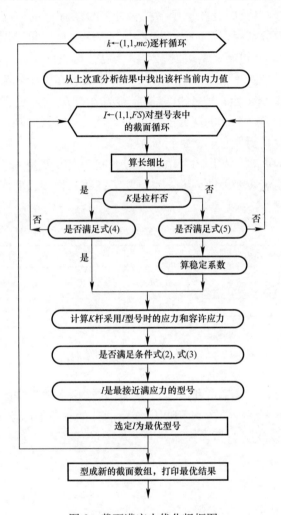

图 2 截面满应力优化粗框图

离散法收敛比较（26m×30m 四角锥网架） 表 1

情况	初始截面状况	初始目标函数值（t）	第一次分析后的目标函数值（t）	第二次分析后的目标函数值（t）	第三次分析后的目标函数值（t）
1	所有杆件均用 Φ68×4	13.016	14.532	14.088	14.040
2	所有杆件均用 Φ40×3	5.648	14.532	14.088	14.040
3	所有杆件均用 Φ114×6	33.024	14.532	14.088	14.040

为了满足式（8），即从给定的 FS 种截面型号中，在尽量少增加总耗钢量的前提下，从中挑选出 FSC 种截面型号作为最后设计采用的最好型号；这个问题至今未见有严密推证，我们认为，较可行的方法是规定一个合理的准则，按准则法优选。

可能采取的几种优选准则有杆数准则（在 FS 种规格型号中挑出被选次数最多的 FSC 个型号）、重量准则（挑出重量之和最大的 FSC 个型号）、应力准则（挑出应力值加权累加最大的 FSC 个型号）以及应变能准则（把每种型号所存储的应变能加权累加，挑出最多的前 FSC 种）。我们分别用以上四种准则，对同一个正放四角锥网架（平面尺寸 $26m×36m$，$FS=28$，$FSC=9$）进行计算，比较结果见表2。由此可见，用应变能准则算出的结果较好。这是因为，判断一种型号的取舍应根据该型号在整个网架中起的贡献大小，即对目标函数值的影响大小来定。它不单取决于被选用的次数，还有被选杆件的长度、截面、受力是否接近满应力、存储的应变能是否饱满等。从能量的观点看，网架中某一类型杆件贮藏应变能的多少是衡量它们参加抵抗多少荷载作用的标志，而单位体积存储的应变能反映了该杆材料是否被充分利用；所谓"满应变能"设计就是基于这个道理。因此，应变能最大准则既反映了满应变能的因素，也反映了杆数、长度、截面积等因素，可以比较合理地用以优选杆件型号。

比较结果　　　　　　　　　　　　　　　　　　　　　　表2

方法	$FS=FSC=28$	杆数准则	重量准则	应力准则	应变能准则
截面优化后的目标函数值（t）	14.088	16.756	15.816	15.816	15.432
％	100	118.9	112.3	112.3	109.5

5　网架高度的优化

对于绝大多数网架，其耗钢量和高度之间均呈单峰函数关系（图3），而且在耗钢量最小值附近的变化率是很平缓的。考虑了随 H 变化的其他有影响因素（如外墙、采暖），目标函数与 H 的单峰关系就更明显。因而，网架高度的优化本身是个套在截面优化外层的一维搜索问题。

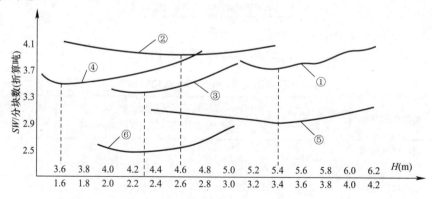

图3　各种网架目标函数与高度关系

①—91m 圆形三向网架；②—40m×40m 斜放四角锥；③—40m×40m 两向正交斜放；④—20m×20m 斜放四角锥；
⑤—30m×30m 斜放四角锥；⑥—24m×30m 正放四角锥

对于一维搜索，当设计变量 H 按一定模数跳跃变化时，一般宜用斐波那契（Fibonacci）法。我们根据方法比较，认为利用爬山法较为适宜，这是根据前述 $SW\text{-}H$ 曲线变化平缓的特点，采取 H 的级差值为 0.2m，再结合经验将初始 H 值选在预先估计的最优解附近，然后每次对 H 搜索都向最优方向靠拢。这样优化的搜索次数并不多，也不必事先规定一个搜索范围，其最大的好处是设计者可以在计算机运算过程中，从打印出的中间信息及时了解到优化发展的全过程。

6 优化的实现

6.1 结构分析

整个优化过程要对结构反复进行重分析。为求精确和满足程序的通用性，结构分析采用"矩阵位移法"。为了在国产中型机上组织优化，我们在程序编制时除尽量压缩存储外，着重考虑了利用结构对称性，化整体为局部进行分块分析。

6.2 变形约束的控制

网架的挠度超过式（6）时，通常可采取加大部分杆件断面的方法来减少挠度。我们的程序没用这个方法，而采取提高网架高度的方法更为有效。作为比较，我们对某 30m×30m 斜放四角锥网架的计算表明，欲使跨中挠度的绝对值减少 10%，用加大断面法（主要增大存储应变能密度最大的杆件）需增加耗钢量 6.34%，而用提高网架高度的办法，只要 H 提高 0.2m，同样达到减少挠度 10% 左右的目的，目标函数值却只增加 2%（网架本身的耗钢量反而减少 0.3%）。足见，当高度优化与截面优化结合在一起时，采取改变高度以满足式（6）的方法，既有效又容易实现。

6.3 优化过程的组织

网架的截面优化和高度优化均组织在一个程序之中，其思路是：首先对截面进行优化，先在 FS 种型号中优选截面，当前后两次重分析后的目标函数值相差不大于 5% 时，即进入减少截面型号为 FSC 的优选，再从优选出的 FSC 种型号中选择截面，然后进行重分析，计算目标函数。当前后两次目标函数值差不大于 1% 时即认为杆件选择完毕。这时开始判断是否满足变形约束、应力约束；如果个别杆件不满足应力条件，则采取局部调整截面型号的办法再重分析，直到全部杆件均得到满足为止；如果变形条件不满足，若为初次分析，则转而提高网架初始高度，再重复以上步骤，若变形条件得到满足，即认为第一轮网架初始高度的分析已经结束，转而用爬山法进行下一轮高度优化（每轮高度优化的结果都是基本可行解，均打印出），直到找出最优高度为止。

整个优化过程的粗框图见图 4。

SN——截面优化分析次数；HC——高度优化分析次数；SE——截面优化是否完毕信息，当 $SE=0$ 表示截面已经优化完毕，当 $SE=1$ 表示尚未优化完毕；US——是否进行优化信息，当 $US=0$ 表示不进行优化分析，当 $US=1$ 表示只进行截面优化，不进行高度优化，当 $US=2$ 表示同时进行截面和高度的优化

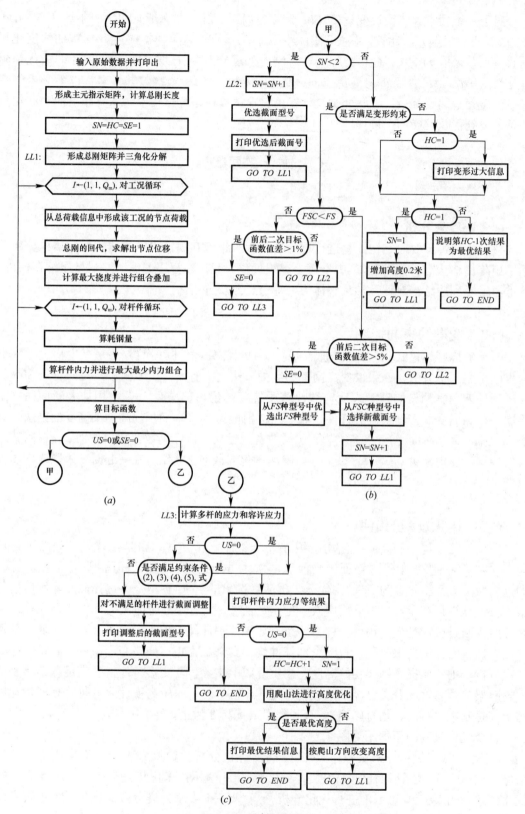

图 4　优化过程粗框图

7 实 例

引用大家较熟悉的北京国际俱乐部网球馆工程为例（图 5），该工程原设计已是很成功的，现再作优化分析，以便比较。

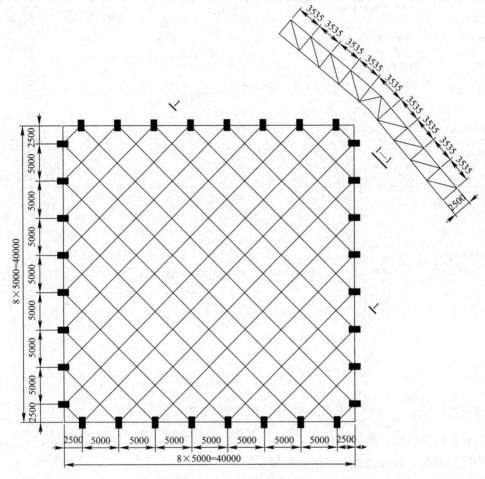

图 5 40m×40m 网架平、剖面图

网球馆屋盖为周边支承的两向正交斜放网架，设计高度 2.5m，中心起坡 70cm（四面坡），采用 16 锰钢管，型号计有 $\phi114\times8$、$\phi114\times7$、$\phi114\times5$、$\phi114\times4$、$\phi76\times4$、$\phi70\times4$ 等六种。原设计杆件的理论耗钢量（不包括钢球节点）为 21.25kg/m²。单工况，外墙为瓷砖贴面。

用 WU-2 程序，同样用以上六种钢管为限定型号，当只进行截面优化时，上机 2.5min 得优化结果，其耗钢量为 19.59kg/m²，是原结构的 92.2%；若继续进行高度优化，则延加机时 4.5min 后得最优高度为 2.3m，其折算耗钢量为 18.72kg/m²，是原结构的 88.08%。由此可见，进行高度优化是有意义的。

为了进一步了解网架高度和目标函数之间的关系，我们特意将初始高度由 2.5m 提高到 2.9m，并在型号表中增加三根较粗的钢管，以便考察高度降到较低时的情况。从这个初始条件出发进行分析的结果如表 3 和图 6 所示。显然可见，当目标函数只考虑杆件本身的耗钢量时，其最优高度为 2.9m，当考虑外墙及供暖（未计空调）因素后，最优高度降为 2.3m，二者相差 0.6m，足见合理确定目标函数内容的重要性。

分析结果　　　　　　　　　　　　　　　　　表 3

网架高度（m）	主杆件用钢量		目标函数		跨中最大挠度（m）	备注
	（t）	（kg/m²）	（折合 t）	（折合 kg/m²）		
2.9	3.785	18.92	3.785	18.92	−0.123	出发点
3.1	3.812	19.06	3.986	19.93	−0.114	
2.7	3.843	19.21	3.669	18.35	−0.130	
2.7	3.843	19.21	3.669	18.35	−0.130	
2.5	3.918	19.59	3.571	17.86	−0.140	
2.3	4.006	20.03	3.485	17.43	−0.149	目标函数最小
2.1	4.180	20.90	3.486	17.43	−0.160	
1.9	大数		大数			型号约束不满足

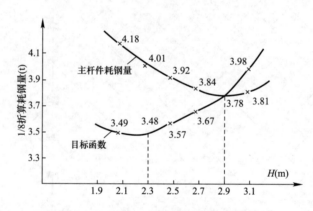

图 6　40m×40m 网架目标函数-H 曲线

　　上面的优化过程是仍然利用原设计的六种规格钢管进行的。如果另行输入一张有 12 种规格的钢管表，只进行截面优化（网架高仍为 2.5m），让机器从中自动优选出六种规格作为限定型号，则得出最优耗钢量为 17.40kg/m²，这只为原设计的 81.88%，比用原来六种规格优化结果还要节省（这六种新型号是 ϕ114×9、ϕ108×8、ϕ108×5、ϕ108×4、ϕ70×5、ϕ70×3）。可见，利用本程序可以绕过初选截面这一难关；不妨一次输入较多的截面型号，让计算机自动优选出合适的截面。

8　结　　语

　　（1）合理确定目标函数的内容，综合各项影响因素，在网架优化设计中是非常重要的。

　　（2）网架优化时应把杆件截面当设计变量对待，在可行域内进行方案比较；将截面的离散法优选与高度的爬山法优选组织在一起，收效十分显著。

　　（3）网格划分数已定的网架，其最优高度一般都朝较低方向发展，最后往往受到变形约束或最大截面型号约束而中止。故一般情况下，在满足上述约束的前提下，网架取较低的高度，会表现出较好的综合经济效果。

（4）土建设计中采取优化方法是一项很有发展前途的工作，要避免理论研究与设计应用相互脱节的现象，只有将自动设计与优化设计结合起来，借助于电子计算机的高效率，把人们从繁重的数据运算和分析中解放出来，才是解决诸如网架等复杂结构合理设计的一条捷径。

参 考 文 献

[1]　Geiger D. H. A Cost Evaluation of Space Trusses of Large Span，Engng J. AISC，Apr. 1968.

[2]　刘锡良，刘毅轩. 平板网架设计 ［M］. 中国建筑工业出版社，1979.

[3]　钱令希，钟万勰. 结构优化设计的一个方法 ［J］，大连工学院学报，1978.

[4]　中华人民共和国行业标准. 网架结构设计与施工规定 JGJ 7—1980 ［S］. 中国建筑工业出版社，1981.

　　（本文发表于《土木工程中计算机应用文集》科学出版社出版，1985 年）

用"最大应变能准则法"进行空间钢结构优化

林立岩[1]

(1. 辽宁省建筑设计研究院有限责任公司)

网架和网壳结构优化时涉及众多杆件的优选问题。过去常将杆件截面积当作连续变量看待,用齿行法进行满应力优化,先算出理想截面积,再据以选截面型号。由于杆材一般为钢管或组合型钢,型号数量有限,由理想截面积去匹配这些给定的型号,耗钢量指标要增加,还须进行重分析;另方面,对于压杆还存在一个压屈稳定问题,杆件承载能力并非与杆件截面积成正比,而截面积与回转半径之间的关系对于不同型号各不一致,无法用函数关系表达。因此单纯用截面积当设计变量而忽略截面材料的分布是不完善的。从国内外一些文献可知,目前凡以截面积当连续设计变量进行优化,都只能对不同长细比压杆规定一个统一的允许压应力,其结果不符设计规范规定。故杆件必须按离散变量考虑乃是网架优化方法能否为工程所实用的前提。

在此前提下,优化设计中遇到的关键问题是对杆材型号的确定进行优选,即从工地、制造厂家或建设单位可能提供的一大批型号中,通过计算机能自动挑选出其中部分型号(数目事先可限定)为最佳杆材型号,然后在这些最佳型号中通过截面优化方法去选择截面。

所谓最佳杆件型号,即针对一个具体网架工程,若事先已限定杆材型号总数,则用按此数挑选出的最佳杆件型号序列去匹配所有杆件截面,必将获得最小的总用钢量,而用另外任何一个型号取代最佳序列中的型号,都将造成总钢量的增加。传统的设计方法是由设计人事先根据经验主观确定一批杆材型号供截面选用,再在反复试算过程中作某些调整。这样做带有盲目性,即使是很有经验的设计者,也难于估计出最佳杆材型号来。本文提出的应变能准则法,能有效地解决这一难题。

优化设计中的另一个难题是在选择截面时如何按离散变量法去组织截面优化。它涉及杆件的截面积和回转半径这两个离散变量之间的关系。本文建议用截面类型号来作为杆件截面优化的选择变量,网架中的每一杆件均当作一个设计变量,对应每个类型号,相应有两个分量:截面积 F 和回转半径 γ_0,当对约束条件进行判断时,要同时考虑 F 和 γ_0;而当计算目标函数时,只对 F 进行计算。

1　优化的约束条件

对网架结构进行优化,必须满足如下约束条件:

(1) 应力约束:任一杆件在任一工况下的应力,均应小于容许应力;

(2) 稳定性约束:所有杆件均应满足《网架结构设计与施工规定》(JGJ 7—1980)的

长细比要求。对于压杆，其局部稳定性约束可将容许应力乘以稳定系数加以折减；

（3）变形约束：网架跨中最大竖向挠度应小于容许挠度；

（4）杆材型号约束：所有杆件截面，只能在事先提供的型钢表中选择；

（5）杆材型号数量约束：为了备料、施工和设计方便，还需要限定该工程的型号总数，上述型钢表中的型号可以取得较多，而最后优化后的型号数量宜合理减少。

满足以上约束，使截面优化结果不是选用截面枳，而是钢材类型号，就可据此直接绘制施工图，做到自动设计与优化设计一次完成。

2　用离散法进行满应力优化

杆件截面的优化按满应力准则进行。即在多种工况下，通过若干次截面调整，使各个杆件应力在某一工况下，达到或接近容许应力值。

由于只能在给定的杆材型号表中择优，设计变量的离散性大，加上杆件的回转半径和截面积之间无法建立函数关系，因此我们的寻优步骤是这样安排的（简称为离散法）：对网架中的某一杆件 K，先找出其内力 $T[K]$ 并算出其理想截面积 $F_c = T[K]/[\sigma]$，然后在给定的型钢表（共有 S 个型号）中逐一找出每个型号的面积 F_i、回转半径 γ_i 及将此型号用作 K 杆时的长细比，满足最大长细比约束后（否则淘汰）再计算稳定系数 φ_i（拉杆 $\varphi_i = 1$），由于第 i 个型号用作 K 杆达到满应力时最大容许轴向力为 $\varphi_i \cdot F_i \cdot [\sigma]$，则当 $F_c \leqslant \varphi_i \cdot F_i$ 时即认为已满足应力约束和稳定性约束。最后，从这些满足约束条件的型号中挑选出 F_i 最小者，即认为是最接近于满应力的截面型号，其粗框图见图 1。所有的杆件都这样执行一遍后再进行重分析，根据新的内力值再进行新的一轮的截面优选。

对各种型式网架计算表明，按此法进行截面优化的收敛速度是很快的。对于任意初始截面，一般只需经过三次分析（包括初始分析）即达到目标函数值差 1% 以内。而且初始截面可以任意选定，其结果是一样的。我们曾对一个 26m×36m 四角锥网架（可供选择的杆材型号有 29 种）进行不同初始截面的比较（表 1），虽然初始型号差异很大，但几乎第一次分析后都把截面调成一样，并都迅速收敛到同样的目标函数值上。这说明从提供的型号表中优选截面，收敛速度要比把截面积当连续变量看待的齿行法为快。这是

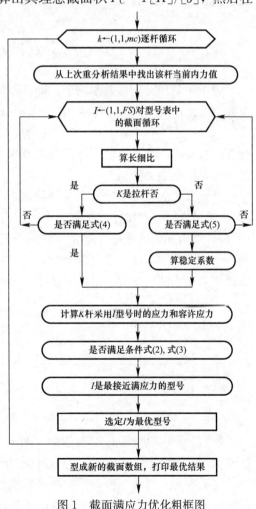

图 1　截面满应力优化粗框图

因为网架中有相当部分的构造杆（内力较小，其截面由构造要求确定的杆件），用离散法时这部分杆件的截面往往第一次即选定，以后重分析时不再变更，加上其他杆件由于截面变量有一定离散幅度，当两次重分析之间内力差较小时，不少杆件的截面也不调整；这样两次重分析之间的杆件的内力，由于刚度分布的变化较小也就较接近。而用齿行法每次重分析时所有杆件都进行同样比例幅度的面积调整，刚度变化要大得多，故收敛较慢。

不同的初始截面收敛比较　　　　　　　表1

情况	初始截面状况	初始目标函数值（t）	第一次分析后的目标函数值（t）	第二次分析后的目标函数值（t）	第三次分析后的目标函数值（t）
1	所有杆件均用 68×4	13.016	14.532	14.088	14.040
2	所有杆件均用 40×3	5.648	14.532	14.088	14.040
3	所有杆件均用 114×6	33.024	14.532	14.088	14.040

3　用应变能准则优选最佳型号

为了满足杆材型号数量约束，即从事先提供的型钢表中共 S 个型号中，在尽量少增加总耗钢量的前提下，从中挑选出 S_c 个型号（$S_c<S$），作为最后设计采用的最佳型号，这个问题以前未见有完善办法。笔者认为，由于变量的离散性和截面积与回转半径之间无法建立函数关系，这一问题无法用解析或规划的方法去解决，较可行的方法是规定一个合理的准则，按准则法优选。

可能采取的几种优选准则有杆数准则（在 S 种型号中挑出被选用次数最多的 S_c 个型号）、重量准则（算出在网架杆件中选用的每种型号的全部重量之和，挑出最大的前 S_c 个型号）、应力准则（把每种型号所实际承受的应力值加权累加，压杆乘以加权系数以大致消除稳定系数的折减，挑出最大前 S_c 个型号）、应变能准则（把每种型号所存储的应变能值加权累加，挑出应变能最多的前 S_c 个型号）等。

四种准则编制的计算机程序对同一个正放四角锥网架比较结果　　表2

方法	型号数不变 $S=S_c=28$	杆数准则	重量准则	应力准则	应变能准则
截面优化后目标函数值（t）	14.088	16.756	15.816	15.816	15.432
%	100	118.9	112.3	112.3	109.5

我们分别用以上四种准则编制了计算机程序，对同一个正放四角锥网架（平面尺寸 26m×36m，$S=28$，$S_c=9$）进行计算比较（表2）。可见，用应变能准则算出的结果最好。这是因为，判断一种型号的取舍，应根据该型号在整个网中起的贡献大小，即对目标函数值的影响大小来定。它不单取决于被选用的次数，还有被选杆件的长度、截面、受力

是否接近满应力、存储的应变能是否饱满等。对每个因素的作用，都有个"权"的概念。显然，被选次数最多不等于贡献最大，重量准则考虑了截面和长度的"权"，比杆数准则要合理，但对应力的"权"考虑不够（截面较细的型号，虽重量较轻，但应力能较接近于满应力，其贡献应更大）。从能量的观点看，网架中某一类型杆件储存应变能的多少是衡量它们参加抵抗多少荷载作用的标志，而单位体积存储的应变能反映了该杆材料是否被充分利用，所谓"满应变能"设计就是基于这个道理。因此，应变能最大准则既反映了满应变能的因素，也反映了杆数、长度、截面积等因素，可以比较合理地用以优选杆件型号。

一根杆件在外荷作用下具有应变能：

$$U_i = \frac{1}{2}E\varepsilon_i^2 F_i L_i = \frac{1}{2E}\sigma_i^2 F_i L_i = \frac{1}{2EF_i}T[i] \cdot T[i] \cdot L_i \tag{1}$$

式中，E——弹性模量；

　　ε_i——应变；

　　F_i——截面积；

　　L_i——杆件长度；

　　σ_i——应力；

　　$T[i]$——杆件内力。

如果有几根杆件选用这个型号，它们的应变能之和为：

$$U = \sum_{i=1}^{n} U_i = \frac{1}{2E}\sum_{i=1}^{n}\frac{L_i}{F_i}T[i] \cdot T[i]$$

比较每种型号的 U 值，挑出最大的前 S_c 个即为优选结果。在挑选时，考虑到杆压的稳定要求，一般达不到满应变能，为了和拉杆一起比较，程序中采取对压杆加权的办法。此外，我们在程序中还对弦杆和腹杆分别按比例进行杆型比较，选出各自的最佳型号。

4　优化过程的组织

采取以上方法，我们编制了 WU-1（多工况）和 WU-2（单工况）程序，可以计算任何平面、任何形式、各种边界条件、各种受力状况的平板型网架，可自动优选杆件截面和自动确定网架的最优几何高度。使用者不必详细规定杆件的原始截面，可以从一个假定的等截面网架出发，不妨一次输入较多的杆材型号，让计算机从中优选出数量较少的型号。经过各种类型网架试算表明，其结果可以直接用于绘制施工图。

组织优化过程的程序思路是：首先对截面进行优化，先在 S 种型号中优选截面，当前后两次重分析后的目标函数值相差不大于 5% 时，即用应变能准则法进行减少截面型号数为 S_c 的优选，再用满应力法从已优选出的 S_c 个最佳杆件型号中选择截面，然后进行重分析，当前后两次目标函数值差不大于 1% 时即认为杆件选择完毕，这时再判断是否满足变形约束、应力约束，如果个别杆件不满足应力条件，则采取局部调整的办法再重分析，直到全部杆件均得到满足为止。如果变形条件不满足，若为初次分析，则转而提高网架初始高度，再重复以上步骤。若变形条件得到满足，即认为第一轮网架初始高度的分析已经结束，转而用爬山法进行高度优化。改变高度时，由计算机自动对节点的坐标进行调整，然后再重复前述截面优化各步骤（每轮高度搜索的结果均是基本可行解），直到找出最优高度为止。

5 应　　用

以本文方法为基础而编制的 WU-1 和 WU-2 程序[1]从 1981 年起即在国内一些设计院中推广应用，共设计了近百个网架，都实现了自动优化设计，对加快设计进度，提高设计质量，节约建筑材料起到促进作用。

1989 年，我们与海军工程设计研究局耿笑冰工程师共同研制的"空间网架结构计算机辅助设计与辅助制造系统——CSSTS"通过了部级专家鉴定。鉴定意见认为该系统"在国内微机上运用的网架 CAD 软件中，属于最先进的水平，并达到当代国际水平"。CSSTS的理论部分即以本文提出的方法为基础。该系统在优化时增加了球节点的精确计算和优选，可以做到辅助下料，使杆件的下料长度与球节点的加工参数均能自动生成，并能绘出完整的施工详图，包括杆件、节点布置图、节点大样图、支座大样图、螺栓球及零配件材料表及加工图等，从而达到完全 CAD 和部分 CAM 的目的。

参 考 文 献

［1］　林立岩. 平板网架的优化设计［D］. 土木工程中计算机应用文集，科学出版社 1985.

　　（本文为作者在 1992 年现代设计法及离散分析学会年会上宣读的论文，原文题目为《网架结构中杆件按离散变量的优化方法》，本书中改称《用最大应变能准则法进行空间钢结构优化》）

高层框架—核心筒结构体系的设计优化

林立岩[1] 孙 强[1] 白宏涛[1]
(1. 辽宁省建筑设计研究院有限责任公司)

框架—核心筒结构是我国高层，超限高层建筑中应用最多的结构体系，也是工程或超限工程抗震设防专项审查时发现问题最多的结构体系。因此，本文着重对这种体系的概念设计优化进行讨论。本文的讨论范围仅限于高 100～300m 的建筑。

1 框架核心筒结构抗震性能的要求

对于不规则或高度超限的抗震建筑，抗震设计应做到：

（1）抗震性能化设计应有明确的抗震设防目标。

（2）合理的结构布置，使体系规则，竖向构件受力和变形沿竖向不突变，不产生大的扭转。

（3）构件应具备足够大的承载能力，当外框柱采用混合结构时，外框架承担的层剪力不能小于 $0.25V_0$ 和 $1.8V_{f,\max}$ 二者的较小值（符号定义规定见《高层建筑混凝土结构技术规程》JGJ 3—2010）。

（4）结构体系应具有足够大的刚度，控制侧向变形和顶点加速度。

（5）结构应具有足够大的延性和耗能能力。在大震作用下，部分结构构件破坏，通过延性来耗散地震能量，避免结构倒塌。若延性小，说明达到最大承载力后承载力迅速降低，由于变形能力小会使结构呈现脆性破坏，引起结构倒塌。

（6）符合双重抗侧力体系的要求。

2 外框架结构构件的优化准则

结构抗震概念设计的优化准则是"四强四弱"：

（1）强节弱杆，是就构件节点而言。为防止节点破坏先于杆件，导致整个杆系散架，要求节点强度高于杆件强度。

（2）强柱弱梁，也是就构件而言。对于框架，要求"梁先于柱屈服"，柱的抗剪能力高于梁的抗弯能力，且柱应有足够的轴向刚度，防止杆系发生楼层侧移破坏机制，确保杆系必要的耗能潜力。

（3）强剪弱弯，是对构件中的杆件而言，无论柱或梁，要求杆件端部受剪承载力高于受弯承载力，防止杆件先出现脆性的剪切破坏。

（4）强压弱拉，是对杆件的截面而言，为避免杆件在弯曲时发生受压区混凝土碎裂的脆性破坏，要求在杆件截面设计时，使受拉区钢筋承载力低于受压区混凝土的受压承载力。

以上优化准则也适用于剪力墙结构。如要求墙肢的剪弯强度高于窗裙的剪弯强度，或称之为"强墙肢弱连梁"。

如何在一个具体工程中贯彻上述优化准则，可以有许多具体办法，如控制梁端的弯矩值、控制柱的轴压比、竖向刚度、剪压比、加强构造配筋等。由于构件设计受到各种因素的制约，要完全实现上述准则也是困难的，有的办法甚至是相互矛盾的，如要减小梁端的屈服弯矩，往往与建筑布置发生矛盾；要减小柱端的轴压比，往往采用加大截面法，却造成短柱甚至极短柱，使柱的抗剪性能产生恶化，不利强剪弱弯。这次汶川地震的震害调查显示，大部分按现行《建筑抗震设计规范》（GB 50011）设计的框架结构，达不到强柱弱梁的要求，而柱的破坏大部分还是柱端剪切破坏，达不到强剪弱弯的要求。这一普遍现象，应引起设计者的高度重视。国内外许多知名的专家认为：吸取地震震害的教训，在设计钢筋混凝土框架时，控制剪跨比比控制轴压比更重要；必要时提倡用延性组合柱，即将高强混凝土与钢组合或者叠合，成为组合柱或者叠合柱，包括钢管混凝土柱，钢管混凝土叠合柱和钢骨混凝土柱。

辽宁省在设计高层混凝土框架时，"肥梁胖柱"现象十分严重。往往一个160m高的建筑，柱断面就达到1600mm×1600mm，在超限审查时，当有人提出柱子太胖已经是极短柱时，设计人会说在施工图时会在柱中加构造型钢（型钢加多少，加到多高也没说）这样就能通过超限审查，这是一种很不严肃的现象。

柱的破坏形态与其剪跨比有关。剪跨比大于2的柱为长柱，其弯矩相对较大，一般容易实现延性压弯破坏；剪跨比介于1.5～2之间的柱为短柱，一般发生剪切破坏，若配置足够的箍筋，也可能实现延性较好的剪切受压破坏；剪跨比不大于1.5的柱为极短柱，一般发生剪切斜拉破坏，工程中应避免采用极短柱。初步设计阶段，也可以假设柱的反弯点在高度的中间，用柱的净高与计算方向柱截面高度的比值（俗称"长细比"）判别是长柱还是短柱；比值大于4的为长柱，3～4之间为短柱，不大于3为极短柱。一般设计的纯钢筋混凝土柱只能用于比值大于4的柱，当比值在3～4之间时，宜用钢与混凝土组合柱或叠柱；型钢或钢管的数量和配置高度，应通过严格计算确定。近几年的研究和工程实践表明，采用钢管混凝土叠合柱（管内用高弹性模量混凝土，管内外混凝土分期浇筑）是解决短柱问题的最有效手段。另外，剪跨比和剪压比是两个不同的概念，不能用控制剪压比来代替控制剪跨比。

对于短柱，因其破坏形态与长柱明显不同，短柱的破坏部位遍及柱的全高，短柱计算时的二力杆假定和平截面假定均不成立。为了防止脆性剪切破坏，钢筋混凝土短柱不仅要按照其刚度所分得的水平地震剪力，进行柱身斜截面的抗剪承载力验算，还应在构造上作出如下几点特殊规定：

（1）柱的轴压比应比一般柱所规定的限值适当减小。

（2）柱的箍筋加密范围取柱的全高。

（3）箍筋间距不大于100mm，对于一、二级框架，体积配箍率不小于1%。有时，适当增加层高也能取得增加柱的长细比效果，特别在高层底部几层，建筑上也要提升空间，可采用全楼层增大层高，切不可部分楼层增大层高，楼层的另外部分不增高，这种布局危害最大。

要强柱弱梁，除以上对柱采取"强化"措施外，还要对主梁采取相对"减弱"措施。主要指减弱节点处梁端实际受弯承载力，可以有以下方法供优化选择：

（1）加密外框架柱距。沿外框架方向的柱距小了，主梁的受力面积就小，传给节点的弯矩减弱。如原来外框柱距为9m或8m，可在两柱中间加一个柱，外框柱的柱距变成4.5m或4m，外框的裙梁用深梁，使窗洞面积不超过墙面的60%，形成外框筒或壁式框架，使整体结构吸取了筒中筒结构的特点，具有很大的抗侧移和抗扭转刚度，减少剪力滞后，使外框架分担的剪力和倾覆力矩增加，达到双重抗侧力体系的要求。

（2）减小梁高。提高混凝土的弹性模量，可达到减小梁高，从而减少梁端屈服弯矩的目的。沈阳可生产C30～C45的高弹性模量混凝土，其价格与同强度混凝土一样，但弹性模量提高了20%。我国设计梁高大多采用1/15跨度，而日本普遍用1/20跨度，差距就在混凝土性能。他们在混凝土中掺入粉煤灰代替水泥，采用高效外加剂，可显著提高混凝土质量。

（3）减少主梁的跨度。有两种方法可供选择：一种为外挑主梁，将外框柱轴线内移。若使外墙面悬挑出1.8m左右，在房间面积不变情况下，使主梁跨度可减少1.8m，梁屈服弯矩相应减少。这种做法还有一个突出优点，是使柱子的节点做到四面约束，这对"强节点弱杆件"非常有利；另一种为增加内柱，在靠近内筒筒壁附近增设柱子，也能减少主梁的跨度、梁高和相应的梁端屈服弯矩。

3　优化实例

【实例1】　沈阳皇朝万鑫大厦。主塔46层，结构高度192.59m，建筑高度为198m。另有二个副塔38层，结构高度147.15m（图1、图2）。

该楼由沈阳市建筑设计院设计，是优化设计比较成功的一个范例。主要优点有：

（1）该建筑布局的特点是将核心筒四周的交通环廊移到核心筒内，呈十字形走廊，使外框的主梁跨度减少2m；主副塔楼均采取四面主梁由外框柱外挑1.8m，这样使外框柱内移，主梁跨度又缩小1.8m，则外框主梁的跨度仅剩4.5m，不但梁高可以减少，传给外框柱的屈服弯矩也小，保证了强柱弱梁。

（2）该塔外框柱沿外框架平面内的柱距均为4.0m（个别为4.5m）符合筒中筒体系对外筒的要求，减少剪力滞后现象。因此，该塔楼整体刚度很好，层间侧移小，达到双重抗侧力体系的要求。

（3）该塔楼的外框柱均采用钢管混凝土叠合柱，主塔底层最大柱断面仅为1200mm×1200mm，内含钢管ϕ864-22.2（图3）管内混凝土强度等级为C100（1～8层）、C80（9～14层），管外为C60不同期浇筑混凝土

图1　沈阳皇朝万鑫大厦

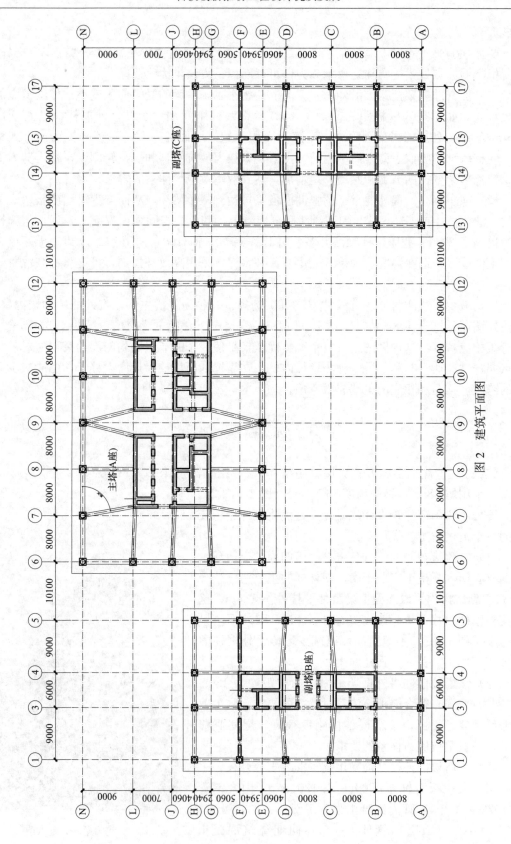

图 2　建筑平面图

的叠合柱，14～19 层为同期浇筑混凝土的组合柱，19 层以上为普通钢筋混凝土柱，由于叠合柱的应用，剪跨比普遍较大，避免了极短柱现象；叠合柱还使柱的轴压比下降，轴向刚度增大，确保柱身是强剪弱弯。

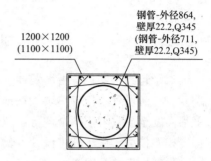

1200×1200
(1100×1100)

钢管-外径864,
壁厚22.2,Q345
(钢管-外径711,
壁厚22.2,Q345)

图 3　钢管混凝土叠合柱示意图

（4）在我省同类高层建筑设计中，不仅建筑高度接近 200m，建筑风格也具标志性，通过优化设计技术经济指标也是非常突出的。

【实例 2】　沈阳 KD 大厦。主体为双塔楼，每个塔楼 28 层，地下为 2 层大底盘整体地下室，塔楼顶部在核心筒部分另加 6 层，总高达 34 层，采用框架—核心筒结构。该平面中核心筒面积较小，框架主梁的长度较长（11.1m 和 10.2m），整体刚度较差，在方案阶段采取增加内柱的优化方法，在核心筒外围加 8 根柱，既加强核心筒，又使框架主梁的跨度减少 2.1m，变为 9m 和 8.1m，相应梁高减少 200mm。同时新加的柱和外框柱均采用钢管混凝土叠合柱，断面明显减小，保证不产生极短柱。其中 4 个 A 柱的断面由于其受荷载面积大，轴力达 36288kN，原设计用 C60 钢筋混凝土柱，轴压比按 0.8 控制，断面达 1300mm×1300mm，改用钢管混凝土叠合柱并进行三个断面方案的优化比较后最后选定断面为 800mm×800mm，内置 ϕ508-30，用 345B 钢管，管内用 C100 混凝土，管外用 C60 混凝土，叠合比取 0.4。优化计算分析见文献 [4]。按此优化方案，梁断面减小 25%，柱断面混凝土用量由 1.69m²，减为 0.64m²，减少 1.05m²，节约效应十分惊人，最主要的使外框架完全满足"强柱弱梁"和"强剪弱弯"的抗震要求。整个结构刚度增大，侧移减小，抗大震能力大大增强。该工程的初步设计堪称结构优化的一个范例。

沈阳 KD 大厦最早由沈阳一个较小的设计单位设计。他们在省建筑结构专业委员会的专家指导下，建筑专业和结构专业紧密配合，不断切磋，克服各种困难，做出优化设计，这种精神十分可嘉。可惜，这个优化设计最终没有全部实现。原因是该工程的投资商在沈阳主要经营一个规模很大的混凝土生产企业，对于 KD 大厦的建设，业主高薪聘请沈阳一位著名的高级工程师作指导。该高工与业主商讨一致认为：应以混凝土企业的利润最大化为原则，对于 KD 大厦，混凝土用量越多越赚钱，混凝土用低强度比用高强度更赚钱，也更好生产和施工，加上该施工企业在独立研制高性能混凝土方面困难不少。所以最后决定 KD 大厦不用高性能混凝土，并要求筏板基础加厚，梁柱断面加大，尽量采用低强度的混凝土，施工越简单越好。加上当时省市的建设管理部门遇到这种情况，都很感激开发商能来沈阳投资建企，一般站在开发商一边。所以这个优化设计没通过，并决定换个单位进行设计。提出这个改变时，地下室的底板已经施工完毕，柱网已不能改变。在新的设计单位的坚持下，原结构的优化布局被保留下来，只恢复了肥梁胖柱的纯框架结构，使混凝土用量成倍增加，业主的利益得以保障，造成啼笑皆非的结果。

通过这个工程的曲折磨难，可以看到，搞结构优化设计，绝不是纯技术计算，也不是纯概念设计，有许多复杂的因素在干扰。只有克服这重重干扰，结构优化才能走上康庄大道。

4　对设置伸臂桁架的讨论

对于超高层建筑是否设置伸臂桁架问题，一直是我省工程界热烈讨论的一个问题。早期我省有的设计单位曾热衷于在框架—筒体系中采用伸臂桁架，一个高150m左右的建筑就沿高度至少设置了两个伸臂，超过300m就设置5个伸臂。建筑主管部门还将能否采用伸臂桁架作为考核、评定设计人员技术水平的重要指标。

伸臂桁架是美国东部地区首先采用的，但他们只用于抵抗风力。由于伸臂桁架的应用，使本来是规则的结构变成刚度突变和内力突变结构，对抗震极为不利。在美国西部抗震地区采用极少，至今未见有成熟的抗震经验介绍。而我国大量用在超高层抗震建筑中，应引起重视并慎重对待。

框架-核心筒结构中设置的伸臂是由刚度很大的桁架，实腹梁等组成。当水平力作用于结构时，引起的倾覆力矩在外柱中产生轴向力（一边受拉，另一边受压）。由于伸臂本身刚度很大，使外柱承受的轴力增大，增加了外柱抵抗倾覆力矩的能力，使外柱抗倾覆的刚度增大，减小侧移，同时，外柱抵抗倾覆的能力提高后，相应减少了核心筒分担的倾覆力矩和由它引起的侧移。总之，伸臂的设置，加强了结构的抗侧刚度，减少侧移，这是设置伸臂的主要目的。

伸臂带来的不利影响是，它使内力沿高度发生突变，内力的突变对外柱的抗震非常不利，往往使伸臂所在层相邻的柱子过早被剪坏或出现塑性铰，给设计带来很大困难。

一个好的优化设计，应通过认真调整结构布局，确定合适的核心筒和外框架的断面尺寸和结构，如果不加伸臂的结构层间侧移已能满足规范要求，则不必设伸臂。在此，举5个未设伸臂的工程进行分析比较。

（1）大连远洋大厦。大连市建筑设计研究院设计，1999年建成。地下4层，地上51层，高200.8m，核心筒面积较大，墙较厚且墙中配置钢骨，提高墙的刚度和延性，外框柱柱距较大，断面较小，为方钢管混凝土柱。由于核心筒的刚度很大，若设置两道伸臂减少侧移的效果只有10%左右。不设伸臂结构的抗侧度已可满足要求，而设置伸臂要多用钢材7%大约为300~400t。利弊比较后，本工程未设伸臂。相反，在该工程附近同时施工的一栋几乎同样高度的框架—核心筒塔楼（主体结构为51层，主体结构高度为202m,）在第30层和第45层设置外伸钢臂及腰桁架设了两道伸臂。整个楼多用了2000t钢材，工期拖长了两个多月，形成鲜明的反差。

（2）沈阳皇朝万鑫大厦。沈阳市建筑设计院设计，2004年建成。主塔46层，高177m，建筑高度为198m，采用筒中筒结构，外柱为密柱深梁，外框柱距为4m，核心筒和外框之间的主梁由于外挑内缩，减少了跨度，加上采用竖向刚度很大的不同期施工的钢管混凝土叠合柱，使该工程的层间侧移完全能满足规范要求，故未设伸臂，并成为沈阳市优化设计的典范。

（3）大连奥泰中心1号塔楼。大连市建筑设计研究院设计。该工程主塔42层，建筑高度148.6m，采用框架—核心筒结构，外框柱为钢管混凝土叠合柱，断面为1050mm×1050mm，内加$\phi 700 \times 24$钢管，管内混凝土为C80，管外C50，层间侧移经计算满足规范要求，故未设伸臂，是大连地区第一个采用不同期施工的叠合柱工程，也是第一次采用

C80 混凝土（管内）的工程，但该工程底部（从第 3～10 层）层高仅 3.4m，对保证不进入极短柱不利，建议将第 3～10 层的层高均加大 0.2m，总高加 1.6m 达 150.2m。投资增加不多，全楼无极短柱，抗震效果更好。

（4）重庆天成大厦。中国建筑设计集团公司重庆分公司设计，2010 年建成。塔楼 58 层，高度 268m，采用带钢管混凝土叠合柱的框架—核心筒结构体系。该塔楼设计有两大特点：一是采用较大的层高，避免极短柱，1～10 层为商场，层高 5.1m，10～58 层为高档写字间，层高 4.2m，避难层层高为 5.7m。二是采用钢管混凝土叠合柱，最大断面为 1400mm×1400mm（钢管直径 1100mm，壁厚 25mm），管内外均为 C70 高弹性模量混凝土，支柱的刚度大，侧移变形小。因此不用伸臂框架。重庆地区生产高性能混凝土有一定困难，如果改用高性能外加剂，钢管内用 C100 混凝土，可以配制高弹性模量混凝土，柱断面尺寸可进一步缩小至 1200mm×1200mm，加大剪跨比，不用伸臂的高层建筑可以建得更高。

（5）重庆天和大厦。重庆市建筑设计院设计。地下 8 层，地上 58 层，结构高 296.6m，采用带钢管混凝土叠合柱的框架—筒体结构。该建筑的特点是不论外框柱还是核心筒的外筒壁，都加入了钢管，未设伸臂桁架和加强层。外框柱的最大尺寸为 1600mm×1600mm，内配钢管 1200mm×30mm～1000mm×25mm，在 19 层以下均设置。核心筒外框尺寸较小，21.9m×22m。筒壁中设置 500mm×25mm～500mm×20mm 核心钢管。由于钢管的设置，使得核心筒和外框筒的竖向刚度增大，延性增加，满足了结构层间位移的要求，故也未设伸臂桁架。重庆的最高混凝土强度只用到 C70，天和大厦工程还证明，只要混凝土的弹性模量进一步提高，柱和筒壁的尺寸可以进一步减小而其竖向刚度反而提高，结构优化的潜力是大的。

以上 5 个工程实例证明，只要认真进行优化设计，理想结构体系就会不断出现；每个实例均表明，还有进一步优化的巨大潜力可挖。创新是结构设计的灵魂，只有不断地自我挑战，优化才能萌生。

参 考 文 献

[1] 林同炎，S. D. 斯多台斯伯利著. 高立人，方鄂华，钱稼茹译. 结构概念和体系 [M]. 中国建筑工业出版社，1999.
[2] 高立人，方鄂华，钱稼茹. 高层建筑结构概念设计 [M]. 中国设计出版社，2005.
[3] 高层建筑钢—混凝土混合结构设计规程 CECS 230—2008 [S]. 中国计划出版社，2008.
[4] 林立岩，李庆钢，林南. 钢管混凝土叠合柱的概念介绍与技术经济性分析 [D]. 第 7 届中日建筑结构技术交流会论文集，重庆.
[5] 王清湘，赵国藩，林立岩. 高强混凝土柱延性的试验研究 [J]. 建筑结构学报第 16 卷 4 期，1995.

高层剪力墙结构的优化设计

林　南　白宏涛
(辽宁省建筑设计研究院有限责任公司)

1　前　　言

在我国超高层建筑结构设计中，大多采用框架—核心筒结构体系，其中外框架的设计已在前一篇论文中加以讨论，本文不再重复；而核心筒结构中的剪力墙和一般框架—剪力墙结构中的剪力墙正是本文要讨论的优化问题。

随着建筑层数增加，其高宽比增大，结构的侧向刚度变小，风和地震成为主要控制因素。如何在确保强度的前提下，减少墙厚，减小侧向变形，增大墙的延性，控制建筑在风荷载作用下的顶点加速度，保证建筑物在使用期间人员的舒适度，是这类结构设计中需要解决的首要问题，总之，提高高层结构的抗风、抗震性能是结构优化的设计目标。

解决上述问题的方法很多，但有的控制方法是相互矛盾的。优化设计就是找出最恰当的方法，平衡各类制约因素，使之达到最优方案。

回顾高层剪力墙的发展历程[1]-[3]，最早使用的是现浇钢筋混凝土剪力墙。由于我国现行国家标准《建筑抗震设计规范》(GB 50011—2010)中规定，当有抗震设防要求时，剪力墙混凝土强度等级不宜超过C60。因此设计人员常采用以下措施来改善高强度混凝土墙的抗震性能：

(1) 严格控制剪力墙的轴压比；

(2) 适当增加墙体中横向分布钢筋和暗柱中箍筋的数量；

(3) 增设约束边缘构件，采用高强钢筋和高强箍筋，增加箍筋的约束效果；

(4) 在墙的端部设置构造型钢 (含圆钢管)。

目前采用以上措施在高度为 100~200m 的建筑中是最常见的。

随着建筑高度向更高方向发展，上述加构造型钢的做法得到改善和增强，形成钢骨混凝土剪力墙，成为钢—混凝土组合剪力墙两大组成部分之一。另一组成部分为钢板混凝土剪力墙。前者在墙体的端部设置型钢构件 (直通墙顶，至少 2/3 高度)，也可以在墙体中配置型钢作为埋入式斜撑；后者分单、双层钢板混凝土剪力墙，单层指钢板埋置在混凝墙厚度的中央，双层是指钢板设置在墙体的两个侧面，内部填充混凝土。由于钢—混凝土组合构件充分发挥了钢与混凝土构件各自的优点，其承载力超过了两种构件承载力的简单叠加，具有良好的变形能力及延性。还具有抗火、保湿、隔声等功能，目前不少超过 300m 的超高层建筑，均在不同程度上应用该组合构件。

对于更高的摩天大楼，为了减轻建筑自重，减薄墙厚，减少地震作用，则不用混凝土，采用纯钢结构作剪力墙，如近年刚建成的天津津塔、上海新锦江饭店。因系新技术应用，有特殊性，技术的合理性有待讨论，故本文不讨论钢板剪力墙，只讨论从100m到300余米高层剪力墙的优化设计。

2　钢管混凝土剪力墙的诞生和在试点工程中的应用

钢—混凝土组合剪力墙由两大类型组成。前文已述及的型钢混凝土剪力墙是传统技术，美国在20世纪初就开始使用。经过百年的应用研究，技术早已成熟，没有利润空间可挖了；而另一类型为钢管混凝土剪力墙结构，我国近些年才开始应用和研究，其特点和优点还未充分揭示，值得我们认真去研究发掘。

钢管混凝土剪力墙最早用于框架—剪力墙结构体系中。20世纪90年代出现在沈阳[4]，现介绍其中最早由笔者参与设计的三个工程：

（1）1996年建成的辽宁省邮政枢纽大楼（图1）。地上23层，总高96.9m，柱和剪力墙都采用钢管混凝土叠合柱，主要柱子采用不同期施工的叠合柱，剪力墙的端柱，采用同期施工的叠合柱（又称组合柱）。1995年开始施工时，我省高强度混凝土在工程中使用经验还不成熟，所以管内外最高用到C60，但已显示出剪力墙中加钢管的显著优点（与型钢混凝土相比）：刚度大、承载力高、延性好、轴压比可控制得较小、抗震性能好；柱断面相对减少；构造简单，一般土建施工队就可施工；工期快、造价低。

（2）1997年建成的沈阳和泰大厦（图2）。地上22层，是我国第一次在框支剪力墙结构中采用钢管混凝土叠合柱作为端柱，端柱和独立的框支柱的断面都较小。也是我省在钢管中第一次采用C80混凝土（省建科院提供配比），叠合柱断面小，最大柱断面为600mm×600mm，钢管用φ325—9，管外混凝土为C50，叠合比为0.4，该柱用约占柱截面积23%

图1　辽宁省邮政枢纽大楼　　　　　图2　沈阳和泰大厦

图 3　沈阳和平区地税局办公楼

的核心钢管混凝土承担了约 60% 的总轴力,使柱外围混凝土的轴压比降为 0.69。由于剪力墙的轴向力被带钢管的端柱大量吸收,使剪力墙和端柱的断面都可设计的较小。该工程的框支柱均不是短柱,加上轴压比小,大大提高了抗震性能。

(3) 1997 年建成的沈阳和平区地税局办公楼(图 3)。地上 21 层,采用框架—剪力墙结构体系,和上述和泰大厦建于一个共同的大底盘上,同时施工同时建成。除柱子为钢管混凝土叠合柱外,剪力墙的端柱也是钢管混凝土叠合柱。当时还试点在剪力墙施工时采取分期施工做法,使剪力墙的端柱性能更好。该楼的业主是地税局,主管领导是个很优秀的经济师。经他详细分析比较,认为地税局办公楼和和泰大厦两个工程是沈阳技术经济指标最好的工程。

在以上三个"领头羊"工程的带动下,在辽宁又陆续建了采用钢管混凝土剪力墙的建筑。如东北大学综合科技楼(图 4)、营口立德大厦(图 5)、沈阳电力花园双塔(图 6)、方圆大厦(图 7)、京沈高速公路兴城跨线服务楼(图 8)、鞍山移动通信大厦(图 9)、沈阳远吉大厦(图 10)、沈阳贵和回迁楼(图 11)、沈阳宏发国际名城(图 12)等,为钢管混凝土剪力墙在高层建筑中的应用奠定了初步基础。

图 4　东北大学综合科技楼

图 5　营口立德大厦

图 6　沈阳电力花园双塔

图 7　方圆大厦

图 8　京沈高速公路兴城跨线服务楼

图 9　鞍山移动通信大厦

图 10　沈阳远吉大厦

图 11　沈阳贵和回迁楼

图 12　沈阳宏发国际名城

3　"钢管混凝土剪力墙"设计规程的编制

试点工程成功以后，我们总结认为：与型钢混凝土剪力墙比较，钢管混凝土剪力墙具有明显的优势，表现为：

（1）性能更好。钱稼茹等[5]研究了暗柱内钢管形状对高轴压剪力墙抗震性能的影响，发现槽钢对提高剪力墙试件变形能力的作用不大，方钢管对提高剪力墙试件变形能力有一定作用，而圆钢管对剪力墙试件变形能力的提高作用显著。蔡绍怀[7]认为利用钢管对混凝土的约束可有效地避免高强混凝土的脆性破坏。因此适当提高管内混凝土强度（C80～C100），可大幅度地减小剪力墙构件的截面尺寸，减少结构自重；由于钢管混凝土端柱的截面惯性矩远大于混凝土和型钢混凝土，因而其平面外稳定性优于后者组成的剪力墙。试验还表明[9][10]，在剪力墙中嵌入钢管高强混凝土可显著提高剪力墙的压弯承载力、水平刚度和延性；

（2）节点易处理。型钢混凝土剪力墙的节点，无论与钢梁或钢筋的连结都很复杂，特别在二者不正交的情况下尤其困难。有一高层（营口银行大厦），采用框架—核心筒结构，筒中设型钢，因大部分梁轴线与核心筒的墙轴线不正交，节点施工非常困难，要求在核心筒中改用钢管混凝土剪力墙；

（3）施工简便。钢管可以买成品钢材。一般土建施工队伍都能施工，不用请钢结构专业队伍介入；

（4）技术指标优越，更切合中国国情。

认识到钢管混凝土剪力墙的优越性，要进一步推广应用，又遇到许多困难。其主要是没有规范，没有设计依据，设计人员对这一新的结构体系不熟悉。同时，一个新技术的出现，总是要经过激烈的竞争的，还要应付对这一技术持保守专家苛刻的质疑。于是，我们在搞试点工程的同时，让试验研究相向而行，我们积极与科研、教学部门协作，下决心早日编制出"技术规程"。

我们把"钢管混凝土剪力墙"归纳到"钢管混凝土叠合柱结构"这一大体系之中。叠合柱规程[8]中专门开辟第七章来写"钢管混凝土剪力墙的设计和施工",请我国编写规程最有经验的专家钱稼茹教授担任主编。钱教授在编写规程的同时,做了大量的试验研究[5][6],并经常下施工现场,了解施工情况,为规程的编制奠定了理论和实践的基础。新的规程《钢管混凝土叠合柱结构技术规程》(CECS 188—2005)[8],于 2005 年正式出版发行。篇幅短小,但很精悍,完全可满足设计需要。

《规程》编制过程中,受到许多老专家的鼓励和支持,如王光远院士、赵国藩院士、容柏生院士、陈肇元院士、江欢城院士等,我们表示衷心的感谢。

中国工程建设标准化协会在出版前言中高度肯定了该规程。认为"钢管混凝土叠合柱体系,是我国自主开拓的一种结构体系。它较钢筋混凝土和钢骨混凝土(也称型钢混凝土)柱具有更优良的抗压性能和抗震性能"。

4 钢管混凝土剪力墙在超高层建筑中的应用前景

《钢管混凝土叠合柱结构技术规程》(CECS 188—2005)规程颁布以后,有了依据,各地采用钢管混凝土剪力墙的工程逐渐增多。在超限高层剪力墙结构中,为了提高墙肢的延性及结构抗倒塌能力,在剪力墙关键部位增设钢管,如沈阳的世茂五里河 1 号住宅楼,由北京市建筑设计研究院设计,地上 58 层,高 175.2m,平面呈长条形,长 58m,宽度仅十几米不等,外纵墙凹凸不规则,在关键节点(如房屋四角、突击部位墙角)共设置了 16 个 $\phi203\times12$ 钢管,内灌与墙同强度混凝土,大大增加了墙肢的延性和整体结构抗倒塌能力;重庆的环球金融中心大厦,由重庆设计院设计,地上 70 层,高 338.9m,核心筒为钢管混凝土剪力墙,主要设于筒的四角、大洞口边缘、受力较大墙的中部,提高了核心筒的刚度和抗剪能力,减薄筒壁厚度,是我国将钢管混凝土剪力墙用得最高的超高层建筑;广东某灯塔式超高层结构[12],由广东省建筑设计院设计,地上 70 层,高 318.8m,属超 B 建筑。由于建筑的高度比受到严格的限制,最小平面的半径仅为 12m,底部最大墙厚800mm,内埋 $\phi600$ 钢管混凝土排柱,钢管间的净距小于管的直径。钢管混凝土排柱剪力墙的设置能够有效地减小结构侧向位移和提高结构的整体稳定性,使剪力墙具有更强的承载能力和更好的延性。

在钢管混凝土剪力墙得到推广应用的同时,各地还同时进行许多相应的试验研究。如华南理工大学方小丹等进行了在剪力墙中嵌入钢管高强混凝土(C80、C100)的系统研究[9][10],结论为:"管中采用高强混凝土后,可显著提高剪力墙的压弯承载力、水平刚度和延性;贴焊于钢管壁的抗剪环筋传力合理可靠、施工简便,可以有效地传递钢管外混凝土与钢管间的界面剪力,使钢管高强混凝土与管外混凝土能够协调变形、共同受力;由于钢管的截面抗弯刚度远大于普通混凝土剪力墙,钢管高强混凝土剪力墙可以有效地提高剪力墙的平面外稳定性;即使在高轴压比($n_d=0.56$)的条件下,钢管高强混凝土剪力墙承载力提高的同时,仍然具有良好的延性及耗能能力,位移延性系数远大于 3,极限位移角可达 1/49~1/37,远大于抗震设计要求的 1/120;水平加载至剪力墙破坏,作用于墙顶的较大轴向压力可保持不变,墙体局部的拉、压破坏对其维持竖向承载力的影响不大,表明可适当放松钢管高强度混凝土剪力墙的轴压比限值至 0.6 甚至更高；试件的剪跨比 $\lambda=2$，远较实际工程中一般剪力墙小，承受的水平剪力也较大，但试件压区未发现压剪裂缝，其破坏仍为压弯破坏，表明一般情况下无需强调钢管高强混凝土剪力墙的强剪弱弯"。

清华大学赵作周、钱稼茹等[11]进行了新型钢管混凝土组合剪力墙的抗震性能试验研究，得到以下结论：

（1）试件的破坏形态为压弯破坏，墙底受压区混凝土保护层大面积压碎、脱落，宽度范围为整个试件宽度，高度范围为 300～400mm，底部钢筋压屈并向外鼓出。钢管与混凝土之间没有出现明显的粘结滑移现象。

（2）与普通钢筋混凝土剪力墙相比较，钢管混凝土组合剪力墙的破坏过程更为平缓，相同位移角的情况下，墙底混凝土的压坏和钢筋的压屈程度明显减轻，没有出现墙体因受压区混凝土压碎而突然丧失竖向承载力的现象。

（3）钢管的加入可以明显地提高剪力墙的压弯承载力与变形能力，在试验轴压比相差不大的情况下，钢管混凝土组合剪力墙的峰值承载力可提高 25％左右，钢管混凝土组合剪力墙的屈服位移角为 1/320～1/120，峰值位移角为 1/100～1/75，比普通钢筋混凝土墙提高 30％左右。

（4）按照钢筋混凝土的公式，不考虑钢管混凝土的约束作用将低估试件的承载力，应适当考虑钢管混凝土的约束作用。且设计和施工时应注意保证钢管与管外混凝土保护层厚度，避免形成分体柱破坏模式。

随着试验研究的不断深入，试点工程的不断涌现，我国自主开拓的钢管混凝土剪力墙结构，将和钢管混凝土叠合柱一起并驾齐飞，迈向更高水平。

参 考 文 献

[1] 范重，刘学林，黄彦军. 超高层建筑剪力墙设计与研究的最新进展 [J]. 建筑结构，2011，4.

[2] 乔彦明，钱稼茹，方鄂华. 钢骨混凝土剪力墙抗剪性能的试验研究. [J] 建筑结构，1995，25（8）.

[3] 王志浩，方鄂华，钱稼茹. 钢骨混凝土剪力墙的抗弯性能 [J]. 建筑结构，1998，28（2）.

[4] 李庆刚，佟铁. 钢管混凝土叠合柱结构工程实录及论文摘引 [M]. 北京：中国建筑工业出版社，2011.

[5] 钱稼茹，魏勇，赵作周等. 高轴压比钢骨混凝土剪力墙抗震性能试验研究 [J]. 建筑结构学报，2008，28（7）.

[6] 钱稼茹，江枣，纪晓东. 高轴压比钢管混凝土剪力墙抗震性能试验研究 [J]. 建筑结构学报，2010，31（7）.

[7] 蔡绍怀. 现代钢管混凝土结构 [M]. 北京：人民交通出版社，2003.

[8] 钢管混凝土叠合柱结构技术规程 CECS 188—2005 [S]. 北京：中国计划出版社，2005.

[9] 方小丹，蒋标，韦宏等. 钢管高强混凝土剪力墙轴心受压试验研究 [J]. 建筑结构学报，2013，34（3）.

[10] 方小丹，李青，韦宏等. 钢管高强混凝土剪力墙压弯性能试验研究 [D]. 南京：第十届中日建筑结构技术交流会论文集，2013.

[11] 赵作周，杨光，钱稼茹. 新型钢管混凝土组合剪力墙抗震性能试验研究 [D]. 北海：第十四届高层建筑抗震技术交流会论文集，2013.

[12] 赖鸿立，焦柯，陈星. 钢管混凝土排柱组合剪力墙抗震性能分析 [D]. 大连：第二十届全国高层建筑结构学术交流会论文集，2008.

大连奥泰中心 1 号塔楼对于钢管
混凝土叠合柱优化技术的应用与研究

王立长　李　洋

（大连市建筑设计研究院有限公司，大连）

【摘　要】　大连奥泰中心 1 号塔楼为一幢超高层建筑，采用钢管混凝土叠合柱作为结构主要的抗侧力构件。这种技术充分发挥构件承载能力高，耐火性能好等特点，达到了降低工程造价、增加建筑使用面积、提高结构抗震性能的目的，为钢管混凝土叠合柱的技术应用做了有益的尝试。

【关键词】　超高层建筑；钢管混凝土叠合柱；施工模拟计算；节点设计

1　工 程 概 况

　　大连奥泰中心大厦位于大连市高新技术产业园区中心区域，北临高能街，东侧紧靠高新园区管委会，南面为已投入使用的纳米大厦和晟华科技大厦，其地理位置优越，建成以后将成为本区域的标志性建筑群。项目占地面积为 15754.4m²，总建筑面积为132548.1m²，地下部分建筑面积为 27318.2m²，地上部分建筑面积为 105229.9m²。大连奥泰中心地上由三幢独立建筑组成，由大底盘地下室将其连成一体，地下部分共三层，局部二层，功能为设备用房和停车库，层高分别为7.4m、5.2m、5.4m，基础埋深 20.5m，室外标高以上无裙房；1 号塔楼为超高层建筑，高度为 148.6m；2 号塔楼为三十层公寓，高度为 108.0m；3 号塔楼为体检中心，高度为 23.0m。整个项目由大连市建筑设计研究院有限公司设计完成，图 1 为项目建成后的效果图。

　　本文重点介绍大连奥泰中心 1 号塔楼的结构设计，1 号塔楼为一幢超 B 级高度的高层建筑，地下 3层，地上 42 层，建筑高度为 148.6m，建筑面积为42213.9m²，建筑功能包括办公和公寓用途，其中 1层、2 层为办公区域，层高 5.1m，其上为设备层，层高 2.2m，3~42 层为住宅式公寓，层高 3.4m。本项目建筑平面布置比较规则，结构形式采用框架—核心筒结构体系，平面两个方向的长宽比为 1.1，建筑物的高宽比为 5.0，核心筒的高宽比为 11.4。工程设

图 1　大连奥泰中心建筑效果图

计基准周期为 50 年，塔楼的安全等级为二级，抗震设防类别为丙类，抗震设防烈度为 7 度，建筑场地类别为Ⅱ类，设计地震分组为第一组，场地特征周期为 0.35s，基本地震加速度为 0.1g。标准层平面布置图见图 2。

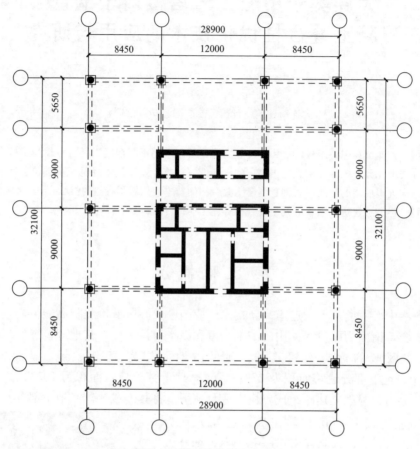

图 2　标准层结构平面布置图

2　钢管混凝土叠合柱的确定

目前钢管混凝土叠合柱作为我国自主研发的一种新结构构件形式已经开始在实际工程中得到应用。钢管混凝土叠合柱由位于截面中部的钢管混凝土柱和位于钢管外的钢筋混凝土部分叠合而成，形成由管内素混凝土、钢管和管外钢筋混凝土三个部分组成的构件。管外钢筋混凝土的施工方式可以采用分期施工和同期施工两种方式。采用分期施工的方法时，在钢管内浇筑高强混凝土，使延性较差的高强混凝土受到三向约束，充分利用钢管混凝土柱抗压、抗弯和抗剪能力高的特点，使其先行承担施工期间的竖向荷载和水平荷载，当钢管混凝土柱的轴力设计值达到设计人员确定的控制值后，再浇筑管外钢筋混凝土部分，这种方法可以降低管外混凝土部分的轴压比，增强延性，并使其承受截面上的大部分弯矩。另外钢管外包混凝土可以替代钢管混凝土外的防火涂料，提高框架柱的耐火性能，降低工程造价。

本项目在结构选型阶段做了大量的计算比较和方案优化论证。根据建筑功能布置和结构受力的特点，塔楼的结构形式确定采用框架—筒体结构体系。由于结构层数较多，框架—筒体结构体系中的外框架柱作为其中主要受力构件承担了很大一部分竖向荷载，这导致柱截面尺寸过大，影响建筑使用功能，因此我们选择钢筋混凝土柱、型钢混凝土柱、圆钢管混凝土柱、方钢管混凝土柱、钢管混凝土组合柱及钢管混凝土叠合柱六种方案进行经济性比较，在满足水平荷载作用层间位移角相同的前提下，计算出柱截面尺寸及配筋的最小要求，各项结果见表1。

各种截面类型框架柱经济性比较表　　　　表1

	截面尺寸	型钢截面	型钢用钢量比	混凝土用量比	纵向受力钢筋	箍筋	防火涂料面积比	经济指标（元/m）
钢筋混凝土柱	1500×1500	—		2.25/3.17	46Φ25	Φ12@100 $n=9$	—	1667
型钢混凝土柱	1200×1200	900×400 ×24×34	0.10/1.94	1.34/1.89	24Φ25	Φ16@100 $n=4$		1792
方钢管混凝土柱	1100×1100 管内 C60	1100×1100 ×28	0.12/2.40	1.09/1.54	—		1.4	1915
圆钢管混凝土柱	ϕ1000 管内 C60	ϕ1000×26	0.08/1.58	0.71/1.00	—		1.0	1285
钢管混凝土组合柱	1100×1100 管内外 C60	ϕ 800×24	0.06/1.1 6	1.15/1.6 2	16Φ25	Φ12@10 0 $n=4$	—	1310
钢管混凝土叠合柱	1050×1050 管内 C80 管外 C50	ϕ700×24	0.05/1.00	1.05/1.48	16Φ25	Φ12@100 $n=4$		1244

注：经济指标按大连地区2010年第三季度价格信息，一类工程取费。

通过表1的计算对比发现，钢管混凝土叠合柱相对其他形式的框架柱，其经济优势比较明显。采用钢筋混凝土柱的方案，截面尺寸达到1.5m×1.5m，进入极短柱界限，也严重影响建筑使用功能的要求；型钢混凝土柱尽管设有型钢来增加竖向刚度，但它只是钢和混凝土抗压刚度的数值叠加，增加的效果并不明显；方钢管混凝土柱由于钢管对混凝土约束效果不明显，规范中要求管内混凝土满足混凝土工作承担系数限值来保证钢管混凝土柱的延性，因此其用钢量相对较大，但其承载能力没有得到充分发挥，经济性不高；圆钢管混凝土柱由于管内混凝土受到三向约束作用，其延性及轴心受压承载能力大大提高，有效地减小构件截面尺寸，提供更大的使用空间，但是其防火性能差，喷涂防火砂浆提高了建设成本。钢管混凝土组合柱具有钢管混凝土柱的套箍作用，但是其并未充分利用管内混凝土的承载能力，使得管外混凝土分担的轴向荷载偏大，经济性相对钢管混凝土叠合柱差。对于框筒结构的框架柱来说，其主要承受轴向力作用，柱端弯矩相对较小，所以本项目最终确定采用钢管混凝土叠合柱作为外框架的竖向构件。

3　钢管混凝土叠合柱的施工模拟计算

本项目采用中国建筑科学研究院编制的 PKPM 系列 SATWE 软件和美国 CSI 公司的 ETABS 软件进行结构弹性阶段计算。经过对计算结果的分析论证，针对框架柱自身轴力呈现正三角形分布的特点，确定将框架柱竖向分为三个部分：-3F～20F 采用钢管混凝土叠合柱；21F～29F 采用钢管混凝土组合柱；30F～42F 采用钢筋混凝土柱。这种方式能够充分发挥各种类型框架柱的优势，并能保证竖向刚度的连续性，同时降低了施工难度，使叠合柱能有效地得到提前预压。

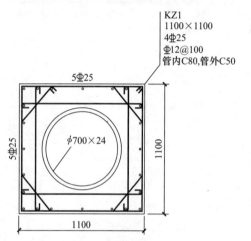

图 3　叠合柱配筋示意

钢管混凝土叠合柱设计需要通过多次试算确定，除了达到结构整体抗侧刚度的要求，保证框架部分各层地震剪力的最大值大于结构底部总地震剪力的 10%，还要按照含管率≥4%、套箍指标取 1.0 及叠合比取 0.3 的原则，并且满足管外混凝土的轴压比限值和钢管混凝土柱的轴向受压承载力限值的要求，这些指标是设计中确定截面尺寸主要指标。框架柱的截面尺寸如下：-3F～-1F 为 1200×1200 的组合柱，钢管尺寸为 $\phi700\times24$，管内和管外混凝土强度等级为 C60；1F～10F 为 1100×1100 的叠合柱，钢管尺寸为 $\phi700\times24$，管内 C80 高强混凝土，管外混凝土强度等级为 C50；11F～20F 为 1000×1000 的叠合柱，钢管尺寸为 $\phi700\times20$，管内混凝土强度等级为 C60，管外混凝土强度等级为 C50；21F～29F 为 900×900 的组合柱，钢管尺寸为 $\phi600\times18$，管内和管外混凝土强度等级为 C50；30F～42F 的钢筋混凝土柱由 900×900 变化到 700×700。

施工模拟分析采用美国 CSI 公司 SAP2000 软件进行计算。按照逐层施工的顺序，将每一个结构楼层的刚度和荷载作为一个加载步逐层累加，从而得到施工各个阶段的构件内力分布。其中叠合柱按照实际情况先采用钢管混凝土柱进行计算，当塔楼模型累加到 33F 时，将 1F～4F 钢管混凝土柱替换为叠合柱，同理依次按照上部施工一层，底部施工四层叠合柱的步骤完成管外钢筋混凝土的施工。加载的荷载仅考虑结构构件自重荷载，忽略施工期间的施工活荷载。

根据施工模拟的计算分析结果，得出浇筑钢管外混凝土前钢管混凝土柱已承受的轴压力设计值与叠合柱全部轴压力设计值的比值为 0.26～0.29，核算叠合柱钢管外钢筋混凝土的轴压比满足规范要求。通过比较框架柱在每一个加载步的内力变化发现，当底部管外混凝土强度达到设计要求时，框架柱内力会由于抗压刚度的增加，竖向变形的减小，将部分轴力传递到核心筒上，也证明施工模拟是符合实际情况的。叠合柱施工模拟阶段轴力图见图 4。

另外我们单独进行了施工阶段管外混凝土未浇筑时最不利工况分析，除了考虑恒载和活载的作用以外，还对结构施加大连地区 50 年一遇的风荷载进行计算，计算结果显示楼层最大层间位移角为 1/968，满足规范的要求，同时钢管混凝土柱也满足承载力的要求，能够保证施工阶段的安全。

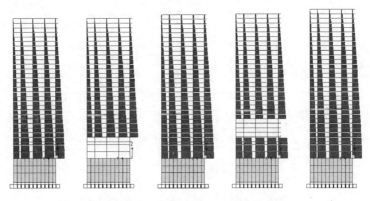

图 4　叠合柱施工模拟阶段轴力图示意图

4　钢管混凝土叠合柱节点设计

叠合柱的梁柱连接节点设计应满足安全可靠、传力直接、施工方便和造价低廉的原则。本项目框架梁采用钢筋混凝土梁，交接处采用钢管贯通型连接节点，保证在施工阶段混凝土梁与钢管混凝土柱有可靠连接。施工时将框架梁的纵筋穿过钢管以保证框架梁梁端内力能够直接传递，钢管管壁开孔的截面损失率为 21.8%，小于规范的要求。混凝土梁抗剪通过焊接在钢管管壁上的竖向加劲肋（－200×60×20）和设置在梁高范围内的钢管上的钢筋环箍传递，此竖向加劲肋在起到传递剪力作用的同时，还能够起到钢管补强的作用。钢管与混凝土梁板形成一个十字形形状，叠合柱管外混凝土部分后浇，在管外混凝土与框架梁重合部分，需要在梁中预埋叠合柱纵筋和箍筋，待管外混凝土部分绑扎钢筋时与预埋筋焊接连接。叠合柱与框架梁节点核心区示意见图 5 及图 6。这种节点设计符合构造简单、传力明确和施工简单的原则，能够达到"强节点，弱构件"的抗震设计要求。

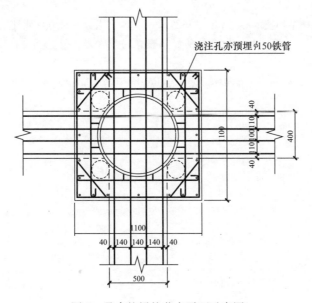

图 5　叠合柱梁柱节点平面示意图

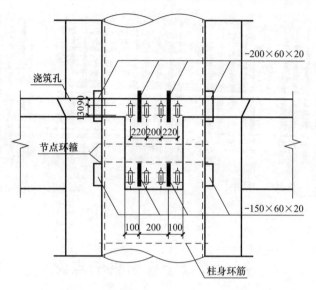

图 6　叠合柱梁柱节点剖面示意图

5　结　　论

本文以大连奥泰中心 1 号塔楼结构设计为例，着重介绍了钢管混凝土叠合柱的性能、结构计算和节点设计。本工程的结构设计充分发挥了钢管混凝土叠合柱的技术优势，达到了降低工程造价、增加建筑使用面积，提高结构抗震性能的目的，为钢管混凝土叠合柱技术的应用做了有益的尝试。

参 考 文 献

[1]　钢管混凝土叠合柱结构技术规程 CECS 188—2005 [S]. 北京：计划出版社 2005.

[2]　林立岩，李庆钢. 钢管混凝土叠合柱的设计概念与技术经济性分析 [J]. 建筑结构，2008，38（3）：17-21.

[3]　Computers and Structures，Inc. Berkeley，California：CSI Analysis Reference Manual for SAP2000.

第四篇
岩土工程的新突破

　　本章收录了近年来我省岩土工程和地基基础领域的论文共7篇，论文内容包括地基基础抗震概念设计，刚度扩展法设计筏板基础，桩、墩基础承载力研究，复合地基，建筑纠倾，基坑支护等理论与实践，大体反映了近年来我省岩土工程科技人员在地基基础工程方面的创新成果。其中，1993年辽宁省建筑设计研究院有限责任公司率先提出的新型基础形式——墩基础，经过十几年的研究，墩基础在我省、内外得到了很好的推广应用，取得了显著地经济效益和社会效益，该课题荣获2010年辽宁省科技进步二等奖。1995年辽宁省建筑设计研究院有限责任公司我院在深基础的基坑支护中，首创采用自支护半逆作施工方法，为在建筑物密集区的高层建筑地下室工程的建设提高了全新的途径，技术经济效果非常显著，在省内外有很多成功应用，受到工程界和建设单位的好评。1990年以来在岩土工程师和结构工程师大力协作下，出色地完成了辽宁省一些既有建筑的纠倾、平移、增层改造工作，在设计、施工等方面均有创新。

　　1. 普遍重视岩土工程的抗震概念设计，提出一系列抗震概念措施。如强调地震波、地震加速度、地质构造、场地特征对建筑的影响；研究地基基础的抗震作用；提出加深基础可以减轻地震作用的概念、基础设计应有整体牢固性的概念、加强建筑物的嵌固性能的概念、桩与地基土协同工作的设计概念、宜用四周带侧壁的地下室来减轻水平地震作用的概念；提倡按变形控制原则设计基础；减轻上部建筑自重和促进结构的规则性等。

　　2. 合理利用地基资源，特别是砂类土地基资源。在辽宁，已有一百多幢高层和超高层建筑，按基础刚度扩展法和变形控制原则，设计采用筏形基础，建筑高度最大已超过300m。许多建筑是在含薄黏土夹层的砂土地基上修建的，经过岩土工程师对夹层体局部处理后修建，效果很好。辽南地区还有在黏性土地基上作砂垫层，然后在砂垫层上再建筏形基础效果也很好。

　　3. 适当提高地基设计的安全度。国际上有惯例，当人均GDP超过某一数值（各国不同）后，宜提高当地地基的承载力安全度。辽宁前几年将营口、盘锦的软土地基国家规范给定的承载力特征值适当降低，按变形控制原则设计基础，收到显著的控制效果。

本章编辑　徐云飞　刘忠昌

地基基础抗震概念设计

单　明　温成世　张海东

（辽宁省建筑设计研究院有限责任公司，沈阳）

1　建筑地基基础设计的重要性

（1）地基基础抗震概念设计是根据地震灾害和工程经验等所形成的基本设计原则和设计思想，进行基础选型和总体布置并确定细部构造的过程。地基基础抗震概念设计与建筑方案和上部结构的概念设计应该互动和协调。

（2）场地和地质条件是进行地基基础设计的前提，在进行地基基础设计以前，首先应充分了解拟建场地和地质条件，地质勘察资料是地基基础设计的重要依据之一。

（3）建筑地基基础不同方案选择，与工程造价关系极大，为节省投资应该对地基基础多方案比较进行优化设计。多、高层建筑宜优先采用天然地基，有利于方便施工，缩短工期，节省造价；天然地基的变形和承载力不能满足时，可结合工程情况、地基处理经验及施工条件，首先考虑采用 CFG 桩等复合地基；当复合地基不满足变形及承载力要求时，应采用桩基。基础的不同选型，直接关系到工期和造价，在考虑方案时应注意护坡、土方、结构专业以外的附加材料费用、工期等综合造价，不应只考虑结构专业的混凝土和钢筋用量。

2　建筑基础设计中的基本概念

（1）基础类型可分两大类，有独立式基础（独基、桩承台）、整体式基础（地基梁、筏板、箱基、桩梁、桩筏、桩箱）。整体式基础整体刚度大、计算相对复杂，整体式基础与独立式基础相比对地基承载力的总要求降低，对地基不均匀沉降的调整能力强。

（2）天然地基上的筏基与常规桩筏基础是两种典型的整体式基础形式。常规桩筏基础不考虑桩间土承载力的发挥，当减小桩数量后桩与土就能共同发挥作用，如桩基规范中的复合桩基。当天然地基上的筏基沉降不能满足设计要求时，可加少量桩来减小沉降及提高承载力，如上海规范的沉降控制复合桩基。

（3）沈阳城区高层建筑地基持力层范围遇到软土夹层，若天然地基的变形和承载力不能满足时，常用的处理方法是用旋喷桩或 CFG 桩做复合地基进行局部处理不必用长桩打入深层岩石层，这对地基资源是一个极大的浪费。

（4）地基基础规范强调了按变形控制设计地基基础的重要性，沉降计算是基础计算的重要内容。规范中提供了各种沉降计算的方法，所有方法基本上都假设土是弹性介质，采用弹性有限压缩分层总和法计算出初值，再乘以一个计算经验系数。对在建建筑物进行沉降观测，比较与计算值之间的差别，通过这些工作以期积累工程经验。事实上，无论是天然地基还是桩基，基础沉降值不可能完全按公式计算确定，根据丰富的当地经验判断的沉降值往往比按公式的计算结果更具可靠性，更具参考价值。

（5）沈阳城区砂类土地基的变形性能是很好的，不仅压缩性低，且固结速度快，地下水升降、基坑开挖、与相邻建筑的相互影响较小，因此差异沉降和倾斜较易控制。

多年来收集统计了以辽河流域的冲积土地基上的箱、筏基础的沉降观测资料约 100 项（其中包括部分松花江、鸭绿江流域的冲积砂土层上的筏基）。这些比较规则的高层，建筑层数从 9 层至最高的 73 层，封顶时的平均沉降量约为每层 0.33～1.0mm，平均值约为 0.7mm/层，且总沉降值很小，后期沉降不足总沉降量的 10%。

辽宁广播电视塔，高 245m，基坑深度 12，坑底尺寸直径 40m，地基为密实圆砾层，基坑开挖前在基础底面标高埋设 7 个回弹标，从开挖时开始进行观测，至基坑挖完时（1984 年 10 月 8 日）进行最后一次观测，观测结果为基坑中心点回弹值最大为 11.4mm，由中心向周边逐渐减小为 8.9mm，平均回弹 10.2mm。平均挖土深 1m，回弹值约 1mm。

对于超高、超大、超深的筏形地基基础设计，单靠地基强度验算是不行的。宜用变形控制原则进行设计，控制标准从严，宜结合当地实测沉降资料由地方标准确定。

（6）辽宁省内在以黏性土或黏性土与砂土互层的天然地基或复合地基上修建筑特别是高层建筑，地基变形过大引起的工程质量问题和或使用功能问题的并不少，地基承载力应结合当地经验适当降低，设计时要留有余地。

3　基础刚度扩展概念

中国建筑科学研究院地基所黄熙龄、宫剑飞[4]-[6]等人对塔裙一体大底盘平板式筏形基础进行了室内模型系列实验及实际工程的原位沉降观测，得到结论为厚筏基础（厚跨比不小于 1/6）具备扩散主楼荷载的作用，扩散范围与相邻裙房地下室的层数、柱距以及筏板厚度有关，扩散范围有限，一般不超过三跨，并建议扩展区与主楼紧邻一跨的裙房（包括无地上建筑的地下裙房）下部筏板采用与主楼相同的厚度，裙房的筏板厚度宜从第二跨裙房开始逐步变小。

在沈阳良好的砂类土地基上，在保证扩展区刚度的前提下，不必扩展很多就能使传给地基的压强和基础的沉降达到明显减小的目标。试以茂业中心塔楼为例，该塔楼塔身的投影面积为 44.7m×47.8m＝2136.7m²，用 4m 厚筏基础向四周扩展，目前仅扩展不到半跨（约 5m）面积达到 3161.7m²，就使塔身投影面积增加 48%，各项变形控制指标都可满足要求。若塔身向四周加大扩展至一跨（按 9m）计算，则底部面积达到 4125.7m²，比塔身投影面积增加 93%，只要结构布局和后浇带划分合理，使扩展区的筏板和裙房共同构成足够的刚度，就足以将塔身的高度增加到 100 层以上。所以刚度扩展后的潜力是巨大的。对于超高层建筑，还应考虑从上部结构开始扩展，只要完善并科学地采用"基础刚度扩展法"，沈阳有可能在不久的将来创造筏板基础建设的世界纪录。

筏板扩展带来很大好处。这就要求主楼和裙房的筏板都有足够的刚度，而且要控制整体挠曲值，目前主体结构大量采用框筒或筒中筒体系，外框柱与核心筒的间距已达 12m，若板的厚跨比取 1/6，则板厚仅为 2m，对高度 100m 以内的建筑尚可，对超高层就显得刚度过小。除应加厚筏板外，还要加大埋深、增加地下裙房层数、充分利用地下结构的高度来增加地下整体抗弯刚度。

4　地基基础工程的抗震概念

4.1　地震时地面运动的特点

（1）不是地震力往上传，而是地震波往上传，地震波产生惯性力，惯性力往下传。

（2）地震波如何传到建筑物。

地震波从震源经过基岩传到建筑场地（地表土），再传到建筑物基础，再由下至上传给建筑物，地表土相当于一个放大器和一个过滤器。

放大器——把基岩处的加速度放大，地表土越厚、土质越差，放大作用越显著，震害越大。

过滤器——各种不同频率组成的地震波通过地表土时与场地特征周期一致的振动分量得到放大，不一致的振动分量产生衰减或削弱。当建筑物的自振周期与场地特征周期一致或接近时，产生共振，加大震害，如唐山地震时，塘沽场地自振周期为 0.8～1.0s，当地 7～10 层的框架自振周期为 0.6～1.0s，破坏严重。3～5 层的砌体结构自振周期为 0.3s 以下，基本不破坏。

墨西哥城地震，场地特征周期 2s，与 10～15 层建筑物的自振周期接近，破坏严重。

日本在超高层建筑集中的东京市新宿区，经多次地震实测（小地震），以 81.6m 深度处的地震加速度为 1，地面处地震加速度加大 6～7 倍。在强烈地震时，这种变化不会这样明显，但是这种趋势依然存在。

4.2　地基和基础在抗震问题上的关系

（1）地基是土的本身，它的动力性质，如地面加速度，土的卓越周期等不会因采用的结构类型和地基局部处理等而改变。

（2）软土地基上打桩，也改变不了土的类别。

（3）穿过上部软土，天然地基基础直接落在坚硬的土层上，土的类别按硬层考虑。

（4）穿过软层的桩基础，桩尖直接支承在硬层上，土的类别应由有所提高，但一般不予考虑。

（5）土质好，土的卓越周期短（沈阳城区 II 类地基土一般为 0.7～1.0s）高层建筑自振周期长，容易避开地基的短周期。土质软卓越周期长 1～2s 或更长一些，刚度大的建筑自振周期短，容易避开地基的长周期，以免建筑与地基共振。

4.3　地基基础抗震设计的概念

（1）避开危险地段场地，克服地裂、地表沉陷、液化、活动断裂带、破碎带、滑移、差异沉降。

（2）强调整体抗震性能，地基基础的稳定性要好。一方面基础的整体性要好，不要分许多块，要主楼与裙房结合，以利于荷载扩展；另一方面控制建筑物的高宽比、控制刚重比、控制刚度变化。

（3）强调地下室对上部建筑的嵌固作用，提高嵌固性能。超高层建筑或大底盘上的多塔楼建筑，应将嵌固端设在地下室顶板标高处，并控制嵌固端上下层的刚度比。一般多层刚度比>1.5，高层>2.0，超高层刚度比宜更严格控制；计算分析和震害调查都表明：超高层建筑嵌固在地下室的顶部，有利于实现上部结构的预期抗震性能设计目标。

（4）基础应有一定的埋深（高层建筑地下室埋深）。取消基础宜浅埋之说，强调高层建筑应设地下室，天然地基$1/15H$，桩基$1/18H$，埋深越大，地表土传给建筑物的水平地震作用越小，地基的稳定性越好，随着地下室的层数和埋深的增加，建筑物的整体刚度增大，自振周期明显减小。高层建筑地下室应具有一定的埋置深度，这样就对地面以上整体结构的受力性能会有很大的贡献。

1）在地下室范围内挖走土方以后，对天然地基或复合地基能起到很大的卸载和补偿作用，从而减少了地基的附加压力。例如，一栋地上 36 层、地下 2 层的高层建筑，若筏板底埋深 9m，将原地面以下 9m 厚的土方挖去建造地下室，则卸去的土压力为 $9 \times 18 = 162$kPa，约相当于 10 层楼的标准荷载重量（上部楼层的标准荷载按 16kPa 计）。所以，地基实际上所需支承仅是 $36 + 2 - 10 = 28$ 层楼（包括地下室在内）的荷重，即卸去了约 22% 的上部荷载，从而也就相应地降低了对地基承载力的要求。

2）由于地下室具有一定的埋置深度，周边都有按设计要求夯实的回填土，所以地下室前、后外墙的被动土压力和侧墙的摩擦阻力都限制了基础的摆动，加强了基础的稳定，并使基础底板的压力分布趋于平缓。工程经验表明，当地下室的埋深大于建筑物高度的 1/10 时，地下室可以克服和限制偏压引起的整体倾覆问题。

3）地下室结构的层间刚度要比上部结构大，地上建筑的井筒、剪力墙和（或）柱都直接贯通到地下室，特别是地下室的外墙都是较厚且开洞极少的钢筋混凝土挡土墙，在大面积的被动土压力与摩擦阻力的侧限下，与地基土形成整体，地震时与地层移动基本同步。所以，无论是箱形还是筏形基础，地下室的顶板和底板之间基本上不可能出现层间位移。

4）日本计算桩基抗剪的经验办法，当地下室周边土的标准锤击贯入度为 4 时，地下室每增加一层，桩所承担的水平剪力可减少 25%；当有四层地下室时，则可以不考虑桩所承担的水平剪力；当地下室周边土标准锤击贯入度为 20 时，一层地下室，桩所承担的水平剪力可减少 70%；当有二层地下室时，桩基本上不承担的水平剪力；这充分反映地下室的潜在补偿功能。（日本、我国台湾的震害调查表明：桩基震害较其他基础轻；预制桩较灌注桩震害更少。）

5　地基基础抗震措施

（1）提高地基基础的整体稳定性是地基基础抗震设计的基本目标。目前辽宁地区推行的地下大空间、地下多层、地上多塔楼超长整体基础，包括地铁车站、地下商业街等设计尤其应该重视地基基础的整体稳定性，提高整体稳定性的措施有：

1）用连续式整体基础替代独立基础；

2）减小塔楼结构的高宽比；

3）加大基础的埋深；

4）加强地下室对上部建筑的嵌固性能；

5）适当对称扩展塔楼基础；

6）基础结构本身应规则，整体牢固性好、刚度大。

（2）10层及10层以上的建筑均应设置地下室，20层以上的建筑应（宜）设置两层地下室，超高层建筑应至少设置三层地下室，埋深应符合如下规定：

在抗震设防区，除岩石地基外，天然地基上高层建筑的箱型和筏形基础（地下室）埋置深度不宜小于建筑物高度的1/15；桩箱或桩筏基础的埋置深度（由室外地坪至承台底，不计桩长）不宜小于建筑物高度的1/18。

（3）当高宽比较大，塔楼引起倾覆弯矩较大时，为加强基础的整体牢固性，应采取如下措施：

1）不在塔楼投影根部设永久性沉降缝；

2）若采用桩基础应扩大布桩范围，特别是短向应向外侧对称扩展增设桩位；

3）若采用筏形基础应使筏板向主楼四周适度扩展；

4）若采用处理地基，应适当扩大处理范围。

（4）强调地下室对上部建筑的嵌固作用。超高层建筑或大底盘上的多塔楼建筑，应将嵌固端设在地下室顶板标高处，并控制嵌固端上下层的刚度比；当塔楼和裙房的首层地面不在同一标高时，双方梁应采取正反向加腋处理，钢筋连通；裙房不宜采用大面积纯框架结构，应适当布置剪力墙，可利用外围护、楼电梯间墙、防火墙，不影响使用的柱间设置剪力墙；地下一各层与主体相连通的两跨应做到强梁、强柱、强连接，不作双墙、双柱、铰接支座；埋深较大的地下室，应充分利用地下室外部回填砂土的约束嵌固作用。

（5）应合理利用地基土的承载能力和变形资源，使基础构件（如桩、筏板等）和地基能紧密结合协同工作，既增强地下部分的整体稳定性、提高抗震性能，又能取得良好的经济指标。若采用桩基可适当增强承台，使形成桩筏，让筏板首先承受荷载，不足部分（压强超标或变形超标）由疏桩承担。砂土地基上设计独立基础，宜连成带柱帽的筏板基础，当采用刚度扩展时，可充分利用地基资源，又取得整体稳定性好、经济节约的效果。

采用抗拔桩作为抗浮措施时，由于其产生抗拔力伴随位移发生，过大的位移对基础结构是不允许的，所以抗拔力的取值应满足位移控制要求，按《建筑地基基础技术规范》（DB21/T 907—2015）规范第11.3.5条确定的抗拔桩抗拔承载力特征值进行设计对大部分工程可满足要求（累计上拔变形量不超过100mm），对变形要求严格的工程还应进行变形计算（不应大于挠度容许值）。

（6）抗震设防区应采用"变形控制原则"设计地基基础，主要控制指标为地基的整体稳定性和基础的平均沉降量。软土地区的地基承载力特征值按变形控制原则可结合当地经验适当降低其承载力特征值。冲、洪积砂土地基由于土的抗压缩性能力高，按变形控制原则可结合当地经验适当提高其承载力特征值。超深的超高层建筑基础，由于常用的宽度、深度修正方法或按地基土的抗剪强度指标来确定地基承载力特征值有一定误差，更应该采用"变形控制原则"设计基础。由于超高层建筑筏基是近年新兴起的新生事物，且越建越高，为慎重起见，应采取比现行国家规范更加严格的控制标准。

6　地基基础施工

（1）后浇带作为现浇混凝土结构施工期间预留的临时变形缝，可分为收缩后浇带和沉降后浇带。合理布置后浇带，既能加强基础的整体性又可以减小温度应力、沉降差、地基反力偏心。

（2）收缩后浇带设置及施工要求：

1）收缩后浇带应设在因收缩变形或温度影响可能引起应力集中、结构构件产生裂缝可能性较大的变形部位；

2）收缩后浇带宽度为 1m 左右，其间距与混凝土抗裂性能、基础类型、地基类别有关，一般为 30～50m；

3）带内钢筋可以贯通，宜在其两侧混凝土施工 60～90d 后，应使用高一个强度等级的早强、补偿收缩的混凝土浇筑后浇带。

（3）沉降后浇带设置及施工要求：

1）高层与裙房之间如不设沉降缝，则应（宜）设置沉降后浇带。一般应设在高层与裙房交界处的裙房一侧第一跨或第二跨；后浇带的浇筑时间一般应在主体结构完工以后，但如果有沉降观测，根据沉降结果证明高层建筑之沉降在主体结构全部完工之前已趋向稳定，也可适当提前。

2）较高的高层建筑施工周期较长，如果要求高层与裙房之间的沉降后浇带在主体结构完工以后再浇筑混凝土，有可能使整个施工周期延长。为解决此矛盾，可以在开工时即开始进行沉降观测，当高层结构施工至一定高度时，如果沉降趋于稳定，则也可不必到高层主体结构全部完工，即可提前浇筑后浇带。

3）沉降后浇带宽度为 1m 左右，后浇带内钢筋可以贯通，应使用高一个强度等级的早强、补偿收缩的混凝土浇筑后浇带。

4）在施工图中必须注明，施工单位应将后浇带两侧之构件妥善支撑，并应注意由于留后浇带可能引起的承载力与稳定问题。

（4）混凝土施工要求：

1）混凝土应连续、分层进行浇捣，宜少设施工缝，当需要留设施工缝时应严格按有关规定执行，保证接缝处新旧混凝土的结合质量。

2）有防水要求的抗渗混凝土施工，应采用机械振捣整体浇筑法。防水混凝土结构应少留或不留施工缝，已留施工缝部位应增加防水和止水措施。

3）大体积混凝土浇筑，应考虑由于水化热的影响而产生的混凝土表面温度裂缝和收缩裂缝。混凝土施工前应根据底板的外约束条件，进行热力学计算，包括最大水化热、温度升值、温差、温度收缩应力等，从设计、配合比、原材料和浇捣与养护等各方面采取措施，保证质量。

4）混凝土配合比中适当掺粉煤灰，如用 30％粉煤灰替代水泥，则可使混凝土抗裂度提高 30％，抗冲切能力提高 30％，可使用后期强度提高，对于底板可以利用 60～90d 强度进行设计，弹性模量提高可控制筏板整体弯曲挠度。

（5）室外地坪以下沉降缝处理：

当高层建筑与相连的裙房之间设置沉降缝时，高层建筑的基础埋深应大于裙房基础的埋深至少 2m。沉降缝在室外地坪以下宜用粗砂填实以保证高层建筑的侧向约束。

（6）厚底板中部附加钢筋：

厚底板的配筋除应满足结构强度和构造要求外，尚应在板厚度方向，每隔 1.0m 左右设置附加钢筋网，以利于柱底、墙底轴压力由厚板向地基有效传递及控制混凝土浇筑体的温度和收缩应力。

（7）在施工期间及使用期间进行沉降变形测量；重要工程还应增加基础反力监测；超深基坑应进行开挖过程监测；建在处理地基上的工程，应对地基处理的质量作重点监测。超大面积地下室，可根据沉降观测数据决定是否提前封闭沉降后浇带。地下水位较高的地区可作抗水后浇带。

论筏形基础在高层建筑中的应用

林立岩　刘忠昌　林　南
（沈阳市合理利用砂类土地基资源研究组，沈阳）

【摘　要】 本文通过沈阳茂业中心大厦工程，讨论在冲积土层砂类地基上设计超高层建筑筏形基础的方法和经验。重点提出按变形控制原则和刚度扩展法设计地下大空间整体地下室。提出认真进行地下结构合理布局、按照沈阳经验从严规定变形控制标准、介绍变形估算方法、建议加强沉降观测等。

【关键词】 筏形基础；变形控制；刚度扩展；沉降观测

1　工　程　概　况

2013 年初，高 311m，地上 73 层，地下 3 层，采用钢管混凝土框架-核心筒混合结构的沈阳茂业中心大厦建成了。该建筑是我国在砂类土地基上采用筏形基础的最高建筑。

该建筑在施工过程中几经周折。地下室施工完成后，业主要求将办公楼层的层高均由 3.6m 加大到 3.8m；在屋顶新增一层 6m 层高的观光餐厅（第 73 层），致使调整后的结构高度由原来超限审查时的 286m 增至 300m，增高 14m；再由于城市景观要求，塔楼顶部立面四周改用 11m 高的玻璃幕墙封围，形成一个空楼层，使建筑的总高度达到 311m，属于对风荷载敏感的超高层建筑，验算地基时由风荷载控制，按建筑总高度计算风力。

决定增层后，业主未将工程送超限审查专家委员会复审，到了快竣工验收才开始着急。该工程是由深圳同济人建筑设计公司设计的。设计单位很认真负责，进行了修改后详细的结构计算。针对增高后的抗震要求，对部分筒体和构件进行了加固处理，使之满足原超限审查时的性能目标。但该设计单位对沈阳当地的地基特点不熟悉。筏板基础已施工完毕，原设计筏板底面积向外扩展较少，无法满足新增压强和倾覆弯矩引起的地基反力的要求。这时，业主和设计单位向原参加超限审查的专家请求咨询。

2　按变形控制原则设计超大超深基础

地基基础问题涉及结构安全、工程经济性、工期、保护环境等方面，关系重大。沈阳茂业中心主塔埋深大于 20m，是较大埋深的超高层建筑。目前常采用宽深修正方法或按地基土的抗剪强度指标来确定地基承载力特征值 f_a，因为这两种方法都是针对浅埋条形基础研究出来的，一般适用于埋深 10m 以内，用到超大超深基础有一定的误差。此外，当基础埋深、地下水位标高、土的物理力学性能和筏板底面积尺寸确定后，算出的地基承载力特征值 f_a（右端项）是一个固定值；而地基强度验算时，基础底板传给地基的压应力 P_k

（左端项）应满足 $P_k \leqslant f_a$，当有偏心荷载时应满足 $P_k \leqslant 1.2 f_a$，若筏板底面积已定，则 P_K 取决于建筑物的总重量（可按层数估算，P_k 随着层数增多而增大），在沈阳的砂类土地基上，若层数超过 70 层，且筏板底面积未作足够扩展，一般算出的 P_k 将大于 f_a，以致强度验算失败。因此宜采用沈阳市多年来行之有效的地下结构刚度扩展法，按变形控制的原则来设计天然地基上高层建筑基础。

鉴于绝大多数地基基础事故皆由地基变形过大且不均匀所造成；另一方面目前地基强度的计算方法（特别对超大超深基础）有一定误差，而且深度越大，计算结果越偏小。我国 2002 年版国家地基基础规范已明确提出了按变形控制设计的原则[1]，经过十多年的实践，许多地方规范均已改为以变形控制为主，将强度与变形统一考虑的先进方法。辽宁省的规范[3][4]亦强调按变形控制原则设计深基础。如在辽河三角洲地区为了减少软土地基上建筑物过大变形，将原规范给定的地基承载力特征值 f_{ak} 适当减小；对浑河、太子河流域的砂类土地基，根据实测变形明显较小的实况，将原规范给定的 f_{ak} 适当提高。以上措施经过近二十年的检验，均取得了显著的效果。此外针对砂类土地基上的人工挖孔桩基础，也采用按变形控制原则确定桩的承载力；对于筏板基础，普遍按变形允许值控制设计，还通过调整沉降经验系数来改进筏板沉降计算方法。如《北京地基基础勘探设计规程》（DBJ 11—501—2009）亦强调："按变形控制条件确定地基承载力，是北京地区工程实践中历来遵循的一个基本原则"。

3 变形控制的设计方法

3.1 变形控制标准

按变形控制原则首先要确定变形控制标准。这个标准应建立在对大量沉降观测资料的分析统计基础上。沈阳砂类土地基的变形性能是很好的，不仅压缩性低，且固结速度快，地下水升降、基坑开挖、与相邻建筑的相互影响较小，因此差异沉降和倾斜较易控制。早在 20 世纪 80 年代，沈阳市就成立了"合理利用砂类土地基资源研究组"。多年来收集统计了以辽河流域的冲积土地基上的箱、筏基础的沉降观测资料约 100 项（其中包括部分松花江、鸭绿江流域的冲积砂土层上的筏基）。这些比较规则的高层，建筑层数从十几层至最高的 73 层，封顶时的平均沉降量约为每层 0.33～1.0mm（包括基坑的回弹再压缩，层数越大取大值）平均值约为 0.7mm/层，且沉降值很小，尚未发现倾斜超标情况，后期沉降仅占总沉降量的 10%～15%；由于平均沉降很小，整个建筑的倾斜变形完全可以控制在 0.002 以内。而且沉降观测还发现只要筏板基础及其上部框架有足够的刚度，地基的变形和基础的沉降规律符合厚板的调平理论。上述 100 项建筑最长使用年限已超过 40 年，现都使用正常。我们研究组成员在吉林松花江畔和丹东市鸭绿江畔同样砂类土地基上设计的高层建筑筏板基础[9][10]，也符合这一规律。沉降观测结果，比各种理论计算法准确，已形成"经验估算法"，从 1996 年起已列入沈阳市的地方规范。

在此基础上我们制定了超高层建筑筏形基础按变形控制标准（表 1）。由于超高层筏基是近几年来兴起的事，经验不足，而且高度越来越高，我们采取了比国家规范更加严格的设计标准。

砂类土地基上建筑物的地基变形允许值　　　　　　　　　表 1

变性特征	国标规定 GB 50007—2011 JGJ 6—2011	辽宁省的规定（暂定值）		
		$100<H_g\leqslant200$	$200<H_g<300$	$H_g\geqslant300$
体型简单的高层建筑基础 平均沉降量（mm）	200	180	150	120
高层建筑的整体倾斜	0.002	0.0015	0.0012	0.001
与高层主塔楼相邻框架 柱基的沉降差（mm）	0.001L	0.001L	0.0008L	0.0006L
主塔楼下筏板的整体挠曲值	0.0005	0.0005	0.0004	0.0003

注：L 为跨距（mm）；H_g 为建筑高度（m）；挠曲值亦可用跨间厚跨比控制，表中 4 项从左至右分别取不小于 1/6、1/5、1/4、1/3。

3.2　按变形设计的步骤

（1）作好地下结构布局，初步确定筏基轮廓和各部分厚度，划分好后浇带，在主塔楼下形成变形性能满足表 1 要求的核心厚筏区块，区块应注意对称扩展，尽量减小（刚度、荷载）偏心，配合周围筏板的配置，使之既满足地下大空间使用功能要求，又具有足够的刚度；根据厚板的调平理论，使厚筏区块能满足按倒楼盖法（地基反力直线分布）对筏板核心区块进行简化设计的要求。最好也能做到满足 $P_k\leqslant f_a$ 和 $P_k\leqslant1.2f_a$（偏压时）的要求。

（2）计算变形量。基础地基变形最终沉降量采用分层总和法计算。对于较密实的砂类土层，可按辽宁省《建筑地基基础技术规范》（DB21/T 907—2005）[4] 的公式（5.3.4）计算。其特点是用变形模量 E_o 代替压缩模量 E_s，E_o 由勘探报告提供；沉降计算经验系数 ψ_s，根据类似工程沉降观测资料及当地经验确定，也可参考该规范中表 5.3.4-2 确定，碎石或碎石土层中的淤泥质土夹层的经验系数 ψ_s，可采用 1.0。

（3）用辽宁的经验值校核其是否满足本文表 1 的各项控制指标。如果达不到要求，及时调整地下及地上结构布局和重力荷载分布。如果预计能达到表 1 的控制指标，则可进行下一步施工图设计。

（4）在施工期间及试用期间进行沉降变形测量；重要工程还应增加基础反力监测；超深基坑应进行开挖过程监测；建在处理地基上的工程，应对地基处理的质量作重点监测。超大面积地下室，可根据沉降观测数据决定是否提前封闭沉降后浇带。地下水位较高的地区可作抗水后浇带。

3.3　基础刚度扩展法

中国建筑科学研究院地基所黄熙龄、宫剑飞[5]-[7] 等对塔裙一体大底盘平板式筏形基础进行了室内模型系列实验及实际工程的原位沉降观测，得到结论为厚筏基础（厚跨比不小于 1/6）具备扩散主楼荷载的作用，扩散范围与相邻裙房地下室的层数、柱距以及筏板厚度有关，扩散范围有限，一般不超过三跨，并建议扩展区与主楼紧邻一跨的裙房（包括无地上建筑的地下裙房）下部筏板采用与主楼相同的厚度，裙房的筏板厚度宜从第二跨裙房开始逐步变小。

辽宁省广为采用的基础刚度扩展法是在黄熙龄、宫剑飞等的研究基础上形成的。我们认为在沈阳极为良好的砂类土地基上，在保证扩展区刚度的前提下，不必扩展很多就能使传给地基的压强和基础的沉降达到明显减小的目标[7]。试以茂业中心塔楼为例，该塔楼塔身的投影面积为 $44.7m \times 47.8m = 2136.7m^2$，用 4m 厚筏向四周扩展，目前仅扩展不到半跨（约 5m）面积达到 $3161.7m^2$，就使塔身投影面积增加 48%，各项变形控制指标都可满足要求，已成为当地令人瞩目的标志性建筑。若塔身向四周加大扩展至一跨（按 9m）计算，则底部面积达到 $4125.7m^2$，比塔身投影面积增加 93%，只要结构布局和后浇带划分合理，使扩展区的筏板和裙房共同构成足够的刚度，满足本文 3.2 节（1）条的要求，同时加固上部建筑，则按变形控制原则设计的该塔楼，在仅仅向四周扩展一跨（9m）的情况下就足以将塔身的高度增加到 100 层以上。所以刚度扩展后的潜力是巨大的。对于超高层建筑，还应考虑从上部结构开始扩展，只要完善并科学地采用"基础刚度扩展法"，沈阳有可能在不久的将来创造筏板基础建设的世界纪录。

筏板扩展带来很大好处。这就要求主楼和裙房的筏板都有足够的刚度，而且要控制整体挠曲值及控制偏心，目前主体结构大量采用框筒或筒中筒体系，外框柱与核心筒的间距已达 12m，若板的厚跨比取 1/6，则板厚仅为 2m，对高度 100m 以内的建筑尚可，对超高层就显得刚度过小。除应加厚筏板外，还要加大埋深、增加地下裙房层数、充分利用地下结构的高度来增加地下整体抗弯刚度。

辽宁省广为采用的"基础刚度扩展法"的主要技术要点为：

（1）裙房与主楼之间尽量不设结构缝，形成地下大面积、大空间、多层整体无缝基础。

（2）主楼基础扩展不只靠加厚筏板，应充分利用裙房的结构刚度，特别是与主楼毗邻的第一跨裙房的结构刚度，当地上没有裙房时，应结合地下大空间的布局，对称增设地下裙房，使扩展部分具有整体抗弯刚度，减小偏心，增大扩展部分传递竖向力的性能。

（3）根据竖向力有限扩展理论，在良好的砂类土地基上，不必追求过大范围的扩展。一般做到扩展范围不超过 1.5 跨即可满足变形控制标准。对于平面呈筒形的塔楼，宜向四周扩展，平面呈板形的塔楼，可向进深小的方向扩展。通过合理布置各种后浇带，形成塔楼下方的核心区块。该核心区块借助于厚板调平理论，使变形和反力调成线性分布，可按倒楼盖法进行计算；此外，利用土的塑性剪切传递功能使地基在慢加荷情况下其变形不出现突变，使核心区块与周围筏板之间通过后浇带连接，不设永久性沉降缝。后浇带之间既变刚度又不失整体性，既调整反力又控制变形。

（4）室内外有高差时或地下结构极不规则时，应采取可靠措施使塔楼的嵌固端设在地下室的顶板处。这样可减小水平力引起塔楼的倾覆弯矩和水平位移。

（5）加大地下裙房的顶板厚度，超高层建筑地下室顶板厚不小于 180mm，且双层双向配筋；裙房的顶层梁的刚度也应适当加大；当裙房顶梁与主楼地下室不在同一标高时，在变标高处，主楼与裙房梁应中心线重合且采取正、反向加腋的构造措施，以有效传递水平地震作用。

（6）裙房与主楼之间在扩展区的构件（一般指第一、二两跨）应做到强梁、强柱、强节点，刚性连接，不追求产生塑性铰。

（7）扩展区内和大跨度柱下的地下结构不应做大面积的纯框架结构，应适当布置剪力墙并与外围护墙结合，形成框架—剪力墙体系；埋深较大的地下室，应充分利用外部回填砂土的约束嵌固作用。

（8）采用高弹性模量混凝土是筏板基础刚度扩展法的重要手段。我国学者孙伟院士[10]系统研究了掺加粉煤灰和高性能外加剂复掺技术在大体积基础工程中的应用，可以取得极大的技术经济效益，若混凝土中当粉煤灰取代水泥熟料30％，则干缩率下降30％、徐变值下降50％，强度和弹性模量明显提高，特别是后期强度和弹性模量的提高可以增加基础的整体刚度，可以按后期（为60d、90d）强度值进行设计，此外可提高疲劳寿命和耐久性等等。孙院士在主桥塔高世界第一的苏通长江公路大桥中使用高性能混凝土，使混凝土单方水泥用量降低了$130\sim170\mathrm{kg/m^3}$，单方混凝土的绝热温度可下降$15\sim20℃$，单方混凝土用水量降低了$10\sim35\mathrm{kg/m^3}$，大大减少了有害孔，提高设计寿命100年以上。也给建设单位节约了大量的资金。

世界最高建筑迪拜哈利法塔（高828m）是按变形控制原则采用刚度扩展法并利用现代混凝土的成功案例。由于上部荷载非常大，尤其是风荷载引起的倾覆力矩特大，基础若不扩展，单采用筏板基础或桩基础都不行。该工程设计从地上第六层就开始扩展加上地下室三层，到筏板底面形成一个面积比塔身投影面积约大2倍的刚度扩展区。上部结构的筒体、剪力墙和柱子均采用C80掺粉煤灰的高弹性模量混凝土，筏板采用C50掺40％粉煤灰的高弹性模量混凝土，使筏板厚度减薄到3.75m。基础扩展以后为了控制沉降量，在整个筏板下又增加196根$\phi1500\mathrm{mm}$的控沉摩擦桩，使摩擦桩加筏板加周边土体与地下室和上部结构共同工作，共同控制最大沉降量不超过80mm。

3.4　在处理地基上作筏形基础

在处理地基上作筏板基础，也是贯彻"按变形控制原则"的一项做法。

冲洪积土层上的砂类土地基往往是分层的。从细、中砂到圆砾层都能遇到，有时圆砾层下也能遇到中、粗砂层，圆砾层中还可能夹含薄的粉质黏土夹层，甚至淤泥质黏土夹层。这就要探讨下卧层或薄夹层对变形的影响。沈阳规范（DB 21—907—96）规定：对厚度不超过1m的薄夹层，层顶距底板超过3m，土的液性指数$I_L\leq0.75$或液性指数≤1.1且内摩擦角$\varphi\geq15°$时，可不验算下卧层的承载力，只要满足沉降和差异沉降的要求即可。

试以茂业中心的主塔楼为例，该主楼坐落在第⑧层圆砾土上。圆砾土呈中密状态，不是很密实，且在筏板底以下距离4m和9m处各有一层粉质黏土夹层（局部），该夹层呈硬塑状态，其物理力学指标为$\varphi_K=19°$、$E_O=6.0\mathrm{MPa}$、$f_{aK}=180\mathrm{kPa}$，属中压缩性土。经过专家论证后地基未作处理。建成后实测的沉降数据仍能符合从严的控制指标。这是该工程在地基资源利用上的一个亮点。

目前辽宁省遇到浅层软土夹层时常用的处理方法是用旋喷桩或CFG桩做复合地基进行局部处理不必用长桩打入深层岩石层，那样对地基资源是一个极大的浪费。

用换砂垫层也是常用方法。在营口大石桥一带，地表层都是淤泥质土，但地下约10m就能遇到一层粉细砂层或地基承载力能达到180kPa的粉质黏土层。当地经验是作一层地下室后在适度扩展的地下室筏板下铺$1.5\sim2.0$m厚的砂垫层，使上部荷载通过砂垫层传到下卧土层上，以满足承载力和变形的双控要求。已建成多幢 16 层左右的建筑均取得很好的技术经济指标。

4 对茂业中心地基基础的安全性评价

该地下室原设计存在一些缺点。如四周沿塔身仅用 4m 厚的筏板局部扩展，未用整体地下结构刚度扩展，扩展范围较小，且为双柱双梁扩展（北侧）、塔身外裙房第一跨柱距偏大（东侧为 9.5m，北侧为 11.95m）、四侧均非同底扩展等。这些都与前述"刚度扩展法"的要求相违，以致增高后的地基强度验算略显不足。在这次复审时，笔者强调了"设计基础宜改按变形控制原则进行，对已建成建筑的地基基础鉴定，应以实测的沉降数据为主要依据"。

在此前提下，可挖掘原设计的一些潜能。如地下室四周用砾砂回填、分层夯实，由于深埋很大，侧土的嵌固作用也很大，可有效抵抗风力、水平地震作用引起的倾覆弯矩和对地基的偏心压强。设计之初并未考虑这一极为有力的因素，预计进一步验算后可以给出较好的结论。

这次沈阳茂业中心大厦由建设单位和监理单位进行了长期沉降观测，为本工程按变形控制原则进行地基基础的鉴定和安全性能评价做了很好的数据准备，从 2008 年 7 月地下室承台（筏板顶面）开始，每二层观测一次，到 2010 年 11 月第 73 层完工结构封顶时实测的基础最大沉降量为 50.4mm，平均沉降量为 49.65mm，最大倾斜为 0.000519。均满足本文表 1 中 $H_g \geqslant 300$m 高层建筑的控制标准。结构封顶时的荷载不等于建筑竣工时的荷载，后者应包括许多装修荷载、玻璃幕墙荷载、填充墙荷载、地面铺装荷载等等，甚者约占总荷载量的 30% 左右，故监测单位又于 2013 年 4 月经过一年又五个月的装修施工后又进行了一次沉降观测，发现平均沉降量有所增长，达 55.65mm（相当于每层下沉 0.75mm，预计最后能稳定在 0.85mm）倾斜为 0.00078，但这时沉降速率已显著减少，各项指标距表 1 都有很大富余。故由辽宁宏图创展测绘勘察有限公司提出的沉降观测技术报告认为："该项目在建期间无异常变形情况发生，各观测点沉降量较小，整体沉降均匀，该建筑物沉降基本趋于稳定"。可以进行工程验收。

此外，当地距离茂业中心主塔楼不到 100m 的同一土层、同一地下大空间上，最近又有两幢采用筏板基础的超高层建筑竣工，一幢高为 54 层，采用剪力墙结构的公寓楼，实测平均沉降量为 32.60mm，折合每层 0.6mm；另一幢为高 44 层，采用框架—剪力墙结构的住宅楼，实测平均沉降量为 29.18mm，折合每层 0.66mm。这两幢建筑的成功以及其附近早期建成的采用筏形基础的万鑫大厦、辽宁报业集团大厦、裕宁大酒店、省广电中心、火炬大厦等超限高层建筑工程，亦可佐证茂业中心主塔楼按实测变形数据对筏板基础进行安全性鉴定是可靠的。

近期，在茂业中心附近，又有佳兆业中心、世茂五里河超高层建筑群、三好街华强广场、文体路华丰广场、青年大街上的华润中心、华航大厦、嘉里中心、裕景中心等几十幢采用筏形基础的超高层建筑拔地而起。一位境外的结构专家看到了这一现象后兴奋地评价道："美国休斯敦是世界上应用筏形基础最多、应用水平最高的地方。沈阳是中国的休斯敦，很快就要赶上美国休斯敦"。

5　结　　论

（1）沈阳茂业中心主塔楼工程的增层、增高改造，既充分利用了原有结构的承载能力，又结合沈阳地方经验，合理挖掘沈阳市砂类土地基的巨大潜力，取得了安全可靠的结果，满足了业主和规划部门的要求。

（2）沈阳茂业中心的砂类土地基并不是非常匀质理想的。持力层为第 8 层圆砾层，呈中密～密实，局部稍密状态，饱和混料结构，该层多处夹砾砂或中粗砂层，并局部见粉质黏土薄夹层，厚 0.1～1.0m（未予处理）。在此地基上设计采取大面积整体地下室、适度扩展的筏形基础、加强筏基及筏基上方框架的刚度、合理划分后浇带等措施，仍然获得了成功。

（3）对于超高、超大、超深的筏形地基基础设计，单靠地基强度验算是不行的。宜用变形控制原则进行设计，控制标准从严，宜结合当地实测沉降资料由地方标准确定。

（4）由于高层竖向荷载在地基中扩散有局限性，设计不必追求过大的基础扩展。应采用"基础刚度扩展法"，在有限的刚度扩展区（如 1.5 倍柱跨范围内），即可获得理想的变形控制效果。

（5）应加强沉降观测工作，特别是后期的沉降观测是保证质量的关键。高层建筑结构封顶荷载只达到最大值的 70%左右，后期荷载随工期缓慢增大，应坚持观测到稳定值。

【后记】　沈阳市"合理利用砂类土地基资源研究组"成立于 1985 年，由国家勘察设计大师林立岩担任组长，参加该课题的除本文 3 位作者外还有温成世、邓子林、王明恕、张成金、杨荫泉、李维宜、陈殿强、李文亿、晏可奇、王文亮等。本文由林南执笔。

参 考 文 献

[1]　中华人民共和国国家标准. 建筑地基基础设计规范 GB 50007—2011 [S]. 北京：中国计划出版社，2012.

[2]　中华人民共和国行业标准. 高层建筑筏形与箱形基础技术规范 JGJ 6—2011 [S]. 北京：中国建筑工业出版社，2011.

[3]　辽宁省地方标准. 建筑地基基础技术规范（沈阳市区部分）DB 21—907—96 [S].

[4]　辽宁省地方标准. 建筑地基基础技术规范 DB21/T 907—2005 [S].

[5]　黄熙龄. 高层建筑厚筏反力及变形特征试验研究 [D]. 岩土工程学报，2002，VOL.24（2）.

[6]　宫剑飞. 高层建筑与裙房基础整体连接情况下基础的变形及反力分析 [D]. 土木工程学报，2002，15（3）.

[7]　宫剑飞，黄熙龄. 高层建筑下大面积整体筏板基础变形控制原则 [D]. 中国土木工程学会第十届土力学及岩土工程学术会议论文集，2007.

[8]　单明，林立岩，宋作军. 刚度扩展法筏板基础设计在富林广场工程中应用 [D]. 辽宁省建筑设计研究院有限责任公司，2003.

[9]　林南. 吉林松花江畔高层筏形基础设计经验，辽宁省标准设计研究院，2008.8.

[10]　沈阳市合理利用砂类土地基资源研究组. 筏形基础采用天然地基时的承载能力和变形控制 [D]. 2009.

[11]　孙伟. 现代混凝土材料与结构服役特性的进展 [D]. CHINA CONCRETE，2009.07.

按刚度扩展法设计筏形基础在
富林广场工程中的应用

张春良　单　明

（辽宁省建筑设计研究院有限责任公司）

1　近代高层建筑设计的趋势和对地下室设计的要求

我国高层建筑正在朝着地上更高、地下更深和对使用功能要求越来越广的方向发展，这就要求将各部分不同功能的建筑同建在一个大的空间底盘上，连接组合形式多样，这类建筑结构体系，由于在底盘上下能创一个较为宽松的商业空间或共享空间，能建设较大的地下停车库或大型地下超级市场，可以满足多功能的使用要求，并能获得占地面积小、容积率高等显著的经济效益。

箱型基础具有很大的刚度，因其较多的纵、横向钢筋混凝土内墙将地下室分隔为较多的小空间，这就限制了地下室的使用功能和开放性，故箱型基础逐渐被框架厚筏板基础替代。

2　高层建筑基础设计及发展趋势

我院 20 世纪 80 年代设计的高层建筑基础绝大多数采用箱型基础如辽宁凤凰饭店、辽宁大学教学主楼彗星楼，地下室使用功能皆为人防工程。这两个工程地基持力层皆为承载力高、变形模量较大的砂类地基。进入九十年代高层建筑逐步采用筏板基础，并关注地基的下卧层强度及基础沉降控制问题，如东北电管局调度大楼，地上十九层，另有偏置塔楼五层，地基持力层为承载力高、变形模量较大的砂、圆砾地基，但距基底以下 3.58m 处有 0~0.8m 厚的淤泥质亚黏上，通过该软弱下卧层强度及基础沉降变形的计算分析并采取变形控制措施，解决了该工程的筏板基础设计问题。传统的筏板基础设计方法虽然能满足结构的安全要求及地下室使用功能的需要，由于没有很好利用地上和地下结构的刚度及其与地基的共同作用，筏板基础设计存在严重浪费现象，筏板非常厚，筏板配筋很大，有时钢筋多达六层以上，钢筋及混凝土施工作业也变得很困难。传统的筏板基础设计方法滞后于现代高层建筑的发展，浪费了沈阳地区极好的地基资源，设计方法的创新势在必行。

3　刚度扩展法基础设计新概念的提出与设计应用

我院于 20 世纪 90 年代末期开始探索地下结构整体框架筏板基础设计的新方法，作为自主创新的新型基础结构，是建立在荷载有限扩展理论基础上的地下结构刚度扩展法，其主要设计概念是将裙房地下室的框架结构与高层主体的地下结构牢固地连结在一起，形成地下整体性好的竖向刚度扩展体。

富林广场是按刚度扩展法基础设计新概念设计的试点，也是当时的一项典型工程。本工程采用框架—核心筒结构，地上高层主楼三十四层（含设备层一层）及另加两层屋顶结构，裙房与高层主体结构连为一体，有利于垂直荷载扩散。高层主体屋顶标高118.50m，裙房八层，裙房屋顶标高33.00m，地下室两层，筏板基础顶标高约－8.30m。裙房与高层之间为无结构缝整体连接，形成整体性好的竖向刚度扩展体，有利于荷载扩散从而减小高层主体基底的压力，最后达到减小筏板厚度和配筋及控制地基变形的目的。

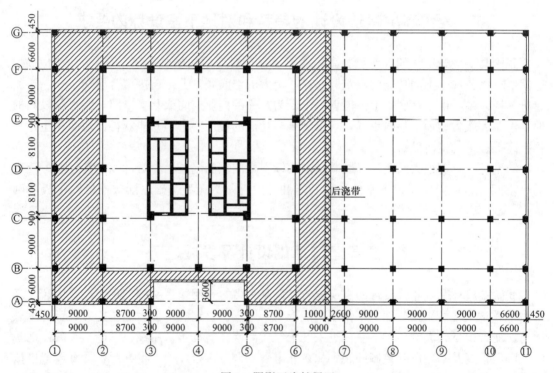

图1　阴影区为扩展区

富林广场高层主体地下结构及扩展范围如图1所示，图中阴影区代表荷载扩展范围。高层主楼基底面积为1390m²，荷载扩展后基底面积为2300m²，荷载扩展后高层主体基底压力减少39.6%，地基变形亦减少39.6%，工程竣工后地基最大压缩变形不到20mm，高层主体基底压力测试结果表明，高层主体的扩展部分的基底压力基本均匀分布。

本工程地下室平面尺寸为长88.5m、宽50.1m。地下室长度超过混凝土规范关于伸缩缝间距的规定，高层主体与裙房层数相差二十五层、高度相差85.55m，高层主体与裙房差异沉降及地下室超长是急需解决的问题，采用施工中预留后浇带（沉降后浇带和温度伸缩后浇带合二为一）解决以上问题，该项目超长地下室的设计，我们以分块施工、加强振捣、养护、掺粉煤灰、选择适宜的浇筑时间的措施为主，以温度应力计算为辅的方法，工程竣工至今结构现状良好。

　　本工程系基础设计技术创新,高层主体及扩展范围筏板厚度为 2m,既不用超厚筏板也不用桩基,充分挖掘沈阳市砂土地基承载力大、变形模量高的潜力,减少了建筑材料的消耗,是真正意义上的绿色建筑结构,经济效益非常显著,为高层建筑基础设计提供了全新的方法,有着广阔的应用前景。

结构自支护体系半逆作法在远吉大厦中的应用

林立岩[1]　温青培[2]　贾连光[3]
（1. 辽宁省建筑设计研究院有限责任公司；2. 沈阳中国建筑东北设计研究院有限公司；
3. 沈阳建筑大学）

【摘　要】　高层建筑与相邻建筑靠得很近时，深基坑的开挖和支护成为难题。本文介绍在远吉大厦工程中，成功地应用结构自支护体系半逆作法的经验。

【关键词】　深基坑；自支护体系；半逆作法

1　工　程　概　况

本工程为辽宁远吉房屋开发公司开发的远吉大厦，现名为"当代程式"，位于沈阳繁华的中华路上，东面紧邻七层住宅楼（南航售票处），见图1。该楼地上28层，高96.1m，其中1~5层为酒店，5层以上为写字间。地下共两层，地下一层为机械车库，层高4.80米，地下二层为设备层，层高为3.6m，见图2。结构形式为框支剪力墙结构，地上5层为框支层，采用钢管混凝土叠合柱，管内混凝土为C100高强高弹性模量混凝土，管外混凝土为C60，管内外混凝土不同期施工，5层以上为剪力墙结构。基础采用箱筏基础，底板持力于圆砾层上，地基承载力标准值为 $f_k=580kPa$，底板厚1.00m，基坑深−9.40m。

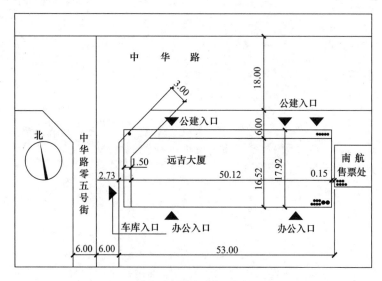

图1　总平面布置图

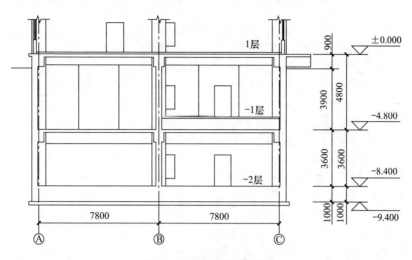

图 2　地下室建筑剖面图

2　基坑自支护体系

2.1　自支护体系方案选择

本工程基坑的支护采用自支护体系，即利用中间层楼板的井字交叉梁格形成护坡桩的内支撑，取代土层锚杆，见图 3。护坡桩采取钻孔压浆桩，桩径一律为 600mm，见图 4。地下室基坑采用半逆作法，这种做法避免了锚杆张拉对相邻建筑地基的影响，又使地下室总工期反而比打锚杆外支护的常用施工方法还提前。

2.2　自支护结构体系设计

自支护体系属于内支护体系的一种形式。它主要是利用两层地下室中间楼盖标高（−4.80m）处的水平构件作为护坡桩的水平内支护，使反向土压力相互抵消。当相对应的两侧墙处土压力大小不平衡时，可借助于桩外产生被动土压力来使之平衡，从而改善护坡桩的受力状态，使之提高支护能力。由于支护结构属于地下室的一部分，所以，并没有因支护而增加很多建筑物的造价。下面，我们具体介绍一下该工程自支护体系半逆作法的设计，见图 5。地下室共两层，内支撑梁设于地下一层−4.8m，即地下二层地下室的顶板标高处。按柱网尺寸双向布置。该支撑梁有三个作用：

（1）在地下室施工期，起护坡桩的网格状水平支撑作用；

（2）可搭设供地下−4.8m 标高以下提升取土和浇筑混凝土的运输通道和工作平台；

（3）地下室形成后为 T 形断面梁的腹板部分或箱基墙体的一部分，共同参加工作。

具体施工步骤如下：

（1）护坡桩施工。（包括桩顶圈梁）

（2）坑内挖土至−5.00m 标高处。

（3）护坡桩间喷设 C15 混凝土，防止桩后土流失，留渗水孔@1500，当内支护形成后堵严。

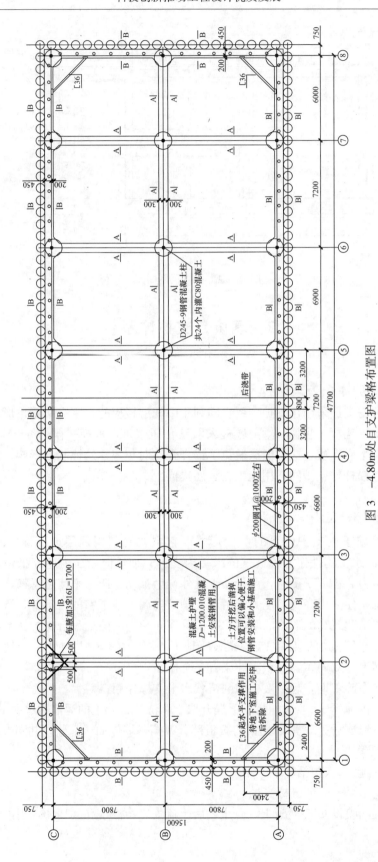

图 3 -4.80m处自支护梁格布置图

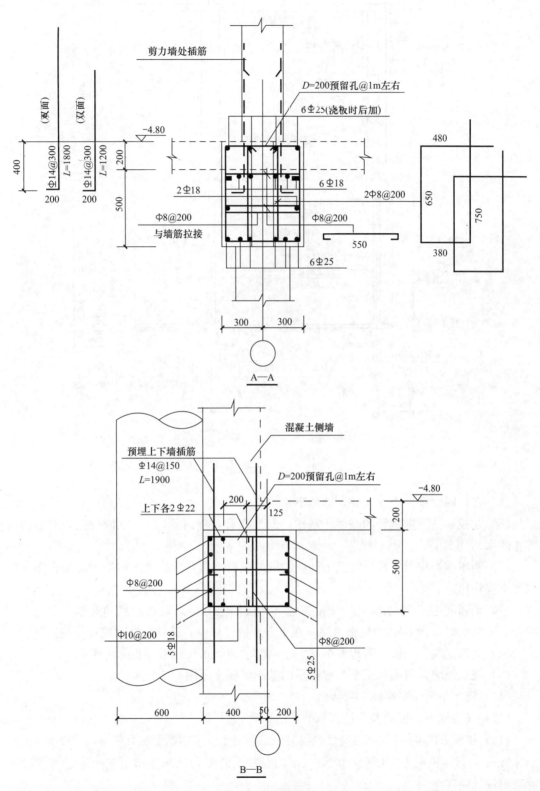

图 4　钻孔压浆桩

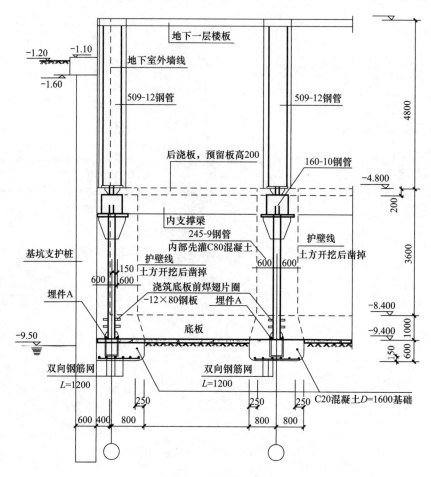

图 5　地下室剖面图

（4）在柱网轴线处作挖孔井，遇地下水时应先降水。

（5）在挖孔井下做钢管的临时小基础，安装钢管，浇筑管内 C100 混凝土，然后暂时停止降水。

（6）利用钢管柱为支柱，浇筑中间层的梁的腹板，使井字格梁与四周护坡桩顶牢，起水平支撑作用。

（7）梁强度达到 20MPa 后，开始挖地下二层的土方，同时再次启动降水工序。土方挖至 -9.40m 时，做 C10 混凝土垫层，在土方开挖过程中，随挖随凿除挖孔井的护壁。

（8）浇筑混凝土底板，若板面标高大于当时的地下水位则可停止降水作业。

（9）浇筑侧墙。内墙和地下二层柱子的外围混凝土采用 C40 混凝土。

（10）浇筑中间层梁格间的楼板。

（11）安装地下一层的叠合柱和核心柱的钢管。

（12）浇筑管内 C100 级高强高性能混凝土。混凝土要求达到免振自密实，低徐变，$f_c=44\text{N/mm}^2$，弹性模量 $E>4.1\times10^4\text{N/mm}^2$，混凝土的配合比和生产工艺应通过技术鉴定并取得设计院同意。

（13）浇筑地下一层的内外墙。

（14）浇筑地下室的顶板混凝土。为争取地下车库的净空，厚度控制在 200mm。

2.3　自支护结构体系特点

通过设计及施工的工程实践，发现自支护结构体系的特点如下：

（1）造价低，自支护体系的内支撑梁既为施工期间护坡桩的内支撑，又为箱基的一部分或中间层肋型楼盖的腹板部分，自支护体系取消了全部锚杆，缩短护坡桩长，适当加大桩距，减少了护坡桩的根数，大幅度节省了工程造价。

（2）施工简便、内支撑梁的作法与普通钢筋混凝土梁的施工方法完全一致。

（3）安全可靠，内支撑为普通的钢筋混凝土梁、其质量容易保证，即使有质量问题也容易被发现。也不像锚杆，施工质量不稳定，出现的质量事故也有一定的隐蔽性。

（4）由于基坑支护的可靠性极大，在建筑密集区建深基础时，可以紧贴着原有建筑物，本工程东侧原有建筑（7 层砌体结构）为条形浅基础，埋深 2.2m，而本基坑深 9.4m。原基础对本工程的基础支护产生很大的侧压力，若采用常用的锚拉式的外支护方案，利用大直径的单排灌注桩与锚杆组成挡土系统，很难保证支护没有变形，也很难保证相邻建筑的安全。

本工程的支护方案确保坑壁不会产生水平变形。因此，可以说自支护体系是当前解决相邻建筑深基坑支护最简单最有效的方法。

（5）外墙桩既起到了围护作用，又与地下室外墙浇筑在一起，形成桩墙结合，共同承担水平力和竖向力，并且当上部结构偏心时四周与侧壁连成一起的护坡桩是调整地基整体不均匀沉降的极为有效的措施，对桩内土体的约束也是提高整个地基承载力的有效办法。

3　小　结

该工程基坑工程采用自支护半逆作法，解决了高层建筑与相邻建筑相距很近时，深基坑开挖和支护的难题，节约了大量的人力、物力和财力。由于设计单位和施工单位的努力配合，在基坑上方搭建了一个覆盖整个基坑的大塑料保温棚，大棚支承在钢管桩上，棚上留有运输出入口和出气口，在棚内生取暖火炉，保持棚内的冬期气温为常温，能正常作业。远吉大厦做到了大面积、两层地下室的冬期施工且当年完工，使用效果良好，满足了建设单位的要求，这在沈阳市是第一次。

砂土地基上大直径桩的承载能力

林立岩[1]　刘忠昌[1]　林　南[1]

（1. 辽宁省建筑设计研究院有限责任公司）

【摘　要】　本文以 73 根支承于砂土地基上的人工挖孔桩的静载荷试验资料为基础，分析了桩的承载能力、沉降量与地基土、扩大端直径之间的关系，提出承载力和沉降量的计算公式，并建议用端阻力和沉降差的双控方法设计大直径桩基础。研究结果已被辽宁省《建筑地基基础技术规范》（DB21/T 907—2015）所采纳。

【关键词】　大直径桩；承载能力；沉降量

大直径桩，特别是带有扩大端的人工挖孔桩，在中国是被广泛采用的一种基础型式。当上部建筑为框架（包括框剪）结构时，一个柱子下面设一个桩，桩身和桩端尺寸可根据荷载和地基情况确定。在砂土地基上作大直径人工挖孔桩，具有沉降量小、承载能力大的特点，而以往在这方面的试验研究做得不够，有必要进一步加以探讨，使得这种桩的设计更加合理并进一步发挥其潜力。

1　大直径桩的端阻力

确定单桩竖向承载力的最基本而且最合理的方法是进行现场静载荷试验。在砂土、碎石土地基上的大直径桩作静载荷试验时，很难压倒也很难确定极限荷载，荷载—沉降曲线

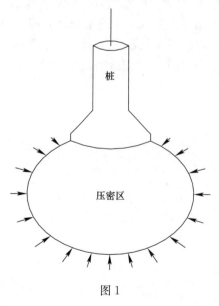

图 1

的变化率小，呈抛物线形，一般不出现显示极限荷载的拐点。这是因为大直径桩（特别是有扩大头时）的破坏机理与小直径桩不同，不会产生小直径桩所表现出来的刺入破坏现象，受荷过程中主要表现为桩端下土层的压密变形，受压区土体的压密又受到由于埋深而产生的四周土体的侧向约束。这种深层侧向约束非常有效，致使压密区土体具有很大的抗压强度并产生较小的压缩变形（图 1）。

由于极限荷载很难从试桩曲线上确定，因此对砂土地基上的大直径桩不能用极限承载力除以安全系数的方法确定其承载力允许值，而应采取控制沉降量的方法。允许沉降量根据当地的经验来确定。世界上许多国家的规范也是按桩的允许沉降量来确定大直径桩的竖向允许承载力的，如美国、日本、

德国等皆是如此。还有的国家规定取总沉降量等于扩大端直径的某一百分比值（如印度的 IS：2911 桩基规范取 7.5%）时所对应的荷载为极限荷载，然后除以安全系数得出允许荷载。

我们在编制沈阳市的地基基础技术规范时在砂土地基上作了大量的试桩工作，通过分析砂土地基上 73 根桩的试桩曲线认为，采取控制沉降量的方法确定大直径桩的竖向承载力是合适的；对于扩大端直径 $D=1.5m$ 的试桩，在荷载—沉降（$Q\text{-}s$）曲线上，取沉降量 s 为 1.2%D 时对应荷载为该桩的竖向承载力标准值 R_k 是足够安全的（图 2），因为在这一点以后的 $Q\text{-}s$ 曲线仍然有一段较平缓的线段，可以构成足够的安全储备；对不同扩大端直径 D 的试桩曲线分析还表明，当 $D<1.5m$ 时，与竖向承载力标准值 R_k 对应的沉降量还可大一些，对于 $D>1.5m$ 的桩则宜小一些。因此，在辽宁省《建筑地基基础技术规范》（DB21/T 907—2015）中对采用静载荷试验确定单桩竖向承载力标准值 R_k 规定，当扩大端直径 $D\geqslant0.8m$ 时，应在荷载—沉降（$Q\text{-}s$）曲线上取沉降量 $s=c\%D$ 时对应荷载为该桩的 R_k 值，c 值可按下式计算：

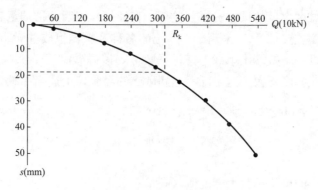

图 2　$D=1.5m$ 桩的 $Q\text{-}s$ 曲线

$$c=\frac{1.32}{D^{0.2}} \tag{1}$$

有了这个确定承载力的统一标准，我们对砂土碎石土地基上 73 根大直径桩的试桩资料进行分析，这些桩的桩端土质有中砂、粗砂、砾砂、圆砾、卵石等，其密实度不等，扩大端直径不等（$D=0.8\sim2.6m$），入土深度大多在 6m 左右。这些桩的桩端土在勘察时都采用重型动力触探方法连续试测，可以从勘察报告中得到桩端下一倍 D 深度范围内的平均动探击数 $N_{63.5}$。相关分析表明，桩端单位承载力标准值 q_D 值与桩端土重型动力触探击数 $N_{63.5}$ 值之间有很好的相关关系，经过线性回归统计，得到相关方程为 $q_D=157.52N_{63.5}-238.54$（图 3），其相关曲线为图 3 中的实线。考虑使用方便将上式简化为 $q_D=143N_{63.5}$，其相关曲线为图 3 中的虚线。

参加统计的试桩 q_D 值的取值标准，是按试桩沉降量 $s=1.2\%D$ 时所对应的荷载（扣除摩阻力部分）除以桩端投影面积确定。变量 q_D 与 $N_{63.5}$ 相关系数 $\gamma=0.883$，标准差 $\sigma=603.5kPa$，变异系数 $\delta=0.25$，属于中等变异性。这些数字表明相关方程式有工程使用价值。

由于桩端单位承载力标准值 $q_D=143N_{63.5}$ 是根据参加统计的 73 根桩，在 $Q\text{-}s$ 曲线上取 $s=1.2\%D$ 时求出的，实际工程中则应取 $s=c\%D$，因此应将上述 q_D 值乘以对应的沉降调整系数得：$T=\dfrac{c\%D}{1.2\%D}=\dfrac{c}{1.2}=\dfrac{1.1}{D^{0.2}}$。此外考虑到所统计的 73 根桩的桩端大多数以砾砂为

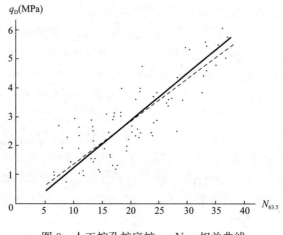

图 3　人工挖孔扩底桩 q_D-$N_{63.5}$ 相关曲线

持力层，根据沈阳城区大量的试桩资料（包括小直径桩）表明，桩端承载力主要与土的密实度有关，而密实度主要按 $N_{63.5}$ 来判断，与土的名称及颗粒组成并无明显的关系。因此，将承载力算式中引进一个桩端土承载力修正系数 η_s，以砾砂时等于 1.0，其他砂土和碎石土稍有变化，但变化幅度不大，这是既考虑到砂土的经验，也适当照顾到人们的一些习惯划分方法。则 $q_D = T\eta_s 143 N_{63.5}$，将 $T = \dfrac{1.1}{D^{0.2}}$ 代入得：

$$q_D = \frac{157\eta_s N_{63.5}}{D^{0.2}} \tag{2}$$

式中，q_D——桩端土的单位承载力标准值（kPa）；

　　　D——桩端扩底直径（m）；

　　$N_{63.5}$——桩端下 D 范围内土的平均重型动力触探击数；

　　　η_s——桩端下土的承载力修正系数，按表 1 选用。

桩端下 **D** 范围内土的承载力修正系数 $\pmb{\eta_s}$　　　　　　　　表 1

卵石	圆砾	砾砂	粗砂	中砂
1.1	1.03	1.0	0.95	0.90

2　大直径桩的沉降量

根据上述方法确定桩端单位承载力 $P_1 = 143 N_{63.5}$ 时，其对应的沉降量 $s = 1.2\% D$，又知桩的沉降量是与压强值成正比（分层总和法即此）、与 η_s 成反比，故当桩端实际压强为 P 时，实际沉降量 $S = 1.2\% D \cdot \dfrac{P}{P_1} \cdot \dfrac{1}{\eta_s}$，经换算整理得出桩端下 D 范围内为砂土和碎石土且无软弱下卧层时，入土深度为 6m 左右的桩的最终沉降量 s（mm）可按下式估算：

$$s = \frac{0.084 PD}{\eta_s N_{63.5}} \tag{3}$$

式中，P——桩端底面处平均压应力标准值（kPa）。

这个经验公式经过几十个桩基工程的实测检验，具有很高的精确度。

3　"双控"方法设计大直径桩

设计框架结构柱下桩基时，一般采用一柱一桩方式，应控制相邻桩基础沉降差在允许范围内。控制沉降差的方法目前最常见的做法也是我国一些桩基规范的做法，是调整桩端对地基的压强，利用一个与扩底直径 D 有关的承载力折减系数，当相邻桩压强相同而 D 不同，由于 D 大的桩沉降量要大，因此通过折减系数使 D 大的桩对地基产生的压强调小，使沉降量保持一致。目前有的桩基设计规范采用很大的折减系数，其目的是将所有的桩的沉降都调整到与 $D=800$mm 的标准桩的沉降相等。这种调整方法付出的代价太大，不能充分发挥大直径桩的承载力。通过沈阳市近几年在砂土地基上设计一柱一桩基础的实践表明，只要桩基的承载力标准值选用合适，桩的绝对沉降量是很小的，一般不超过 $1.2\%D$，而相邻桩的差异沉降量更是很小，完全可以控制在千分之二柱距范围之内；当相邻桩的荷载相差很悬殊时（如主楼与裙房或门廊柱之间），一般采取两部分分开施工，待各自的沉降稳定后再通过后浇缝相连结，这样也就消除了差异沉降引起的结构内力。基于上述观点，完全可以不必对桩的承载力按扩大端直径进行折减，只要设计时按式（3）对相邻桩分别计算沉降量并验算沉降差满足要求即可。若两个相邻桩的土质情况相同时，为简化起见并留有一定的余地，只要满足下式条件，即认为该相邻桩的设计符合沉降差要求。

$$\frac{Q_1}{D_1}-\frac{Q_2}{D_2} \leqslant 16LN_{63.5} \tag{4}$$

式中，D_1——相邻桩中较大的扩大端直径（m）；

　　　D_2——相邻桩中较小的扩大端直径（m）；

　　　Q_1——桩端直径为 D_1 桩在桩底面处所承受的竖向力标准值（kN）；

　　　Q_2——桩端直径为 D_2 桩在桩底面处所承受的竖向力标准值（kN）；

　　　L——相邻桩的中心距离（m）。

单桩的竖向承载力标准值由桩身摩阻和桩端端阻两部分组成，按下式计算：

$$R_k=u_p\sum q_{si}L_i+q_D A_D \tag{5}$$

式中，R_k——人工挖孔扩底灌注桩单桩竖向承载力标准值（kN）；

　　　u_P——桩身周边长度（m），有混凝土护壁时，按护壁外周考虑；

　　　q_{si}——桩周土的摩擦力标准值（kPa）；

　　　L_i——按土层划分的各段桩长（m）；

　　　A_D——桩端扩底投影面积（m²）；

　　　q_D——桩端土的单位承载力标准值（kPa），按式（2）计算。

因此，建立了对桩的承载力和沉降差的双控制设计方法，即先根据荷载情况验算桩的竖向承载力，确定桩端扩底直径，然后验算相邻桩的沉降是否满足允许沉降差的要求。这种验算方法已在沈阳地区使用多年，并已列入辽宁省《建筑地基基础技术规范》（DB21/T 907—2015）。

论软土地区高层建筑物采用砂石垫层地基的优越性

高达志[1]　　温成世[2]　　林立岩[2]

（1. 大石桥市建设委员会；2. 辽宁省建筑设计研究院有限责任公司）

【摘　要】 通过对大石桥市区的 6 栋高层建筑物上部结构类型基本一致，各建筑场地工程地质条件同属一个母体的工程对比，充分说明了采用砂石垫层地基建高层建筑物比采用沉管灌注桩基础和天然地基建高层建筑物具有多方面优越性。

【关键词】 砂石垫层地基；相关方程式；沉降量

1　前　言

大石桥市区上部地基土一般属于软塑—流塑状态的粉质黏土，其天然含水量大、压缩性高、承载能力低，可称为软土地基；下部为可塑—硬塑状态的黏性土。近年来在市区兴建了几十栋高层建筑物，有的建筑物仍按传统做法采用天然地基；有的采用桩基础，穿透软土层将桩端坐在下部可塑—硬塑状态的粉质黏土层上；也有的高层建筑物根据建筑物的体型、结构特点、荷载性质、地质条件、施工设备和当地材料来源等综合分析，采用砂石垫层法进行设计和施工，已收到较明显的经济效益、社会效益和环境效益。

辽宁省建筑设计研究院有限责任公司配合木石桥市建设委员会，在这方面做了大量对比研究。根据计划安排，以 6 栋高层建筑物作为对比研究对象，见表 1。其中 1、4、6 号楼采用砂石垫层。

对比建筑物具体情况　　　　　　　　　　　表 1

编号	建筑物名称	场地位置	地上层数	地下层数	结构类型	基础类型	地基类型
1	财政大厦	云桥广场	16	1	框剪	筏板	砂石垫层
2	农电大楼	云桥广场	16	1	框剪	沉管灌注桩	天然
3	国税大厦	南环路	13	1	框剪	箱型	天然
4	立德大厦	云桥广场	16	2	框剪	筏板	砂石垫层
5	云桥大厦	南检站东侧	15	1	框剪	桩筏	天然
6	地税办公楼	振兴路西侧	8	0	框剪	扩展基础	砂石垫层

根据 6 栋高层建筑物地基基础类型、建筑竣工时间和沉降观测进展情况，选财政大厦（称 1 号楼）作为主要研究对象，农电大楼（称 2 号楼）和国税大厦（称 3 号楼）作为比较研究对象。对 1 号楼采取跟踪施工进度分段总结研究，先后编写了"大石桥市财税楼地基土力学分层及地基处理"（1997.1.8）；"大石桥市砂石垫层地基施工质量保证措施"（1998.5.28）；"大石桥市黏性土地基沉降计算经验系数的修正"（2001.5.8）；本文属于第四篇总结文章，

也是最后一篇。编写时涉及上述内容，本文不再赘述，可参见上述文章相关部分。

2　场地工程地质条件比较

2.1　场地地形、地貌及其成因类型

通过对各工程场地调查和查阅勘察报告认定，各建筑场地均分布在市区内，地形平坦，地貌单元同属山间河谷冲洪积平原。

2.2　地基土的成因类型及其承载能力变化规律

地基土的成因类型受地貌的成因类型控制，各建筑物的主要持力层均为第四纪冲洪积粉质黏土层，局部夹有粉土和中粗砂薄层，粉质黏土层的塑性状态从上至下为由软到硬，承载能力从上至下逐渐增高。在 1，2，3 号楼场地分别取原状土试料 76、75、10 个（取掉少数软土夹层试样）做土工试验。试验结果表明，修正后承载力标准值 f_a 随样品深度 h 在增高，其线性关系特别密切。详见承载力 f_a 值与取样深度 h 散点图 1。

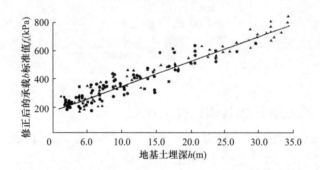

图 1　地基土埋深与承载力相关曲线

▲，●，■分别为财政大厦、农电大楼和国税大厦 h-f_a 散点

对散点 f_a-h 相关数据进行相关统计结果，得到相关方程式：

$$f_a = 175.51 + 15.87h \tag{1}$$

二变量相关系数 $\gamma = 0.9353$，方程式的均方差 $\sigma = 153.35\text{kPa}$。对相关方程和相关系数进行鉴定结果，属于相关密切高度显著型，充分说明大石桥市区地基地层的承载力随深度的变化规律。

分析几个工程地基土静力触探比贯入阻力 P_s 值，同样具有从上至下逐渐增大的规律（除掉少数夹层值），按 P_s 值确定的承载力标准值 f_k，也具有相同规律。

2.3　地基土的标贯击数与压缩模量的相关分析

在 1，2，3 号楼工程场地详勘过程中，在钻孔中对地基土做了标准贯入试验，并取原状土试样做土的压缩性试验，分别取得标贯击数 N 与压缩模量 E_s 对比试验数据 22，36，

6 组。对 64 组对比试验数据作 N-E_s 散点图 2，发现二者具有明显的相关性。

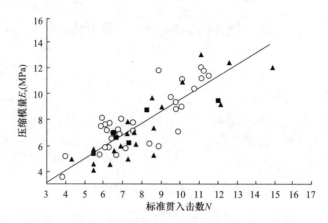

图 2　地基土的标准贯入击数与压缩模量相关曲线

▲，○，■分别为财政大厦、农电大楼和国税大厦 N-E_s 散点

对相关数据进行相关统计结果，得到相关方程式：

$$E_s = 1.02 + 0.80N \tag{2}$$

二变量相关系数 $\gamma = 0.8079$，方程式的均方差 $\sigma = 2.472$。对相关方程式和相关系数进行鉴定结果，仍属相关密切高度显著型。即在大石桥市区可采用标准贯入击数 N 值按（2）式计算确定地基土的压缩模量 E_s 值。

2.4　地下水埋藏条件和其成因类型比较

6 栋楼的勘察报告证明，各建筑场地的水文地质条件基本相同，地下水成因类型同属第四纪黏性土孔隙潜水，地下水稳定水位埋深一般在 3.0～5.0m 之间，但雨季浅些，旱季深些。水位变化幅度一般在 1.0m 左右。试验表明粉质黏土含水层含水性微弱，经水质化验证明，该地下水对基础混凝土不具腐蚀性或具微弱腐蚀性。该地区地下水受大气降水补给，由地下径流排泄。

3　建筑物的沉降观测

3.1　沉降观测的对比条件

进行沉降观测资料比较，必须是沉降观测基本条件相同或相似。1，2，3 号楼的沉降观测资料具有可比性，各工程场地工程地质条件基本相同，建筑物的层数、结构类型相同或相似。沉降观测均起始于 1997 年第三季度初，一直观测到 2001 年 5～6 月份。沉降观测水准点、观测点和观测用的仪器设备均按《建筑地基基础设计规范》（BGJ T—1989）采用。因 3 栋楼的地基基础类型有差异性，产生沉降的荷载、沉降与时程曲线也有差异性，见图 3。

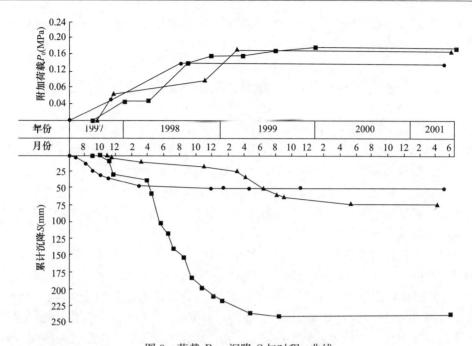

图 3　荷载 P_0，沉降 S 与时程 t 曲线

▲，●，■ 分别为财政大厦、农电大楼和国税大厦 P_0，S-t 散点

3.2　沉降观测结果的差异性及其原因分析

　　分析 1，2，3 号高层建筑物的沉降观测记录和"荷载与沉降时程曲线"，其沉降时间（Δt），最大沉降量 S_{max} 和最大沉降差 ΔS 有明显不同。详见表 2。

高层建筑物沉降观测结果　　　　　　　　　　　　　表 2

编号	建筑物名称	终载后沉降稳定时间 Δt(d)	最大沉降量 S_{max}(mm)	最大沉降差 ΔS(mm)
1	财政大厦	217	62	9
2	农电大厦	58	47	1
3	国税大厦	287	238	53

　　表 2 表明，农电大楼采用沉管灌注桩基础，将桩端坐入下部承载力大、压缩性较小的粉质黏土层中，终载后沉降稳定时间最短，约 2 个月；最大沉降量 47mm，最大沉降差为 1mm，属于等沉降类型。

　　国税大厦采用箱形基础，将基础底面坐在承载力小、压缩性大的软塑状态的粉质黏土上，终载后沉降稳定时间长达 287d，最大沉降量为 238mm，已超过新修改的国家地基规范最大限量 200mm 的要求；最大沉降差为 53mm，使建筑结构产生过大剪切应力，不利于结构安全。

　　财政大厦采用筏板基础，将基础底面坐在砂石垫层上，终载后沉降稳定时间为 217d，比国税大厦终载后沉降稳定时间稍短，这是因为除掉砂石垫层外，下部地基土层同属软塑—可塑状态的粉质黏土层所致。最大沉降差为 9mm，仅比农电大楼大 8mm，亦属等沉降类型，这是因为压缩性较小的 2m 厚砂石垫层取代了压缩性较大的粉质黏土层；又因砂石垫层压力扩散角大于粉质黏土层，使砂石垫层以下的粉质黏土层的附加压应力减小；砂石垫层施工时密实度控制的比较均匀。

4　在软土地区建高层建筑物采用砂石垫层的优越性

（1）3号楼箱形基础坐在软塑状态的粉质黏土层上，该类软土地基具有触变性和流变性。大石桥市处于7度地震区，在地震作用下，可使软土结构强度遭受破坏，大大降低地基土的抗压强度和抗剪强度，使楼体失去支承力，导致楼体倾斜、裂缝。

（2）1号楼采用2m厚的砂石垫层地基，取代了或部分取代了软土地基等，砂石垫层通过机械碾压密度加大，使地基压力扩散角θ值增大，下卧的软土层附加应力减小，从而减少建筑物沉降量；砂石垫层透水性较好，有利于软土地基的水分排出，缩短了地基土的排水固结时间，使建筑物沉降稳定加快；停止加荷后，历时217d沉降稳定完成，而3号楼沉降稳定时间为287d，是1号楼稳定时间的1.32倍。

（3）1号楼在砂石垫层施工过程中采取跟踪检测，可控制每层和任意点位的砂石垫层密实度，大楼最大沉降量为62mm，最大沉降差为9mm，均符合规范要求；而3号楼采用天然地基，其压缩均匀性较差，最大沉降量高达287mm，已超过新修改的国家地基规范最大限量200mm的标准；最大沉降差为53mm，使建筑结构产生剪切应力，不利于结构安全。

（4）1号楼采用砂石垫层施工速度快，从开挖砂坑起算，到铺设砂石垫层完成，工期最多10d；而2号楼采用沉管灌注桩，从打试桩开始，再经过试桩养护、试桩、打工程桩直到再养护，工期最少需要40d，是铺设砂石垫层工期的4倍。

（5）桩基施工缺点较多，按规范规定试桩数量只占总桩数1‰或不小于3根，数量太少；试桩在施工过程中免不了在质量上"吃小灶"，不具代表性；打桩还存在噪声、震害和严重扰民问题；由于地基土层承载力不均匀性造成设计桩长23m，有的打下去，但也有的只打入10m不再进尺，使有效桩长长短不一，桩体受力不均，过长的截桩还造成浪费；采用砂石垫层施工，可跟踪进行质量检测，发现问题及时纠正，避免工程质量问题。

（6）1号楼原设计采用桩箱基础，底板厚度1.5m，底板下采用大直径钻孔灌注桩，单算桩基部分造价98万元（未计入桩需复打所增加的造价）。经技术经济比较，改用2m砂石垫层代替桩基础处理软土地基，底板厚度减为1m，概算砂石垫层工程总造价约25万元，仅取消桩基础一项至少为建设单位节省工程造价73万元，尚未计算底板减薄0.5m的节约。当然，与2号楼桩基础和3号楼箱形基础比，可节省工程造价50％～70％。

（本文发表于朱浮声、陈殿强主编的"辽宁岩土工程技术"，东北大学出版社，2001年）

建筑物平移关键技术设计与分析

楼永林

（辽宁省建设科学研究院）

1　前　　言

　　20世纪90年代我国经济建设进入了高速发展的时期，其显著标志是交通与城市建设的发展，需要建设许多宽直的公路和城市道路，这就使一些已建房屋成为建路的障碍。是拆还是移？技术上与经济上谁更合适？这促使了建筑物平移工作的展开。经过近十年的实践总结，在多数情况下建筑物平移与拆除重建相比较可节省资金1/3～1/2，节省工期1/2～2/3，且对环保亦很有好处。另外，建筑物平移从技术上也逐渐完善，积累了许多经验教训，在此基础上国家标准《建筑物移位纠倾增层改造技术规范》也即将问世。虽然建筑物移位的原理较简单，即将建筑物底部用上梁加固、设置底滑道、安装钢滚轴、水平切断房屋、用千斤顶顶推就位，但由于移位建筑物构造的多样性，具体的移位设计构造与施工方法也具有多样性，只有通过实践不断地总结经验教训，才能使移位工程技术先进、经济合理。

2　上梁的位置与截面

　　通过上梁的设置，使房屋底部加固成一个具有一定刚度与强度的底盘。上梁下沿移位方向设置下轨道梁，在上、下轨道梁之间设置滚轴。滚轴设置完后，原有房屋的墙体或框架柱才可以水平切断，改变原传力系统为经滚轴的传力系统，这样就可以以原建筑物总质量的5％左右的水平推力使建筑物移位了。

　　上梁如何设计要根据建筑物不同构造采用不同方案。建筑物的构造特点主要是，承重方式（墙或柱），荷载情况（大或小），基础构造（深或浅）等。根据不同情况，上梁的位置与截面形式主要有以下几种：

2.1　墙（柱）内式

　　上梁截面完全在墙（柱）截面内，如图1所示。此种构造用于浅基础情况，上、下梁设置于地面下受限制。地基梁适当加固作为下轨道梁，上梁在室内地坪以上，不允许突出室内或突出室内待平移结束后需要再凿除。此种上梁构造设计虽简单，但托换施工较麻烦，需要分段托换，甚至为了使上梁的主筋连续贯通还需将后托换段墙的外层再凿去，这是非常费工的。

2.2　局部墙（柱）外式

上梁截面主要部分在墙（柱）截面内，部分在截面外，如图 2 所示。此种构造亦用于浅基础情况，与本文 2.1 类似。由于部分上梁可突出墙（柱）外皮，因此上梁主筋可布置在墙（柱）外皮，保证连续贯通，这样分段托换更方便些。

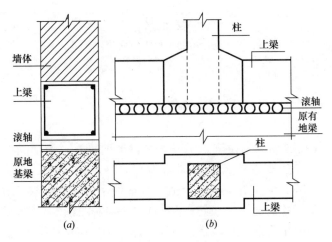

（a）　　　　　　　　　　　（b）

图 1　墙（柱）内式上梁
（a）墙构造；（b）柱构造

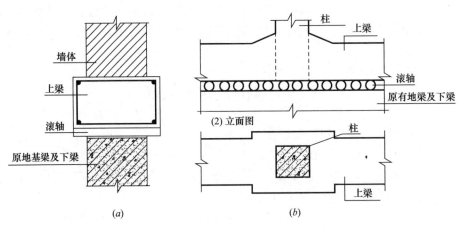

（a）　　　　　　　　　　　（b）

图 2　局部墙（柱）外式上梁
（a）墙构造；（b）柱构造

2.3　墙（柱）外式

上梁分两片布置在墙（柱）截面外两侧，如图 3 所示。此种构造适用于原基础埋置较深，室内地坪下有足够的高度布置上、下梁的情况。为了使墙（柱）荷载能够传给外皮的双梁，必须在墙（柱）中设置短横梁。这种构造托换施工较方便，也就是在墙（柱）外施工完全部上、下梁及设置滚轴后再截断墙（柱）。上、下梁有时也可用型钢制作，平移后可以回收。

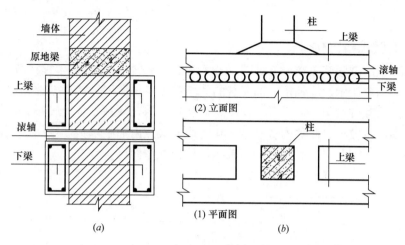

图 3 墙（柱）外式上梁
（a）墙构造；（b）柱构造

3 滚轴的布置

滚轴的布置，也就是建筑物平移时竖向传力系统的布置，它对上、下梁的结构影响很大，对托换施工的方便性也有影响。滚轴的布置有两种：较早应用的是滚轴线性均布；另外一种是笔者探索的、有一定间距的几根滚轴集中在一处的点式分布。

3.1 滚轴线性布置构造

滚轴沿房屋位移方向的墙（柱）轴线均匀布置，如图 4 所示。此种构造对荷载均匀的承重墙结构可使上、下梁承受横向均布压力，受弯、剪力很小，因此上、下梁截面较小，配筋较少。但当承受柱荷载或另一方向墙体传来的集中力较大的荷载时，欲使滚轴受力均匀，荷载均匀分布，则上梁的截面就要求较大，配筋亦较多；若滚轴受力不均，集中荷载作用于一小段上梁上，则因为要将集中力分布到地基土（或桩基）上，基础宽度要增大，桩基承载能力也要增大。从平移施工方面来分析，滚轴分布于墙（柱）两侧，对于截断墙（柱），施工很不方便；曲线与转向平移也就更不可能了。

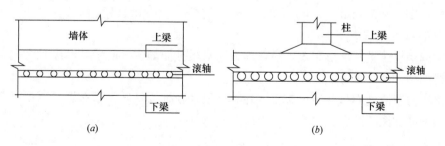

图 4 滚轴线性布置构造图
（a）墙构造；（b）柱构造

3.2　轴点式布置构造

将 5～10 根滚轴紧密靠在一起成为一个荷载点，按适当的间距布置在墙（柱）的上、下梁之间，如图 5 所示。滚轴按上部荷载的大小布置，再设置一些钢斜撑，尽量使每个滚点承受的竖向荷载较均匀，这样可以使下梁荷载较均匀，使基础宽度较小，单桩承载力较小，下梁的高度也较小。此种构造使上梁在柱边的滚点由加腋承担，柱间滚点由钢斜撑将力传给柱顶梁端，因此上梁大部分受力较小，构造配筋即可。

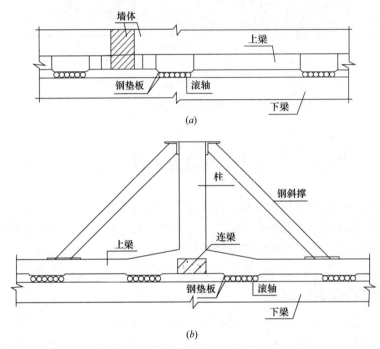

图 5　滚轴点式布置构造图
(a) 墙构造；(b) 柱构造

3.3　两种方案的对比分析

某 10 层框架结构，长 40m，宽 22m，沿横轴方向平移 30m。框架柱布置纵向间距 3m 左右横向跨度 8.9m＋4m＋8.9m。单柱荷载标准值 1400～3930kN。

1. 滚轴线性布置方案

上梁围绕柱子呈井字形布置，沿移动方向双梁截面如图 6 所示，沿纵轴方向起连系作用的双梁如图 6 (b) 所示。

下梁在房屋原址亦呈井字形布置，在移动段及新址段呈艹字形布置。下梁艹字形布置的截面及配筋如图 7 所示。

2. 滚轴点式布置方案

每柱用牛腿及型钢分荷斜撑使荷重传至 2～5 个滚点，每个滚点平均荷重为 625kN，滚点最大荷重为 800kN。仅在上梁柱子附近一小段牛腿按剪力选择的截面较大，大部分区

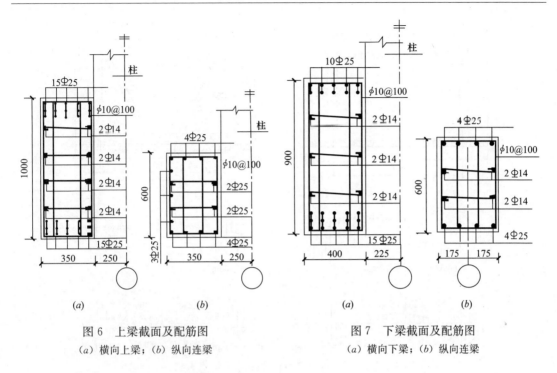

图 6　上梁截面及配筋图　　　　　　　　图 7　下梁截面及配筋图

（a）横向上梁；（b）纵向连梁　　　　　　（a）横向下梁；（b）纵向连梁

段仅为构造配筋，纵、横向上梁截面及配筋如图 8 所示。

下梁按 800kN 移动集中荷载设计，其沿移动方向梁截面及配筋如图 9 所示。另一方向不需设置连系梁。

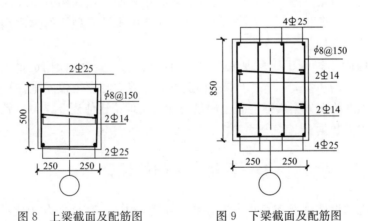

图 8　上梁截面及配筋图　　　　　　图 9　下梁截面及配筋图

3. 两种方案的对比分析

滚轴线性分布作用于上梁的反力为均布荷载，对于承重墙体的均布荷载，上梁在墙下时本身无弯剪力作用；对于柱的集中荷载，则上梁要转变为滚轴的线性均布荷重，上梁变为均布反力作用下的连续梁，这样梁、柱连接处就要承受较大的剪力与弯矩。

滚轴点式布置作用于柱边上梁的滚点荷载产生剪力与弯矩，但由于滚点距柱边距离一般在 0.5～1.0m 之间，因此剪力与弯矩不是很大。由型钢斜撑通过上梁传给滚点的荷载，对上梁只产生部分轴向拉力与压力，对上梁截面与配筋的影响很小。

下面以图 10 为例，对滚轴线性分布与点式布置内力进行分析比较。

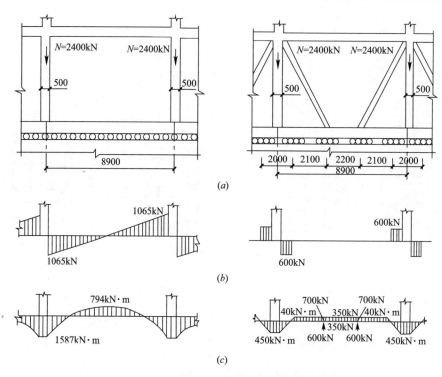

图 10　两种构造的剪力与弯矩图
(a) 构造图；(b) 剪力图；(c) 弯矩与轴力图

　　滚轴两种构造方案（图 6～图 9）实例对比结果表明，点式构造与线性构造混凝土用量比为 1∶2.21；钢筋用量比为 1∶3.85。点式构造中未计入型钢斜撑用钢量，型钢斜撑在平移就位后可拆卸回收。

　　滚轴两种构造方案（图 10）理论对比表明，点式构造与线性构造最大剪力比为 1∶1.78；最大弯矩比为 1∶3.52。由于点式构造方案的剪力与弯矩仅发生在柱边很小一段牛腿部分，因此点式构造方案实际混凝土用量与配筋比理论比值还要小，也就是更接近上述实例对比分析中的数据。

4　下梁与基础的设计

　　下梁与基础的设计对于节省平移费用和工期影响很大。其合理设计是，认真考虑上梁的荷载、房屋原有基础构造、场地土质与地下水条件等。

4.1　上梁的荷载

　　下梁与基础上作用的垂直荷载是由上梁下面的滚轴滚动传递的移动荷载。根据滚轴布置方案有线性均布荷载与点式集中荷载两种，上梁下传的荷载应尽量均匀，切忌忽大忽小。

4.2　房屋原有基础构造

　　房屋原有基础有条形基础、独立柱基与桩基础等。一般新房址基础基本上是采用原房屋基础构造设计，因此对于原房址与新房址区段下梁与基础的设计原则是尽量利用原基础的承载能力，对不足区段加固处理。

1. 原有基础为条形基础时的下梁设计

原有纵、横向条形基础承重的房屋，平移时改为仅横向（或纵向）条形基础承重，以此进行验算，大部分原基础承载力不足而需要加固。此时可以采用分荷措施，如在一些较大房间的中间加设一道滚道，例如教学楼、中廊式四道纵墙，就可在两教室中各增设一道滚道成为纵向六条滚道；横向在教室进深梁下加滚道，这样原基础可能就不需要加固了。若基础承载力仍不够，则可加大底面宽度处理。

条形基础的下梁结构计算较简单，对于线性均布上梁荷载其下梁按构造设计即可；对于点式滚轴上梁荷载其下梁按均布地基反力与滚轴支点荷载的倒连续梁分析计算。

2. 原有柱下独立基础的下梁设计

柱下独立基础具有较大的承载能力，可用作下梁基础。若仅利用柱下独立基础做下梁基础设计下梁，由于基础间距太大，下梁设计就不经济了。因此宜进行方案比较。若持力土层较浅可采用独立基础间加设钢筋混凝土条形浅基础方案，基础与下梁整体设计制作；若持力土层稍深，在 3~4m 左右，可采用独立基础间加设毛石混凝土挖孔墩基础，下梁为墩间梁；若持力土层更深，在 5~9m，且地下水位较深，则可采用在独立基础间加设人工挖孔桩基础，下梁为桩间梁；若持力土层较深且地下水位较浅，可利用原有房屋梁、柱作为反力支座，压入预制桩，下梁为桩间梁。

下梁的设计计算对于加设钢筋混凝土条形基础可按上述条基方案进行。对于独立基础间加设桩（墩）的设计，其桩（墩）按上梁均布线性荷载与桩（墩）间距乘积或最不利点式滚轴布置荷载来计算单桩（墩）荷载；其下梁设计按连续梁上作用均布线荷载或滚点最不利位置计算弯矩与剪力。

3. 原有桩基的下梁设计

根据原有桩基的布置形式是墙下条形布置还是柱下集中布置，可按原有条形基础与独立基础考虑；对于无桩基的下梁可按地基土持力层深度采用浅基、墩基或挖孔桩基础进行计算。

4. 空移段下梁与基础设计

原有房屋与新址房屋间的平移段称为空移段，其下梁与基础的设计主要取决于地基土持力层的深浅与地下水的分布。从实践经验看，浅基础由于下梁与基础整体构造设计，最经济；其次是墩式基础、挖孔桩与其他桩基。

5　平移方向的调整

平移中有方向调整问题，如直线平移，曲线平移，纵、横向转角平移及原地转角平移等。根据工程探索与实践叙述如下：

5.1　直线平移

当采用线性布置滚轴与点式布置滚轴时，滚轴不断地从后端脱出，又不断地从前端加入。为了保持沿某方向直线平移，应沿下梁面弹出行进直线，加入滚轴时应沿直线垂直安放。当发现建筑物偏移直线一定距离时，可及时将后加滚轴向正确方向偏转一微小角度安放，这样滚动时，建筑物就会回到正确的位置，滚轴仍垂直行进，直线安放。

5.2　曲线平移

当建筑物需直线平移一段距离后再转动一个小角度时，可以设计为沿曲线平移。只有点式布置滚轴方案才能实行曲线平移。根据滚点曲线行进的轨迹线分布可以设计为曲线底梁或筏板式底板。在底梁（或底板）上预先绘出各上梁滚点的运行轨迹曲线。滚轴垂直曲线布置安放，平移时将底梁面垫铁板也沿曲线安放。这样建筑物就会沿曲线行进了。

5.3　纵、横向转角平移

建筑物沿纵轴方向平移一段距离后再改变移动方向，沿横轴方向再平移一段距离。此时亦只有采用点式滚轴布置方案才可实施。在上梁与滚点设计时，必须同时设计满足纵向平移与横向平移的两套受力系统的滚点、上梁及斜撑。施工时滚轴沿先平移的方向安放，另一方向只施工滚轴上铁板埋件、上梁及斜撑。下梁设计根据行进方案，先设计纵向下梁，到位后再设计横向下梁。纵向平移差 3 块底铁垫板宽度距离时，可按图 11 所示方法用底铁垫板逐步垫砂增高的方法，使到位后的底铁垫板下约有 9mm 厚的砂垫层。然后逐个在横向滚点下安放滚轴、底铁垫板及板底砂层，再将相邻纵向滚点底铁垫板下的砂层去掉，拆下滚轴及底铁垫板用于另一方向滚点安放。全部托换完毕，即可横向平移，底铁垫板下垫砂通过逐步减少至完全不垫。

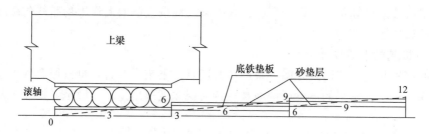

图 11　滚轴支点升高示意图

（注：图中数字为砂垫层与底铁垫板高度，单位 mm）

5.4　原地转角平移

原地转角平移亦只有采用点式滚轴布置方案才能实施。其方法类似于前面所述的曲线平移方案，一般采用筏式底板方式。与曲线平移不同的是，在上梁的转动中心设置转动轴套管，套管中插入钢棒，其下段固定在底板中。转动施工中应根据各推动点的运动方向布置千斤顶的方向，每次千斤顶的顶升行程应根据该点距转动中心的距离计算。

第五篇
建筑物的加固改造与鉴定咨询

　　20世纪八九十年代和21世纪初，曾在辽沈地区活跃着三个技术咨询单位，一个是辽宁省土建学会建筑结构咨询部，另外两个是沈阳市土建学会建筑工程咨询设计研究所和沈阳市岩土工程学术委员会技术咨询部。三个单位几乎是一班人马，由省建设厅和市建委主管学会和设计工作的伊玉成、奚克路、王天锡、李国华、芦德惠等人领导。它聚集了辽沈地区年富力强的中青年技术骨干，在"自强不息，厚德载物"的格言指引下，这些天性喜欢创新，从不墨守成规的中年专家，本着"安全、适用、经济、美观、技术创新、结合国情"的设计咨询原则，承担着沈阳基建工程中不断涌现的重大疑难问题的咨询工作，取得了一系列有价值的成就，进入21世纪以后，这批人大多年事已高，大多退居二线，已逐渐被年轻人所取代，当年的三个咨询部也相继停止作业。

　　为了纪念他们在风华正茂时代的业绩，现将一些建筑难题的咨询，建议和建筑加固改造方面的做法倡议加以收集整理，分别追述介绍如下，供大家参考。

　　大部分项目都是集体努力的产物。许多项目由勘察设计单位牵头，与高等学校、科研单位共同完成的，在此我们向曾参加咨询、改造项目的各单位表示衷心的感谢。

本章编辑　李庆钢　杨荫泉

对铁路沈阳站站舍去留的大辩论

　　老沈阳人的记忆中，铁路沈阳站是伴随其人生成长的历史建筑。20 世纪五六十年代，大量分配来沈阳工作的南方人，从沈阳站下火车，回望那白色线条装饰起来的红砖大楼和楼中央顶部圆弧形的深绿色穹顶，"啊沈阳！你将是我的第二故乡！"

　　在 20 世纪 90 年代，沈阳站开始进行第一次技术改造。当时建筑学界对老沈阳站的老站舍究竟是拆掉重建还是加固改造，保留原样曾进行了一场激烈的学术争论。争论的一方是沈阳的著名建筑师和规划师，他们认为沈阳站已是百岁高龄，结构老化，不能抗震，又没有上下水和空调设备，加上室内空间窄小，不满足现代化交通建筑需求，建议拆除，重建一个现代化的，能展示沈阳风貌的标志性建筑。

　　辩论的另一方是几个结构工程师。他们认为应保护好历史建筑，现代技术完全可以对该建筑进行加固改造，使之在"修旧如旧"的原则下，变成一个功能完善，可以抗震的坚固建筑。其具体意见为：

　　（1）承重外墙是最主要的抗震承重结构体，由于该墙的总高不大，承重量也不大，且墙厚较大，墙梁很宽，具有很大的承载潜力；由于建筑已使用近一百年，其中砌体已开始粉化，建议对局部因水浸、局部受撞等因素，受损的墙面采用钢绞线网片—聚合物砂浆进行抹面（沈阳因当时无这种材料改用细钢筋网水泥砂浆）加固处理；在楼盖处和顶部增设钢筋混凝土圈梁，与内部新建的楼盖和屋盖连成整体，提高其抗震性能；原来墙面为棕红色清水墙，抹钢丝网水泥砂浆后墙面被覆盖，为保留其岁月的沧桑感，留住老沈阳人的乡愁，在外墙面加贴棕红色面砖，墙面的线角装饰均严格保留与原做法一致。

　　（2）支承楼盖的柱子原为砖砌体，更不抗震，建议改用钢筋混凝土柱托换，并可适当加大跨度满足使用功能。

　　（3）木楼盖（包括木地板、木梁、木吊棚）既不防火，与外墙的连接不牢，也不抗震，建议改为现浇钢筋混凝土肋型梁楼盖，四周通过圈梁与外墙连结。

　　（4）柱基础原设计为砖砌独立柱基，改用人工挖孔灌注桩，一柱一桩。

　　（5）屋盖原为木屋盖，建议改为钢屋架，保证外形与原来一致，原屋顶有个圆球形的穹顶，也是木结构，建议一并改为钢结构，若觉得尺寸太小，可以适量增高增大。

　　（6）室内天棚的装饰做法尽量保留原有图案。

　　对主站舍周围的环境进行改造，使之在风格上与主站舍协调，形成一个和谐统一的中华民国早期中西合璧风格的建筑群。在中华路与太原街交汇处原来新建一个立交过街天桥，它大大破坏了沈阳站的远景景观和站前道路放射形辐射网的欧式布局规划，现在当地已建了地下通道，地上的过街天桥应予拆除。

　　第一次辩论会后，双方的意见未能统一，后来建筑师们退了一步，认为可原封不动保留原建筑，但只能从外部去欣赏，为了安全，进站的人流不得进入室内，只能从该建筑的两翼山墙外绕过穿越,在周围再布置建造各种新站舍建筑。这一意见受到车站管理部门的反对,最后沈阳铁路局的领导经过慎重研究,完全同意我们结构工程师的建议,让我们再去开会,开会时已经没有见到原来的参加讨论的建筑师。我们建议由铁路局设计院来进行加固改造设计,鼓励他们好好设计,将来将沈阳站建筑群和站前放射状路网规划,一并申请成为不仅是沈阳的而且是全国的历史建筑文物。

沈阳站老照片见图1,新沈阳站照片见图2。

图 1　沈阳站老照片

图 2　新沈阳站照片

(参加咨询的有辽宁省土建学会建筑结构咨询部林立岩、邓子林、李豪邦、杨荫泉、唐崑仑等)

沈阳老北站应作为历史建筑传承下来

　　20 世纪 90 年代初，沈阳新北站建成使用后，在沈阳掀起一场是否将座落于和平区总站路 100 号，建成于 1930 年的老北站（奉天总路）拆除，在原址新建沈阳铁路分局办公楼的争论。沈阳铁路分局长期没有正规的办公楼，新北站建成后业务不断发展，急需新建办公楼，加上当时老北站并未列入我市的历史文物建筑，不属于保护建筑范畴。所以产权单位沈铁分局有权自行拆除建新楼，并要坚决执行。

　　当时的辽宁省建筑学会理事长伊玉成同志在报纸上发表见解，提出老北站应作为历史文物建筑保留下来，可改为铁路历史博物馆使用。报纸上的争论十分激烈，连驻沈阳的外国领事馆的人员也参加笔战。我们学会咨询部的人员是坚决支持伊玉成的。

　　认为不应拆除的论点为：

　　（1）老北站是历史建筑。始建于 1927 年，1930 年建成使用（图 1）。之前，为发展民族铁路运输业，新建了从关里经过沈阳直通吉林市的铁路（当时叫吉奉路后改称北宁路），要在沈阳新建一个客运站叫奉天总站，以打破和摆脱由日本帝国主义所垄断的南满铁路的控制。且奉天总站要超过日本人控制的奉天驿（沈阳站），曾是东北入关的始发站。

　　（2）奉天总站建成后，不仅规模超过了奉天驿，而且形象、风格都要强于当时奉天驿和北京前门的火车站，成为我国当时最大的客运站。长了中国人自己的志气，从 1930 年到 20 世纪 90 年代末共为中国的铁路交通服务了 70 年，是一个不折不扣的历史建筑。

　　（3）奉天总站的设计人是杨廷宝，他于 1925年在美国宾夕法尼亚大学建筑系毕业（与梁思成是同学）。由于学习成绩优秀和获得几次北美建筑设计奖，毕业后在北美及欧洲享有盛誉的保尔

图 1　沈阳老北站

·克芮建筑事务所工作两年，获得了西方建筑设计的宝贵经验，在美国已是建筑界的名人。当他获悉要新建奉天总站的信息后，谢绝保尔·克芮事务所的挽留毅然返回北京。报效祖国是他的最大心愿，赶赴奉天参加竞标，最后获胜。新中国成立后，杨廷宝曾任世界建筑师协会的副主席，奉天总站是杨廷宝回国后设计的第一个大型公共建筑项目。

　　（4）奉天总站的科技学术水平是很高的，建筑布局合理，采用中西融合的建筑风格，空间关系明朗。其中央候车大厅高 25m，跨度 20m，进深 30m，大厅中间无柱、极为雄伟壮观，两翼采用对称式复杂框架结构，共三层，一层为旅客用房，二、三层作为站务行政使用。提供充足的辅助使用面积。其总面积超过俄国人设计的哈尔滨站和日本人设计的长春站、奉天驿和英国人设计的北京前门火车站。中央大厅的屋面结构采用钢筋混凝土带肋筒壳结构，呈半圆拱形，这是当年我国跨度最大的空间结构，筒壳产生巨大的水平推力，

由两边各三层框架结构的水平刚度来抵抗，设计概念和施工难度堪称达到当时世界的最先进水平。

　　奉天总站的历史文物价值之所以得不到社会的承认，主要原因有三：一是当年很多人都不认识杨廷宝其人，特别是铁路及沈阳市规划方面的领导；二是奉天总站的建筑结构突出优点长期被埋没，没有得到宣扬；三是该建筑长期未加保护，立面的线脚和墙面破损严重，当时外墙面上还刷着黑漆作防空伪装，显得非常阴森凄凉。在西方，大凡名人搞得名建筑都被当文化遗产保留。杨廷宝被公认是"南杨北梁"中国两大建筑大师之一。在美国学建筑，最有名的学校是宾夕法尼亚大学，他们俩是同学，学成归国后梁思成在传统建筑文化研究方面不断写下大量古建著作；杨廷宝重在工程实践，在天津、南京、北京、上海、沈阳等地留下大批精美的建筑作品，曾担任过东南大学建筑系主任、校长，生前还一度担任世界建筑师协会副主席。在沈阳，他设计的建筑除老北站外，还有东北大学老校园中的许多建筑，大帅府西院红楼群，同泽女子中学等。20 世纪 80 年代，我们曾为当时的辽宁省档案馆（在东北局院内）做过结构技术鉴定，看到一张由杨廷宝亲自设计并签字的建筑图纸，可能是当年为东大设计的一个系馆的图纸，非常精美，使我们深受惊喜。

　　沈阳铁路分局的一些同志非常固执，拆意坚决，而且很快要付诸行动。我们在败局已定的情况下做出一个折中建议，结果还是意外得获得了对方的勉强认可。这个折中的建议为：在中央大厅采取临时内部增层改造方法，利用 25m 高的中庭上下分割两部分。上部10m 高保留大空间当大会议室用，下部分 15m 高新建分隔出三层，与原有建筑结构上、下分离，互不影响，临时新增加 $1800m^2$ 的办公面积，再加上两翼原有面积 2000 平方米，总计有 4000 多平方米，缓解分局办公的燃眉之急；此外，在东部室外的已有空地上，隔一段距离，在不影响老北站的景观效果情况下，新建一栋新的办公楼（图 2），作为沈阳铁路分局永久办公楼使用。待新楼建成后，立即将原来老北站腾出，将新增加的内部临时楼层全部拆除，恢复原建筑内外原貌，作为沈阳市的不可移动建筑古迹传承下来。

图 2　老北站全貌

　　我们的建议得到铁路分局的认可，伊玉成理事长和我们都喜出望外。我们免费帮助原大厅的内部增层设计及外部新办公楼的协作设计。很快，这两项设计都建成了。但新的失望又产生了，分局领导搬进老北站后就不想再搬出来，并且还把上面的大会议室改作室内训练馆使用，室内设施也不断升级，单间办公面积不断增大。后来规划部门还批准在老北站西边紧邻老建筑，新建又一幢高层办公楼，高于原站舍大楼，大大破坏了建筑空间环境。

　　不管怎样沈阳老北站总算暂时被保留住，留有今后复原的余地。

　　吉奉（吉林到奉天）铁路和京奉铁路都是由国内投资，由国内技术力量设计修建的民国初期的铁路，它不受日本控制的南满铁路的控制，所以深受当时中国人的钟爱。我们设计院（原辽宁省建筑设计院）最早的总工程师曾向我们介绍他当年（1930 年）从吉林去北京的一次逃难求学之旅，本来国家危难之际，心情很不好，从吉奉站的起点站，吉林总站（原名黄旗屯站）上车，首先看到由我国著名女建筑大师林徽因（梁思成之妻、杨廷宝的留美同学）于 1927 年设计的站舍，心情顿然振奋。该站舍造型如雄狮伏卧，狮尾巧妙地设计成钟塔，象征着中国人民如雄狮初醒，对帝国主义的侵略行径不甘示弱，堪称我国近代建筑史上的杰作之一（图 3）。沿途经过众多的中小型车站站舍如海龙站、梅河口站、抚顺站、东陵站、沈阳东站（图 4）等都是中国人设计的，都很有特色，都具有强烈的标志性，很令人振奋。然后火车进入奉天总站，这正是杨廷宝的杰作，造型庄重文雅，设计新颖独特，是当时沈阳最宏伟的城市建筑之一。老工程师说："1930 年从吉林去北京已有直通车，我特意从沈阳转车，一是拜访在沈工作的几位老同学，同时看看新建成的奉天总站和奉天的新变化（1931 年之前几年正是奉天建设发展最快的时期）。然后同学们送我上京奉线，沿着那条也是由中国人早期修建的线路入关。詹天佑曾负责过京奉铁路山海关到沟帮子段的技术工作，车过詹天佑亲自设计的锦州女儿河大桥，桥墩使用当年世界上最先进的气压沉箱法施工的，我目不转睛地张望，心情特别自豪。"

应该说从吉林到山海关这段铁路线凝聚了中国早期浓厚的铁道文化和建筑文化。这条铁路整体上应作为中国历史遗产加以保护和传承，吉林总站建筑早已被吉林省定位为不可移动的历史文物古迹，现在维护的非常好（图 4），成为吉林市亮丽的国宝。我们的奉天总站现在却是一幢随着时光流逝而逐渐衰败着的过气老屋。我们希望不久的将来总站也会成为沈阳市民所喜爱的，看得见摸得着的亮丽的国宝。

图 3　吉林总站

图 4　沈阳东站

辽宁省土建学会建筑结构咨询部

（本文由林立岩执笔完成）

沈阳市政府大楼抗震加固及增层改造

林立岩[1]　单　明[1]　吴　波[2]

（1. 辽宁省建筑设计研究院有限责任公司，沈阳；2. 哈尔滨建筑大学，哈尔滨）

1　工　程　概　况

原沈阳市政府大楼建于 20 世纪 30 年代，1935～1937 年建成投入使用，由东南楼和西楼两部分组成，前者建筑面积 10766m²，后者建筑面积 4640m²，总建筑面积 15406m²。大楼为现浇钢筋混凝土框架结构体系，共 4 层（半地下室、地上一、二、三层），建筑中央加设三层高塔楼，室外地面以上总高度 27.8m。

作为近代保护建筑的市政府大楼已有 60 余年的历史，其现有建筑面积已经不能满足要求，1997 年 2 月市政府办公会议决定在保留大楼原建筑风格的条件下增加两层，增层后总建筑面积 2.4 万 m²，增层改造后建筑总高度 36.9m。

沈阳市政府大楼使用年限已超过半个世纪，由于建造年代久远，设计图纸等技术资料已无从查找，且当初的设计根本没有抗震设防的概念，加上当时的沈阳市长要求我们在总工期 100 天内完成增层设计和施工任务，且大部分房间在施工期内应基本正常办公，因此抗震加固及增层设计的难度非常大，我们对几种不同的增层设计方案进行了充分论证，由于时间紧迫地基基础只能挖潜，根本没时间加固地基基础，原结构中不能采用加现浇钢筋混凝土剪力墙等既费时、费工又增加结构重量的方案，最后决定采用摩擦阻尼器对市政府大楼进行抗震加固再增两层现浇钢筋混凝土框架的方案。

2　鉴定加固前存在的主要问题

（1）由于建造年代久远，原设计图纸等技术资料已无从查找，因此，缺乏鉴定加固的第一手资料。

（2）建于 20 世纪 30 年代的该大楼，根本没有进行抗震设防。

（3）原三层（不包括半地下室）的沈阳市政府大楼增层后为五层，增两层后基底压力大约为增层前的 1.45 倍，为保证政府一层楼的正常工作，不容许进行地基基础加固，因此，科学挖掘沈阳砂类土地基承载力是增层设计中急需解决的问题。

3　沈阳市政府大楼结构检测报告的主要内容

（1）基本柱网尺寸为（2.4m＋7.4m）×5.5m 和（6.9m＋2.8m＋6.9m）×5.5m，半地下室柱截面为 0.60m×0.60m，其余各层柱截面为 0.50m×0.50m，梁截面为 0.25m×

0.6m 和 0.25m×0.4m，现浇楼板厚度为 0.12m。

（2）框架柱梁箍筋配置为 Φ9@300 的方形箍筋，梁端、柱端箍筋未加密。

（3）梁板柱等构件的混凝土等级实测为 C18。

（4）独立柱基础，地基持力层为粗砂和砾砂。

4　摩擦阻尼器抗震加固设计

4.1　采用摩擦阻尼器进行抗震加固方案的形成

建筑结构抗震加固的传统方案是在"硬抗"上作文章，对于已使用 60 余年的市政府大楼的抗震加固若采用"硬抗"的方案将产生诸多新的问题，抗震加固另辟蹊径是摆在面前的一道必须攻克的难题。我院总工程师、中国工程设计大师林立岩教授提出"以柔克刚"的抗震设计概念，对建造年代久远的建筑进行抗震加固时应从耗能减震上作文章，具体措施是在原结构的某些部位安装摩擦阻尼器，当楼层层间位移角达到设计控制值时，摩擦阻尼器开始滑动耗散地震能量，从而减小地震对主体结构的作用。该方案还有施工速度快、造价较低、对市政府办公环境干扰小的优点，经过反复分析和比较后形成方案。

4.2　摩擦阻尼器抗震加固设计

本工程摩擦阻尼器的设置位置受到了原建筑各个房间业已形成的使用格局的限制，经过与市政府多次研究协商，最后确定了摩擦阻尼器的设置位置，一～三层的典型平面布置见图 1（图中粗虚线代表摩擦阻尼器）通过时程分析对加固后的结构作弹塑性变形验算，

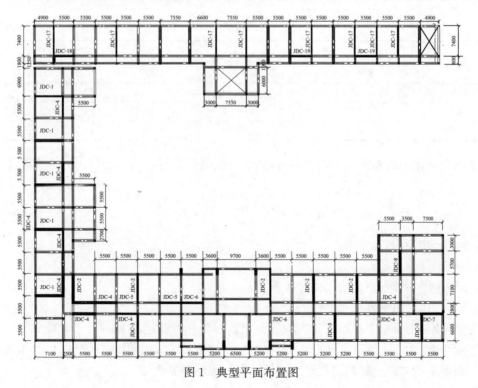

图 1　典型平面布置图

基于对 7 度抗震设防对应的大震作用下楼层层间位移角限值的控制，确定摩擦阻尼器的数量，本工程共使用 138 套摩擦阻尼器。每套摩擦阻尼器主要由横板、竖板、十字型板和摩擦片按一定的方式由高强螺栓、普通螺栓紧固在一起。摩擦阻尼器的主视图、俯视图和侧视图以及摩擦阻尼器与主体结构的连结见图 2。横板、竖板和十字型板均为 Q235 钢；摩擦片由钢纤维、石墨和胶等材料组成。加工时，摩擦片通过高温直接固化到横板上。安装时，摩擦阻尼器通过联结板和斜撑与结构连结。

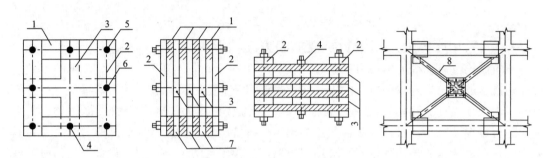

图 2　节点详图

1—横板；2—竖板；3—十字形板；4—M30 高强螺栓；5—M33 高强螺栓；

6—M30 高强螺栓；7—摩擦片；8—斜撑

国内外研究结果表明，斜撑刚度与所在层层间刚度之比等于 2～5 时，摩擦阻尼器对结构的控制效果较好。根据本工程摩擦阻尼器的实际安装数量，选择两根型号 20 的槽钢（背对背，中间间隔 20mm）作为实际斜撑。通过计算可得结构某层某一方向所有斜撑的水平刚度与该层该方向层间刚度比见表 1。

层间刚度比　　　　　　　　　　　　　　　　　　　　表 1

楼层	东南楼		西楼	
	东西方向	南北方向	东西方向	南北方向
一层	3.83	3.43	4.41	3.43
二层	4.06	3.21	4.41	3.43
三层	2.74	2.95	3.87	3.43

摩擦阻尼器中高强螺栓上施加的扭矩 M 与该阻尼器对结构的控制力 F 之间存在如下关系：

$$M = \phi \cdot D \cdot \frac{F}{n\mu} = \frac{\phi}{\mu} \cdot D \cdot \frac{F}{n} \qquad (1)$$

式中，ϕ——扭矩系数；

　　　D——螺栓直径；

　　　μ——摩擦片与钢板之间的摩擦系数；

　　　n——每套阻尼器中摩擦面的个数。

为了确定式（1）中参数 ϕ/μ 的取值，我们对所用摩擦阻尼器进行了性能试验。试验时摩擦面个数 $n=2$，高强螺栓直径 $D=12\text{mm}$。通过对试验结果的整理得 $\phi/\mu=1.33$。东南楼和西楼不同方向上每套阻尼器所提供的实际控制力见表 2。

东南楼和西楼不同方向上每套阻尼器所提供的控制力　　　　　　　表 2

楼层	东南楼				西楼			
	东西方向		南北方向		东西方向		南北方向	
	M (N·m)	F (kN)	M (N·m)	F (kN)	M (N·m)	F (kN)	M (N·m)	F (kN)
一层	1071.8	161.2	916.5	137.8	1253.5	188.5	1432.5	215.4
一层	1301.2	195.7	1122.7	168.8	1504.8	226.3	1433.2	215.5
三层	1142.3	171.8	992.0	149.2	1257.2	189.1	1357.9	204.2

5　四、五层现浇钢筋混凝土框架结构设计

（1）增加两层层高分别为 3.3m 和 3.6m，结构柱网同原结构，柱截面尺寸 400mm×400mm，框架梁 300mm×400mm 及 300mm×600mm，楼板厚 120mm，混凝土强度等级皆为 C30，钢筋为二级钢。

（2）框架填充墙：外墙皆采用轻质 GRC 保温板，内墙为 GRC 空心墙板，既满足节能的要求又减轻墙体自重。

（3）结构整体分析计算采用中国建筑科学研究院编制的《高层建筑结构空间有限元分析与设计软件 SATWE》。

（4）增层框架柱纵向钢筋为 8Φ25，纵向钢筋在原结构柱顶采用钻孔粘结构胶植筋的方式生根，钻孔深度为 380mm，通过现场拉拔试验抽样检测植筋的锚固效果。

6　增层设计中地基承载力及变形的研究

6.1　地基承载力的研究

增层后独立柱基础底面处的平均压力值约 $p_k = 420$kPa，增层之前独立柱基础底面处的平均压力值约 $p_k = 290$kPa，增层后基础底面处的平均压力值约是增层之前的 1.45 倍，从基础底面处的平均压力值增加的幅度看应进行地基加固，如进行地基加固初步预算约为 200 万元人民币且需要 1 个月工期，加固地基的施工过程也影响市政府的正常工作，地基承载力问题是增层设计碰到的又一个难题。为解决这一难题沈阳市建设委员会组织沈阳市结构工程设计、岩土工程勘察方面的资深专家召开论证会，研究能否挖掘沈阳市城区砂类土地基的潜力，经过反复研究与会专家一致认为沈阳市政府大楼的砂类土地基经过半个多世纪的压密，地基承载力可提高 15% 并且根据土的抗剪强度指标确定地基承载力特征值，为慎重起见，辽宁省建筑设计研究院委托辽宁省水利水电科学研究院现场取样在实验室进行大型剪切试验确定抗剪强度指标——砂土内摩擦角 φ_k 平均值为 34.5°，基础宽度 b 按小于 3m，基础的埋置深度 d 取最小值 1.5m，基础底面以下土的重度 γ 和基础底面以上土的加权平均重度 γ_m 皆为 16.9kN/m³。地基承载力特征值 f_a 按下式计算：

$$f_a = (1 + 15\%)(M_b \gamma b + M_d \gamma_m d)$$
$$= 1.15 \times (3.6 \times 16.90 \times 3 + 7.47 \times 16.90 \times 1.5) = 428\text{kPa}$$

$p_k = 420$kPa $< f_a = 428$kPa，地基承载力满足接层要求。

6.2　地基变形的研究

为作好地基变形的研究工作，我院收集并整理了沈阳市城区 15 栋高层建筑沉降观测资料，这些高层建筑基础持力层为砂类土，竣工后每层建筑引起的沉降量约 0.6～0.8mm，增层后地基变形约 1.2mm，本工程最小柱距为 $L=2.4m$，容许沉降差为 $\Delta S=0.002L=4.8mm$，增层后沉降差满足规范要求，从增层施工工作开始至竣工后使用 2 年时间内，我院对沈阳市政府大楼进行了沉降观测，最终沉降量约为 1mm。

7　摩擦阻尼器施工安装

（1）根据摩擦阻尼器的实际安装位置，将框架梁端两侧 0.8m 长、0.5m 宽范围内的楼板剔掉，框架梁端四周围 16mm 厚钢板套，四块钢板等强度焊接，钢板为 Q235B，钢套与梁之间的空隙灌注高性能灌浆料，钢套与梁侧面用 2Φ22 对拉螺栓拧紧。

（2）用两根型号 20 的槽钢（背对背，中间间隔 20mm）作为实际剪刀撑，先将剪刀撑与梁端钢套上、下的节点板用 Φ22 安装螺栓临时就位，剪刀撑另一端与工厂制作的摩擦阻尼器螺栓连接，剪刀撑与摩擦阻尼器位置调整合格后连接端再焊接牢固。

（3）支吊模、补开洞时接断的钢筋，浇筑 C30 混凝土封闭楼板洞口。

8　模　型　试　验

为了对加固效果进行验证，我院委托哈尔滨建筑大学对加固后的结构进行了拟动力模型试验。

8.1　模型设计

模型选取两榀典型平面框架，按相似比 1∶3 制作。由于施加水平力的电液伺服器数量有限以及新增两层均按现行抗震规范设计，因而由子结构拟动力试验概念出发，试验模型只设计制作了地下室一～三层。为了有效地模拟实际结构的弯、剪效应，在模型第三层之上增设了具有一定高度的弯矩模拟层。模型框架柱应力与原结构相同，混凝土强度接近原结构，模型的配筋率与原结构相同。据此推导出的结构效应相似系数见下表，模型比重不足部分的四、五层自重用千斤顶在模型顶部施加。试验模型见图 3。

图 3　试验模型

模型的相似关系　　　　表 3

目构 结项	材料 特性	比重	长度	面积	质量	频率	速度	加速度	时间	荷载	位移	应力	应变	轴力	剪力	弯矩
原型	1	1	1	1	1	1	1	1	1	1	1	1	1	1	1	1
模型	1	3	1/3	1/9	1/9	$\sqrt{3}$	$1/\sqrt{3}$	1	$1/\sqrt{3}$	1/9	1/3	1	1	1/9	1/9	1/27

8.2　试验结果及分析

模型试验采用子结构拟动力试验方法，地震波采用 Elcentro 波。地震波输入时间间隔为 $0.01/\sqrt{3}$s，输入的峰值加速度为 220g（7 度大震作用下的加速度峰值），试验共进行 1.98s，Elcentro 波的最大峰值及主要峰值均在该时间范围内。

1. 模型的时程反应

模型在 Elcentro 波作用下，各层反应的峰值及计算结果见表 4。

各层反应的峰值及计算结果　　　　　　　　　　　表 4

工况 指标 楼层	试验结果		计算结果			
			安装耗能器		未安装耗能器	
	绝对位移 峰值	层间位移 峰值	绝对位移 峰值	层间位移 峰值	绝对位移 峰值	层间位移 峰值
地下室	2.00mm	2.00	1.31	1.31	1.25	1.25
一层	6.14mm	5.32	5.78	4.61	14.49	13.90
二层	6.87mm	4.34	9.49	3.94	17.03	5.91
三层	9.03mm	6.01	13.50	5.07	18.81	5.14

从表 4 可知，模型层间位移较大值发生在第一～三层，地下室层间位移较小，因此，不在地下室安装摩擦阻尼器是可行的（图 4、图 5）。另外，从表 4 还可知位移计算值与试验值吻合程度较好。在柱子屈服以前，各层摩擦阻尼器均起滑耗能，第一层、第二层阻尼器的最大滑动位移分虽为 $\Delta_1 = 4.43$mm，$\Delta_2 = 4.38$mm。阻尼器工作情况良好。

图 4　摩擦耗能阻尼器现场安装实拍照片（一）　　图 5　摩擦耗能阻尼器现场安装实拍照片（二）

2. 模型的破坏形态

根据柱子中钢筋上粘贴的应变片的测量结果可知，在结构的反应较大时，某些柱子的钢筋进入了屈服阶段，但是直至试验全部结束，混凝土无压碎现象，层间位移角的最大值 $\theta_3 = 6.01/1434 = 1/239$，表明在 7 度罕遇地震（Elcentro 波）作用下，模型虽然产生破坏，但框架柱尚未超过极限承载力阶段，层间位移角也较小。

试验过程中，梁柱节点区产生了较严重的破坏，裂缝数量较多，裂缝为交叉斜裂缝。我们认为产生此类破坏的主要原因是梁柱节点区箍筋数量少（与原结构节点区具有相同的配筋率），抗剪能力差所致。

8.3 试验结论

通过对沈阳市政府大楼的两榀框架模型（1：3）模拟地震动力试验（图6），证明了安装摩擦阻尼器后，在较大地震作用下，虽然某些柱子将进入屈服阶段，节点区和梁端产生较多裂缝，但是柱子的竖向承载力未达到其极限值，楼层层间位移角较小，结构仍然具有一定的整体性，未发生倒塌，抗震加固效果良好。

图6　模拟动力试验现场实拍照片

9 结　　论

（1）计算分析和拟动力试验结果表明，采用摩擦阻尼器抗震加固后的沈阳市政府大楼可达到7度抗震设防标准。采用摩擦阻尼器耗能减震的设计方法为建筑结构增层抗震加固开创了一条新的途径。

（2）结合地方经验加强砂类土地基承载力及变形的研究对促进地基基础设计的技术进步、节约工程造价具有重要的意义。

增层改造后的沈阳市政府大楼见图7。

图7　增层改造后的沈阳市政府大楼

国土资源厅办公楼"四增四"增层改造工程

沈阳市建学工程咨询设计研究所

1　前　　言

辽宁省国土资源厅办公楼建于北陵大街东侧，坐东朝西，临城市主干道。系 1952 年由东北土木建筑设计公司设计，并于同年建成，共三层，建筑面积 5730m²。从建筑平面分析，原建筑为一幢教学楼，后改为办公用房。1986 年 8 月，由辽宁省建筑设计院进行一次抗震加固和接层，两翼接一层，中央接二层，共增加建筑面积 2553.9m²。达到8283.9m²。当时加固做法较细致精密，安全可靠地使用至今，未见结构损坏现象。现省地质矿产局由于业务扩展，急需扩建办公用房，后来省国土资源厅成立也并入此楼办公。该建筑附近已无新建房的场地，只好走增层接建之路，且要求接建四层，达到总高八层，又要满足抗震要求，难度很大，只能采取高科技接层。为此，辽宁省地质矿产局委托沈阳市土木建筑学会建筑工程咨询设计研究所进行接层的可行性研究。希望在本报告中回答以下问题：能否接层，能接几层，用什么高科技方法接层，能否在基本不影响正常使用的情况下接层，接层的施工方案，接层的社会经济效益和预估造价。

2　现有建筑状况

现有建筑全长 110.44m，其中央主体部分（五层部分）长 23m，两边主体部分各长32.6m，翼端长 10.98m；建筑宽度：中央部分为 19.06m，两边主体部分各为 14.72m，翼端为 25.03m。

建筑物层高一～四层均为 3.9m，中央第 5 层为 5.7m，一层室内外高差 0.75m，但正厅与室外高差为 0.45m。

现有建筑为砌体结构，纵横墙承重，横墙间距最大为 9.6m，较空旷，未设构造柱，三～五层均设置圈梁，但一、二层没有圈梁、中央主体部分在 1986 年加固时增设构造柱，形成较好的抗震砌体建筑，其抗震加固设计和施工质量当时曾获得好评。

当地地质情况较好，地表下不到 2m 即见到砂砾土，地基好是该建筑接层的极为有利条件，使用至今未见到因地基引起的墙体开裂或变形过大等现象。

毕竟，该建筑建于 20 世纪 50 年代初，距今已超过其法定使用寿命。20 世纪 50 年代初我国砌体建筑使用的砂浆和混凝土强度都很低，红砖强度随时间而逐渐降低，目前的墙体和楼板材料皆满足不了现行抗震规范对材料的要求，加上原结构没有构造柱，横墙间距较大，平面较不规则，许多墙段在三层之上又接建一层，已增加载荷负担，潜力已被挖掘利用，故在此基础上继续接层难度很大，绝不能用常规办法接层，即不能再去挖掘现有结构的承载和抗震能力，只能创造性地用高科技手段接层。

3　高科技接层的应用

所谓高科技接层，即接层的结构不但不给原有建筑增加新的负担，反而能适当增强原有建筑，利用新结构和原建筑之间地震的反映的差异，增设耗能阻尼装置以消耗地震能量，减轻地震作用，达到接层后在小震作用下不破坏，在预估的罕遇地震作用下不致倒塌的抗震设防目的。

我国近几年来在高科技增层改造方面取得可喜的成就。例如北京日报社办公楼由4层增至8层，原纺织部办公楼由3层增至5层，天然气总公司办公楼由4层增至8层，上海交通银行由5层增至15层，北京城建集团总公司办公大楼由6层增至14层等等。增层后的建筑物都是旧貌换新颜，取得很大成功。

沈阳市近年来在高科技接层方面也取得一定成就。如市人民政府办公楼，采取摩擦阻尼耗能减震技术，将一幢60年前建的完全不抗震的框架增至6层，经过伪动力试验证明，可以做到大震不倒，沈阳日报社新闻中心大厦（位于三经街与中山路交汇处）采用叠合柱等综合新技术。由16层增至24层，屋顶加26m高的玻璃锥体，将成为沈阳一大景观。

从国内和我市一些增层成功的实例表明，只要精心设计，精心施工，特别是要综合利用结构专业的高新技术成就，因地制宜，因楼制宜地对症下药，省国土资源厅办公楼是可以达到增层改造的目的的。下面的分析将表明，国土资源厅办公楼以接建4层其结构最为合理，这样增层后将达到8层。该建筑长110m，将成为北陵大街一幢体量庞大，雄伟壮观的新建筑，接层后主楼造型会焕然一新，满足城市规划要求，为城市增光。

4　主要接层方案

接层后建筑物总高度将超过24m（按接四层计），但小于32m，根据防火消防要求，应作封闭楼梯间，可采取增设防火卷帘和防火门的办法加以解决。

增层后应增加电梯间，中央加二部，两翼各加一部，这四部电梯的电梯间均应采用闭合钢筋混凝土结构，起抗震墙的作用，它大大增强了原有建筑的抗水平地震的能力，也是新增上部结构的核心抗震构件。

地矿局要求在增层改造期间，该办公楼继续使用，因此在选择加固方案时，应保证80%以上房间可正常使用，不受接层影响。

该建筑全长110.44m，仍保留⑩轴和㉗轴处的两道温度缝，并将其作为防震缝，这样该建筑将划分为中央（长23m）和南翼及北翼（长度均为43.6m）三大部分，现分别叙述各部分的增层改造措施：

（1）两翼部分，两翼包括南翼和北翼，平面外形为对称形，但内墙、楼梯等的布置不对称。两翼中又分翼身（沿6-10轴和27-31轴）和翼端（沿1-6轴和31-36轴）两部分，其中南、北翼身部分结构基本对称。

1）翼身部分，该段长 32.6m，宽 14.72m，为内走廊式建筑，较规则，有 2 道外纵墙和 2 道内纵墙，横墙间距 9.6m，楼板结构为预制板传力于横向进深梁，再传至内外纵墙。该区拟采取外套框架做法（图 1），框架外柱间距 6.4m，外框沿纵向每层设连梁，沿横向仅第一、二层处水平变形一致并通过柱子和纵向梁约束原有一～三层砌体，提高其抗震性能。第三、四层外框柱在三、四层楼盖处与砌体房楼盖不联系，新建框架的底板与原四层顶板（加气混凝土条板）之间用耗能摩擦材料（薄砾砂层）隔开，在水平地震作用下，当上下结构产生平动错动或因扭转而相位有转动时，即产生摩擦耗能，预计可耗能减震 40% 左右，上部框架为带斜杆空腹式，跨度为 15.5m，使上部荷载传给外框柱而不增加原建筑负担。

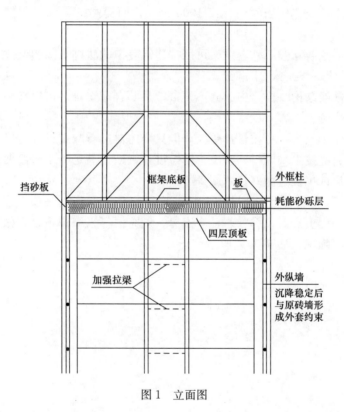

图 1　立面图

2）翼端部分，该段长 10.98m，宽 25.03m，内外墙布局很不规则。该部分采取在不采光房间（原仓库）内加钢筋混凝土电梯井，在外墙外钢筋混凝土加扶壁柱，二者通过梁连接的办法既加固原砌体建筑，又支承上部新增框架。

（2）中央部分，该段长 23m，宽 19.06m，用防震缝与两翼分开，为独立结构单元。原建筑比较空旷，虽在 86 年接层时增加不少构造柱和混凝土柱（XZ2），但仍显刚度不足。拟采取在 10-11 和 26-27 轴间各增设一部电梯，直通 8 层，利用电梯井的钢筋混凝土筒壁以增强中央部分的刚度，此外加强 XZ 柱在东墙外墙设 6 个壁柱，在内墙角增设若干角柱以支承上部结构，原来的钢屋架拆除换肋形楼盖。改造后使原砌体结构变为钢筋混凝土与砖的混合结构。

5　技术经济分析

以上接层方案，综合利用了许多高新技术，其中有在我国已被成功利用的技术，也有因楼制宜结合该工程的创造性发展。经过可行性研究阶段的论证，认为技术是完全成熟可靠的，而且是先进的。表现在如下几个方面。

（1）可以在不停止使用的情况下接层，受施工影响的原有房间不超过 20%。

（2）通过接层对原有砖房进行一次有效的抗震加固，使已到建筑龄期的砖房再延长几十年的使用期。

（3）采用高新技术并不多花钱。与其他可行的接层方案比较，推荐方案是造价最省的，新增每平方米建筑造价当时估计仅 1000 余元，而提高抗震效果所带来的间接效益更是难以估计。

（4）有利于旧貌换新颜。外套框架可以按建筑美学的法则重新包装立面，使该建筑的外表从 20 世纪年代一步跨入 21 世纪。

（5）与一般框架结构一样，施工并不复杂，只要合理安排，可以在一个施工季节中完成接建四层的工作量。

（6）设计工作量较大，科技含量更大，但只要由对抗震减震设计有经验的专家负责指导，可以使一些关键技术难题得到解决，缩短设计工期，满足施工进度要求。同时该工程现场服务量大，设计单位应做好技术服务工作。

（本文是沈阳市建学工程咨询设计研究所于 1998 年 2 月作的一项工程咨询报告，本咨询由芦德惠担任工程负责人，林立岩、李宏男、刘宪恒等人编写报告，张忠刚负责编制施工方案并指导全部施工。1998 年底改造完毕。）

沈阳日报社大厦由 16 层增建至 24 层

林立岩　　张宗刚
（辽宁省土建学会建筑结构咨询部）

沈阳日报社大厦地上 24 层，地下 2.5 层，总高 105m，为框架—剪力墙结构，见图 1。建成于 1995 年，该工程原设计仅为 16 层，施工到一半时业主要求增建到 24 层，荷载增加很大。

本工程和相邻建筑距离很近，相邻建筑都是浅基础，地下室无法采用常规方法施工（基坑的边坡无法放坡，也不允许对护坡桩采用预应力锚杆锚拉），于是我们采用半逆作自支护法施工，地下室的每层钢筋混凝土梁先施工，板和柱子后期施工，梁起内支撑作用，水平支顶四周的密排人工挖孔桩，形成水平自支护。该建筑地下室平面接近 40m×40m，上述水平梁的支撑长度达到 40m，因此在梁经过柱子处设支柱作为竖向支撑。我们创造性地采用钢管混凝土叠台柱的核心钢管作为这个竖向支撑构件。先施工安装核心钢管混凝土柱，待受荷达到一定值后叠合浇筑外围混凝土，形成叠合柱。该工程是我国第一个在实际工程中应用钢管混凝土叠合柱。

图 1　沈阳日报社大厦

决定增层后，该工程主体结构已建至地上 10 层，当时首要问题是对已有地下室柱子加固。经验算，对地下室的柱采用增加叠合比的方法，充分发挥核心钢管混凝土的承载力；柱子的外围混凝土的强度等级由 C40 提高到 C50，并适量增大断面使之与地上柱断面相同。

地上已施工的钢管混凝土柱子，虽然没用核心钢管混凝土，也可采用叠合理论来进行处理；已浇筑完工的钢筋混凝土柱子承受早期的竖向荷载，在最下部八层已浇筑的 C40 混凝土外面叠合浇筑 100mm 厚度的高弹性模量混凝土，其对应的强度为 C50，但弹性模量相当于 C60，叠合成整体后，按核心 C40 混凝土和外围 C60 混凝土按竖向刚度比例分配竖向总轴力，使外围混凝土分担的竖向力比例虽增大一些，则轴压比反而减少，满足抗震要求。

为了减轻上部结构对已建筏板基础的影响，宜适当减小上部建筑的总荷载，按常规方法设计，增加 8 层荷载是很大的，因此在柱子设计上采用以上方法外，还采取以下 3 项措施：

（1）增加两部观光电梯，利用电梯井的钢筋混凝土壁增加全楼的抗侧刚度；

（2）适当增加钢筋混凝土剪力墙，使柱子分担的水平力减少，有利抗震，上部结构传给基础的荷载分布更均匀；

（3）顶部作玻璃幕墙锥形层顶，总层数中有 3 层布置在这一锥形屋顶中，分别是设备层、会议室、观光厅，锥体中的楼板也用轻钢结构，外墙是玻璃幕墙荷载很轻，它们传给下部结构和筏板的荷载明显减少。

采用以上各项措施后，使接层改造顺利进行，在一个施工季节中从地下负 2.5 层建到地上 24 层，接建 8 层，是我省增层改造工程的典范。

该工程建于沈阳中山路和北三经街交汇处，地理位置优越，立面转角处的观光电梯和屋顶的玻璃幕墙锥形体是伴随着接层而产生的结构物，却成为建筑物的标志特征。体现了结构和建筑的和谐融合，互为城市增光。

该工程创造了三项"中国第一"。这三项创新技术均属中国首创：

（1）第一次在实际工程中应用不同期浇筑外围混凝土的钢管混凝土叠合柱；

（2）第一次在多层地下室中创造性地采用"半逆作自支护法"施工；

（3）第一栋采用结构叠合理论成功地对原有高层建筑柱子进行性能分析和加固改造。

【后记】　近闻沈阳日报社因觉得该楼面积小，缺少发展空间，四周没有停车场，决定重用弃用这座已使用这座已使用二十年的大厦，搬回原址办公。编者认为：该楼应将作为沈阳 20 世纪建筑文化遗产加以保护利用；它是一幢具有科技艺术、美学及至生命生态价值的美好建筑；将来可改建为"沈阳建筑文化中心"。除展示沈阳的建筑科技和建筑艺术外，还可兼作城建论坛、学术会议和屋顶观光这用。不建议拆除重建。

请留住中山路口最早的标志性建筑

林立岩 邓子林
（辽宁省土木建筑结构专业委员会）

在沈阳站前中山路路口，有一幢特殊风格的民国建筑，它始建于 1910 年，当时名称为"悦来栈"（图 1），是当年奉天驿（现沈阳站）前唯一的中国旅馆。1922 年进行了翻建，成为中山路上的标志性建筑，其哥特式塔楼为 6 层，它是欧式风情街上非常壮观的景观。每逢重要节日或事项时，云集在奉天城的东北各界军政要员，均汇集在旅馆商谈机密要事或休闲娱乐。1931 年九一八事变后被日本人占据，新中国成立后改为国营中山饭店。1986 年更名为沈阳医药贸易大厦。2010 年又投资千万元改造后，重新组建为沈阳医药贸易大厦商务宾馆，现底层为医药商店，其他层仍作客房使用。从 1949～1986 年一直是叫"中山饭店"（图 2），对大多数老年沈阳人来说都留下了深刻的记忆。

图 1 沈阳老悦来栈照片　　　　　　图 2 沈阳新悦来栈照片

2010 年中山路上修建地下商业街，地下街施工过程中，发现沿街有多幢老建筑发生墙体和地面裂缝现象，其中医药商店比较严重，实测靠中山路外墙下沉，且外墙向马路方向移动 21.6mm。但地下街的开发商和施工单位认为裂缝与他们无关，是建筑物已过安全使用年限，是正常裂损，于是业主找我们咨询，探讨裂缝原因。

经过详细的查看分析，我们认为裂缝完全是由于地下街隧道的开挖造成的，因为隧道开挖时没有做好牢靠的边坡支护，致使该建筑物侧面地基向外变形，使外墙向隧道中央移动，而与医药大厦相近处，隧道又增建一个出入口，这个出入口边坡支护更为薄弱，医药大厦是浅基础，基础下的土体是较软弱的黏性土，塑性很大，加上地下水的影响，对支护形成很大的水土压力。采取没有下锚根脚的支护，已可明显看出地下街出入口的侧墙向内变形；不仅出入口的外墙向内侧移变形，相应医药大厦基础下的土体也随之向外向出入口方向变形，带动基础也向外变形，当变形足够大时的基础上的墙垛就产生剪切斜裂缝。

砌体结构中产生贯通整个截面的裂缝是很危险的，好在近两三年沈阳没遇到地震，一旦有烈度6度以上的地震，该楼必倒无疑。我们的咨询结论是该楼上部几层是旅馆，白天晚上住着客人，该楼应按危楼对待，赶紧采取加固加强措施，第一步应首先在地下街出入口处增设内支撑，防止边墙继续向内变形，也避免医药大厦基底的地基整体向地下街滑移，然后对大厅的墙体进行加固，我们建议用压力灌结构胶修复裂缝，在砌体外用聚合物砂浆贴碳纤维布保护，重要部位再加钢筋混凝土拉梁等措施，加固费用应主要由地下街修建单位提供。很遗憾，我们的建议没有得到同意，几个月后，我们回访时发现地下街的修建单位仅仅在地下街的出入口处做了内支撑支承，保护地下街安全，而大楼内未作任何结构加固，仅仅是在裂缝外部刷大白浆掩盖。

借本书出版之际，我们再次呼吁，从抗震角度衡量，沈阳医药贸易大厦已属于危房范畴。它是个百年老店，应将其列入沈阳的不可移动文物加以保护；应深入挖掘该建筑的历史建筑文化，查找该建筑的设计、当年的建设背景，认真地由文物主管部门组织鉴定和修缮，作为建筑的文化遗产传承下来。

若作为文物对待，该楼的名称用医药大厦不太合适，若用"悦来栈"又太旧了，建议改称"中山饭店"。它建在中山路上，新中国成立后，这个名称用了近40年，老沈阳都很熟悉，具有历史意义。将医药商店外迁，靠中山路的楼面可以建一个宣传中山路历史变迁的小型博物馆。

沈阳中街商业城的火灾加固教训

辽宁省土建学会建筑结构咨询部

沈阳商业城是沈阳当年最大的商业建筑，1996 年一场大火使面积达到 8 万 m^2 的钢筋混凝土框架结构遭到严重损伤。原柱断面为 900mm×900mm，经鉴定表面混凝土的烧伤深度达 100mm，其中 50mm 应凿掉。

如何进行灾后加固处理也经过一场激烈的辩论。当时鉴定单位是辽宁省最权威的建筑科研单位，他们认为柱、梁、板都应采用结构胶贴钢板加固，建设单位也初步同意他们的加固方案，要求抢工期尽快完工。鉴定单位表示能全力以赴，全院总动员一定要在最短的时间完成任务。

这时，上级领导征求原设计单位和结构专业委员会咨询部的意见。我们认为：商业城毁于火灾，这次加固重修，绝不能用不防火的做法来进行修复。我们认为结构胶是一种不防火的材料，遇到火灾当温度达 80℃时，胶即开始软化，失去粘结能力，也失去传递剪力的性能，粘贴上的铁板也就失去了承载能力，我们认为贴钢板的方法不可行，经过慎重研究，我们提出用叠合理论，来对柱、梁、板进行修复加固，具体作法为：

（1）柱子。采用叠合理论对原柱进行加固，原柱表面应凿掉 50mm，净载面变成 800mm×800mm，再叠合浇筑外包混凝土 150mm，使断面增大为 1100mm×1100mm，外包部分配置柱的纵向钢筋和箍筋，钢筋水泥数量按外包混凝土的面积计算，一般取构造含钢率，核心部分（按 800mm×800mm）承担加固前的竖向荷载，以及按叠合成整体后的竖向刚度比例分配到后期施加的竖向荷载，由于外包部分的截面积与核心部分截面积接近相等，使柱核心部分分配到约 3/4 的总轴力。外包混凝土仅承担 1/4 的总轴力，其设计轴压比值为 0.29，仅为火灾前设计轴压比的 32%，外包部分的纵筋，箍筋的量均满足 7 度设防的构造要求，由于轴压比小，抗大震能力明显增强。叠合后核心部分的轴压比增为 0.86，虽稍大，仍满足抗震等级为Ⅲ级的框架柱要求，且大震时不再增长。因此该工程经此加固后具有足够的抗大震能力。

叠合柱的抗震控制，应控制柱边缘的初始压应变，为便于应用，设计时仍然采用限制外围混凝土的设计轴压比 $\lambda_{外}$，根据《建筑抗震设计规范》，本工程抗震等级为Ⅲ级，C60 混凝土，则 $\lambda_{外}$ 为 0.90，若抗震等级提为Ⅱ级则 $\lambda_{外}$ 为 0.80，今 $\lambda_{外}=0.29$，远小于限值。

（2）梁。该工程原来施工质量有误差，楼面高低不平，这次要适当调整楼面标高，决定普遍叠合浇筑一层平均 70mm 厚的找平层，这样梁的实际高度可增加 70mm，按新的高度计算，梁底部钢筋基本不增加，只是将梁底受损的保护层凿去，喷射混凝土加以保护，在梁的上部灾损很轻微，只在支座处增加支座处不足的负弯矩钢筋及跨中上皮架立钢筋，只考虑加厚后的荷载增加。

（3）板。找平加厚后的板主要是荷载增加，可在上皮支座处加负弯矩钢筋，下皮在灾损严重处将把保护层凿去，露出钢筋都可继续使用，不足之处（跨中）可焊上新钢筋，然后喷沫混凝土保护。

按我们建议的方法，可由土建施工队伍进行施工，施工速度大为增快，加固费用比原来的贴钢板方案节约至少 1000 万元以上（建设单位计算）。最主要的是新加固方案使结构具有较好的防火功能。不必另加防火保护层。

评东北大学多中庭科技楼设计

林　敢

（东北大学建筑设计研究院）

　　近几年来东北大学校园内建起了多幢具有中庭的教学建筑。用结构来分隔中庭，使教室或研究室围绕中庭布置。每个中庭的长度一般不超过 25mm，中庭的室内高度均不超过 7 层层高。为了教学环境的安静和优雅，中庭规模不宜过大过高。对于规模较大的建筑，沿纵向可用交通核或交通走廊将中庭分隔为两部分，沿竖向，可用两层层高的大房间（大教室或大会议室）将中庭分隔成上下两部分（图 1～图 3）。

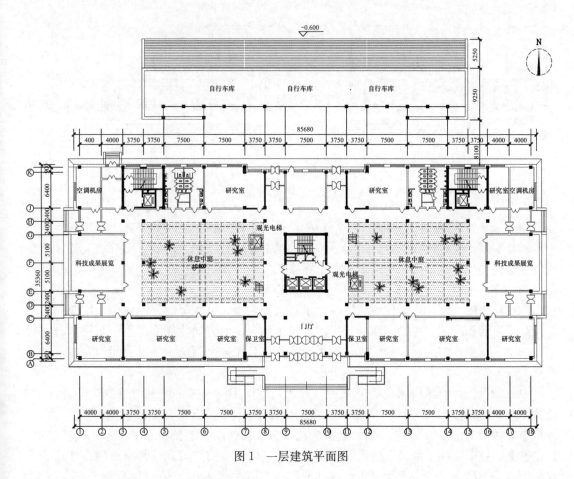

图 1　一层建筑平面图

　　这种多中庭教学建筑受欢迎的原因有：

　　（1）东北地区冬季较长，夏季炎热，室内外温差大，中庭内布置一些室内绿化，设置

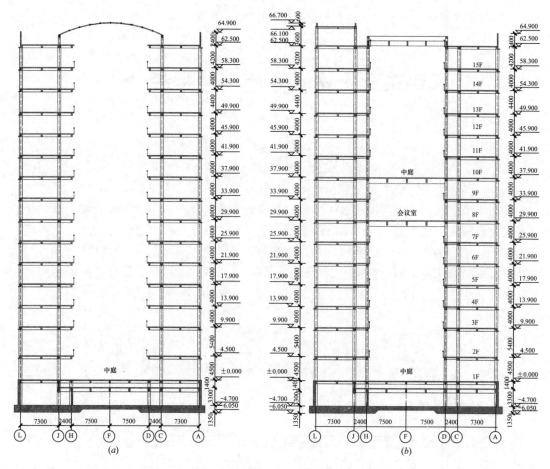

图 2　结构剖面变化过程
(a) 变化前；(b) 变化后

空调，形成冬暖夏凉、宁静柔软的共享空间，适宜于课间休息，人员交流。

（2）中庭不大，比较安静，房间靠中庭一侧都有较宽的单面走廊，可分散人流，减少噪声，避免局促，比传统的中间走廊两边布置教室的方式更受欢迎。

（3）在一个单体建筑中，需布置进各种大小不同的房间，特别是要有大会议室或大教室。学校建筑的中庭，不必像酒店那样追求高大和刺激，可在竖向分隔体中，用两层高的空间布置净面积等同于中庭面积的大房间。传统的大房间布局往往采用主、裙楼结合方式会增加用地面积，东北大学的建筑场地极为紧凑，已无多余面积，将大房间布置在最顶层造成交通不便。

中庭的设置也给结构的设计带来一些难题，结构中央空旷，加上周边的房间进深浅，使整体建筑的整体性变差，以致建筑抗侧刚度变小，在地震和风力作用下侧移加大；此外，中庭四周的走廊边柱断面从美观上要求不应太肥胖，一定要小于 800mm（装修后），且在整个中庭中，柱子的竖向断面尺寸不变，使整体视觉协调美观；教室两侧靠外墙的边柱断面也要求尽量小，一方面避免短柱（剪跨比都应大于 2.0），另一方面便于室内布置，增加使用面积。

为此，根据结构咨询部专家的意见，东大综合科技楼工程设计，结构专业与建筑专业

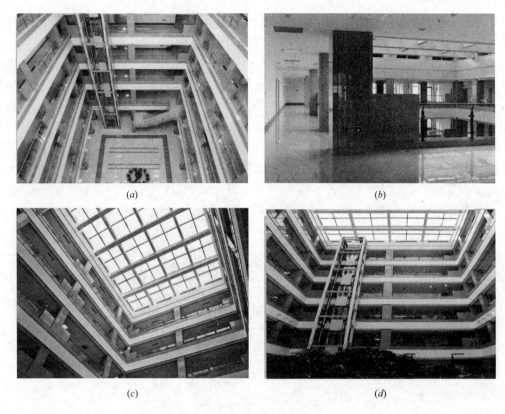

图 3　中庭内景

精心配合，将美好的建筑创意与科学的结构概念和谐地结合在一起，用合理的结构来分隔空间。双方达成共识，采取以下两项技术措施。

（1）加强建筑布局的规划性和南北二之间的连结。

该建筑平面为规则的长方形，纵向（东西向）长 86m，横向（南北向）宽 36m，长宽比为 2.4，这个比例对抗震非常有利，但由于中庭的存在，使南北两侧的框架高为 82.5m，单宽仅为 7.9m，高宽比达 7.91，超过《高层建筑混凝土结构技术规程》（JGJ 3—2002）关于 A 级高度适应的最大高宽比宜小于 5 的要求，使结构的侧向高度较低。此外，单跨框架对抗震非常不利，上述规程第 6.1.2 条规定"抗震设计的框架结构不宜采用单跨框架"。对此，结构专业建议在两侧沿走廊边增加一排框架杜，使单跨变成双跨（图 2b），双排框架的宽度增至 10.31m 时，高宽比减少为 6.06，但还未达到应小于 5 的要求。因此在框架中加剪力墙，在所有的柱子中加钢管、加强南北框架之间的相互连接，减少中庭的长度等，使侧向的刚度有所提高，计算出的变形指标均能满足规范规定。

关于加强南北框架之间的相互连接，主要指加强中央交通核和东西两端框架和南北框架之间的连接，以及中庭空间竖向分隔出的大会议室的上下楼盖采用跨度为 15m 的劲性钢结构，两端与走廊为刚接，中庭的上部屋顶原设计为弧形的玻璃穹顶，现改为 15m 跨型钢混凝土梁作玻璃采光顶，梁的两端支座与柱刚接。

（2）采用钢管混凝土叠合柱和钢管混凝土剪力墙。

框架柱子原设计断面为 1000mm×1000mm，用 C60 混凝土。采用钢管混凝土叠合柱后，断面减为 600mm×600mm（图 4），只有原柱截面积的 36%，钢管用 φ377mm、壁厚为 16mm、顶部壁厚减为 12mm 的 Q345 钢，管内混凝土由底部 C100 渐变到顶部 C60，管外混凝土通高为 C60。在 7 度区，前后两种截面算出的钢筋都按构造设置，核心柱外围混凝土的主配筋率和配箍率均按外围混凝土的面积计算，所以该断面钢筋（含箍筋）的用量只有原断面设计用量的 20%，加上新增加的钢管，两种柱子的总用钢量基本相同。混凝土总量叠合柱减少 64%，但底部柱子的钢管内改用 C100 混凝土，单价比 C60 贵一些，不过管内混凝土上截面比例很小，即使单价贵一些，混凝土部分的总造价仍然是叠合柱较低。如果考虑到叠合柱断面小，柱外表装修的表面积也小，可节省一大笔装修费用。柱断面减小相应增加使用面积（本工程每个标准教室都能增设一个固定座席），综合效益大大增加。本工程是建筑专业主动要求用叠合柱，因为中庭的四周走廊柱子断面小了，走廊也宽了，显得更加美观和谐。

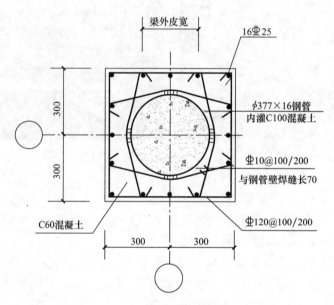

图 4　底层叠合柱断面

　　该工程中的剪力墙都设计成带端柱或带转角柱的墙。墙中带钢管可大大提高墙的延性、刚度和抗剪能力，墙分担的剪力多了，减轻了柱的抗剪负担，更易实现强剪弱弯。优化剪力墙的设计是我国近些年研究的热门，清华大学钱佳茹团队经过多年试验研究认为"在剪力墙的约束边缘构件内配置钢骨或钢管，可有效改善高轴压比下剪力墙的抗震能力，其中以配置圆钢管最为有效"。本工程是我国东北地区第一例采用钢管混凝土剪力墙的工程。

　　对于一个地下二层，地上 16 层，总高 18 层的混凝土柱子，最小断面仅为 600mm×600mm，通高至顶，这么小的断面也是我国东北地区所罕见的。由于采用我国自主创新的新技术体系，使柱子断面虽小但由于加入钢管其竖向刚度和抗侧刚度反而变大，使层间侧移小；叠合柱由于轴力向核心钢管混凝土转移，使柱的外围混凝土分担的轴力变小，使外围的轴压比可以控制的更小，保证柱子进入大偏心受压状态和良好的延性；全楼无短柱，剪跨比都大于 2.0，钢管穿过节点区，增强了柱的抗剪能力。从抗大震的性能目标考虑，该建筑做到了"强柱弱梁，强剪弱弯，最强节点"。实现了"安全适用、经济、美观、技术先进，符合国情"的设计原则。

　　东北大学的多中庭建筑目前已有 4 幢，最早建成的已逾 10 年之久，一幢楼中最多分隔出 4 个中庭。师生的普遍反映良好，认为这是美好的建筑创意与科学的结构概念之间的和谐共生产物。建筑是分隔空间艺术。建筑师们只有在结构工程师的密切配合下，才能将空间分隔得最理想、最完善。

对我省墙体改革与可持续发展的思考

林立岩[1]　窦南华[2]　杨荫泉[3]

(1. 辽宁省建筑设计研究院有限责任公司；2. 中国建筑东北设计研究院有限公司；

3. 辽宁省机电设计设计研究院)

当前，落实科学的发展观，大力发展循环经济，建设节约型社会，是我国全面建设小康社会，实现现代化发展进程中的重大任务。在建设领域中，建设节约型社会须抓好建筑"四节"：节地、节能、节水、节材。而大力推进墙体改革，是落实建筑"四节"，走可持续发展道路的重要决策。现就我省墙体改革与可持续发展发表几点看法：

1　墙体改革的途径

当前单纯"禁实"已不够，还要提倡"不用黏土"（包括黏土空心砖，不毁农田）、"不用烧结"（烧结既耗能，又污染空气）、提倡用工业废料生产砌块（使工业废料资源化、改善环境）。我国有的中心大城市由工业废料少，认为砌块的施工效率低，砌块本身又有一些缺点，在多层住宅建筑中，想绕过发展砌块的阶段，直接采用多层现浇剪力墙结构。辽宁省则不同，辽宁省有许多矿山、大工业企业，每天都在排放大量的煤矸石、矿渣、粉煤灰、石渣等工业废料，这些废料占地堆放，破坏环境，形成公害，若加以合理利用，可以变废为宝，使工业废料资源化，符合走可持续发展的大方向；再者，我省实现城镇化的任务还很艰巨，建设农村、中小城镇，城市中的多层住宅还是应该在传统的施工建造方法基础上推进，砌块建筑可以继承传统的砖砌体建筑的建造方法，也比较经济，是一种适宜的转换。

2　目前混凝土砌块建筑存在的问题及改进趋势

我省砌块建筑发展的较早，各种类型的砌块都曾尝试过。尤其是本溪市应用得相当成熟，已有三十年的历史。已建有二十多个砌块厂。

通过二、三十年的实践，我们也发现混凝土砌块作为墙体材料在应用中存在一些问题，主要表现在北方叫"裂、漏、透"，南方叫"热、渗、裂"其产生原因为：

（1）砌块建筑的温缩和干缩现象较砖砌体严重得多。混凝土砌块砌体的线膨胀系数为 $10 \times 10^{-6}/℃$，而砖砌体为 $5 \times 10^{-6}/℃$，即前者大一倍；混凝土空心砌块的干缩率为 $0.45mm/m$，实心黏土砖仅为 $0.01mm/m$，即前者较后者大很多，因此砌块建筑建成后受气候的影响自身的干缩变化极易产生砌块间的裂缝（沿灰缝发生）。

（2）砌块尺寸过大，块体过高，砌筑时灰缝中的砂浆不饱满，产生透风漏气的通道。

（3）空心砌块由于追求多孔和大空隙率，使壁和肋均较薄，在受到较大轴向力或局部压力很大时易产生劈裂，一般裂缝先出现在外壁，然后砌体被压坏。

（4）砌块上下层之间的接触面积小，相对于砖砌体其抗剪强度低，这对抗震是不利的。由于我国多年来新建的砌块建筑大多均未经地震的考验，有的问题尚未暴露出来。设计人员目前采取一系列加强措施，包括对房屋高度的限制，横墙最大间距限制，局部尺寸限制，增设圈梁、芯柱、砌体中配筋等，只能得到一定的控制。

针对以上问题，近年来混凝土砌块：正在出现了改进的趋势，主要表现为：

（1）块型小型化。块型不再追求大块，块的长度应由 390mm 变为 240mm，高度由 190mm 变为 90mm，宽度也由 190mm 减到 115mm。中小型空心砌块变成混凝土空心砖，尺寸已接近原来的黏土砖。块型小型化，方便施工，可分散裂缝，减少裂缝宽度，特别是块的宽度减小到 90mm 后可提高竖向灰缝的灌缝饱满度。

（2）材质高强化。块材用较强的混凝土，以提高砌块的抗压、抗弯、抗剪强度，减少块材本身因受力出现裂缝的可能性。同时在混凝中掺入超细粉煤灰或超细矿渣粉等掺合料以减少水泥用量。

（3）施工常规化，使小型空心砌块的施工方法趋同于原来的砖砌体，以砌为主，减少灌芯，施工操作简便，便于采取传统的加强构造措施。

（4）体系国情化。过去在发展砌块初期，曾普遍推崇沿用国外的小砌块芯柱结构体系，由于灌芯需用专用混凝土和专用砌筑砂浆，灌芯施工困难，质量不易保证。近年来，国内研究集中配筋的构造柱体系或组合墙结构体系，施工方便很多而且抗震性能、变形能力、延性均远优于仅用芯柱的小砌块建筑。

3　建筑节能的新形势推动砌块墙体的技术进步

当前，我国建筑节能正进入跨越式发展的新时期。建筑节能已成为我国的基本国策，节能方面标准不断提高，我省将普遍执行节能 50％的标准，沈阳、大连等一些大城市将率先执行节能 65％的标准；另一方面，节能技术经过近十年的摸索实践和市场竞争的结果，外墙外保温新技术已经成为建筑节能最有效的方式。建设部组织编制的《外墙保温工程技术规程》（JGJ 144—2004）已经颁布实施，其中推荐了五种行之有效的外保温技术措施。预计今后大部分节能建筑将按照外墙外保温的方式修建。

以往采取的保温做法除外墙外保温外还有外墙内保温、夹芯保温、外墙自保温等，其中自保温又分靠砌体的空隙率和采用轻集料减轻自重来达到保温目标和靠砌体间夹填轻质保温材料形成复合墙体来达到保温目标等。由于保温做法种类繁多，与之相适应的墙体砌块种类和做法也很繁多，造成砌块市场的混乱，不利于砌块的标准化和产业化。

建筑节能与墙体改革是相辅相成的两件大事。当建筑节能确定以外墙外保温这一先进模式作为今后主要发展方向后。混凝土砌块的功能定位和进一步定型、优化和应用都将有新的变化，这将大大推动砌块墙体的技术进步和健康发展。

4　外墙外保温对砌块墙体的要求

外墙外保温，特别是节能标准提高到 50％～65％以后，单靠砌体本身的热工性能是无法达到的。因此必然产生明确的分工，保温主要靠外保温技术，墙体的主要功能是承重和抗震。作为混凝土小型空心砌块，为了满足承重和抗震的要求，迎来了调整块型，减少品种规格，统一标准，降低成本的发展新机遇。除前已述及的小型空心砌块缩小块型尺寸，向空心砖演变外，还有以下几个演变特点：

（1）不追求高孔隙率，适当增加净承压面积。

（2）不追求多孔和多排孔，单排孔可适当增加孔洞壁肋的厚度，防止外壁受压时的劈裂现象。

（3）盲孔化，提高灰缝的抗剪强度，增加对水平钢筋的锚固，凹形盲孔效果更好。

（4）块型规则化，砌体整体化，使块与块之间都通过饱满的灰浆粘结，形成整体性好的砌体。前已述及，砌块高度以 90mm 为宜，使竖缝易灌满：盲孔使上下块之间的接触更加密实；当一个块体的顶部承受局部集中力或承受集中水平力时，通过块体可将所受的力均匀有效地扩散到砌块底部的截面上。

（5）减少块型。实心黏土砖的特点是块型只有一种，可以砌出各种厚度的清水墙体以及山角、线条、挑檐等装饰。如果空心砖的块型也只有一两种（7 分头靠砍砖），也能砌出漂亮的清水墙来，则传统的砖砌体特点都得到保留。

（6）可以正、反砌。当反砌时，孔洞中填上砂浆塞进碎石块或碎砖块，形成实心砌体，铺灰后使水平钢筋的锚固更牢，可以形成实心的圈梁；也可砌成实心的柱子或洞口的实体边缘构件，甚至整片实心墙。

沈阳华拓科技开发有限公司研制开发的混凝土三孔砖，利用自燃矸石、石渣、炉渣等工业废料为集料，掺粉煤灰的水泥为胶结料，采用专用机械压制成型，从而替代了黏土砖，节约了土地节约了能源，保护了环境，全面替代黏土砖的最佳产品（图 1）。块型实现了小型化、盲孔化、厚壁化、强化。经过大连理工大学力学系的系统试验研究，认为混凝土三孔砖砌体的抗压、抗剪、抗弯拉等力学性能要优于烧结黏土砖的力学性能，三孔砖砌体的弹性模量也优于中小型混凝土空心砌体的弹性模量。因此，辽宁省应大力推广应用混凝土三孔砖。目前三孔砖的推广受到传统势力的干扰，应用范围很少。希望各级基建主管部门大力支持，使新鲜事物早日开花结果。

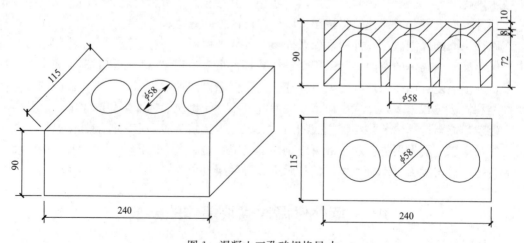

图 1　混凝土三孔砖规格尺寸

5　小结与展望

（1）当前应大力宣传国家有关节能、墙改方面的方针政策，为建设节约型社会，形成"节能共识"，推动混凝土小砌块的超常、健康发展；

（2）为使砌块市场有序健康发展，应克服当前砌块生产混乱现象，有的市有20多个砌块厂，每个厂都只生产自己的专利块型，造成产品品种繁多，有的适用于芯柱结构体系，有的适用于构造柱结构体系，让设计、施工单位无所适从。当前应推动砌块生产标准化、产业化。在现有的众多块型中，根据结构特点和承重型、填充型、保温型等砌块类型进行筛选、淘汰一批不适用、不合理的块型，定型一些先进合理的块型，同时鼓励一些先进合理的块型，同时鼓励创造发明或引进外地先进经验，尽早形成适用北方地区节能建筑的新块型。

（3）从砌块到建筑，特别是从砌块到生产，变成节能达标的节能建筑，是一个复杂的系统工程，每个环节都要进行认真的总结，不断改进。只有一方面通过市场化的推进，另一方面通过技术革新的推动，使适合国情、省情的砌块建筑体系尽快成熟起来，所以当前应强调有领导、有指导地搞试点建筑。

不宜过小，有的地方可以搞试点小区，搞不同类型建筑的试点等，只有通过一定数量的试点工程总结，才能为"砌块建筑技术规范"的编制创造前提条件。

（4）实现标准化、规范化。

当前，国家标准《建筑抗震设计规范》（GB 50011—2010）和《砌体结构设计规范》（GB 50003—2011）都对小砌块建筑设计作了详细的规定，特别是对抗震构造做法，抗震计算公式都可以参考使用。但这些规定一般只针对编制规范所针对的砌块块型和它们的强度试验数据，对辽宁省筛选出来的新块型应作一定的物理力学试验来确定其与国家规范中砌体的对应关系。有了这个对应关系，以及试点工程积累的经验，将很容易编制出我省乃至我国的技术标准，为大范围推广应用多孔砖和小砌块创造条件，使建设事业尽快步入资源节约的可持续发展道路。

沈阳的20世纪建筑遗产应得到妥善的保护

林　敢[1]　林　晖[2]　温青培[3]

(1. 东北大学建筑设计院；2. 辽宁省城乡建筑设计院；3. 东北建筑设计研究院)

最近，我国建筑界和文物界开始关心我国20世纪建筑遗产的保护和传承的问题。所谓20世纪建筑遗产，我国著名的建筑遗产专家、中国文物学会20世纪建筑遗产委员会会长、原北京故宫博物院院长单霁翔认为，即诞生于1900～1999年间的建筑文化遗产集合，它应该包括以下五大部分：

(1) 见证城市发展历程的重要建筑；

(2) 见证不同历史时期重大历史事件的典型建筑；

(3) 见证文化、教育等不同领域发展的重要建筑；

(4) 成为体现城市特色风貌的代表性建筑；

(5) 在建筑科技方面具有世界领先地位的建筑。

按时间划分：沈阳的遗产可分为新中国成立前（1900～1948年）和新中国成立后（1949～1999年）两大部分。本文主要讨论新中国成立后部分。因为新中国成立后的遗产往往是功能延续着的"活遗产"，它起步较晚，缺少研究，没有现成模式可参考，许多后20世纪遗产的生命历程尚未终结，发展状况尚未成熟，突出价值尚未充分彰显，其文化内涵和象征意义往往仍在塑造过程中，现在取消了建成30年的时间限制，特别是20世纪90年代建成的符合以上5条的建筑也可当遗产或当代遗产加以申报。同时，新中国成立后的后20世纪的当代遗产的数量巨大，相对于新中国成立前的遗产，人们对其缺乏保护意识，动则被拆毁或消失。如沈阳的夏宫，曾被年轻人认为是沈阳最好玩的地方，建成仅十几年就被拆除了；又如辽展大厦，是我国第一个采用了高强混凝土的高层建筑，在设计计算方法方面做了大量科研和试验，在建筑科技方面具有领先地位，建成仅20年就被拆除，据说是嫌它太矮，而新建成的大楼比它高不了多少，还不如它好看；再如位于青年大街上的万人体育馆，虽设计有点毛病，但能加固修改后使用，也被拆除。因此，随着沈阳城市变化的快速发展，新中国成立后的当代建筑遗产的保护现正处于最紧迫、最危险、最关键的历史阶段。

新中国成立后的遗产，1949～1966年，当时北京有"十大建筑"，沈阳则跟着建设了"五大建筑"（辽宁大厦、辽宁人民会堂、辽宁工业展览馆、辽宁友谊宾馆和沈阳军区办公楼）（图1），现在这五大建筑还健在，而且寿命都已超过50年，人们都把它们当文化遗产对待，而且均已融入了现代生活，是名副其实的建筑遗产；在这期间沈阳建了大量的工业建筑，后来拆掉不少，留下的应进行价值评估，争取多保留一些；辽宁省设计院还在1964年在大连湾设计建成远东最大的现代水产加工企业——大连渔港。该渔港有大量的工业建筑，不仅工艺先进，布局合理，结构坚固，建筑形象也很有特色，至今耐久性已超过50

年，当年获得建设部、水产部的最高奖；沈阳市的各高等学校都建了教学建筑（如东北大学的建筑馆、冶金馆、采矿馆、机械馆为代表的校园建筑、辽大、药学院、农大、沈音、鲁美等院校都有值得保留的校舍建筑……）（图 2、图 4）；办公建筑也不少（如东北设计院、省建筑设计院、辽宁省水电设计院等的办公楼、共青团市委的办公楼等）（图 3）。

图 1　辽宁大厦

图 2　东北大学教学楼

图 3　辽宁省建筑设计研究院主楼

　　1978～1999 年是沈阳建筑最兴旺的时期，现在我们国家把 1999 年底以前建成的具有前述 5 种类型的建筑都收入遗产评估的范畴，这就大大拓宽了寻优视野，提前对遗产进行保护评估。对当代建筑遗产进行科学评估时，应当客观而宽容，为后人保留延续的空间。

　　西方国家如美国，其古代遗产虽不如中国，但近代遗产却比我们多得多，如名人故居、名师设计、名企开发的建筑都可进入遗产范畴，特别在建筑科技方面具有世界领先地位的建筑结构，有的刚建完没多久就进入遗产名录。如美籍华人结构大师林同炎设计的马那瓜美洲银行大楼，是马那瓜当时最高建筑，钢筋混凝土结构，林教授负责抗震设计，并指导建筑布局，采取多道防线。刚柔结合概念设计思想，有意将核心筒变成柔性筒，通过每层梁中部开大洞，控制产生塑性铰，使成为具有延性和耗能能力的结构体系，建成后不久，1972 年 12 月 23 日即遇到强烈地震，该楼位于震中，楼前的街道上出现了很宽的地裂缝，周围建筑物全部倒塌，该大楼承受着比当时设计规范（UBC 美国统一建筑规范）所要求的地面运动水平加速度 0.06g 大 6 倍的地震强度（0.35g，相当于里氏 6.3～6.5 级）而未倒塌，甚至未严重破坏，只在核心筒的墙面上掉下了几块大理石饰面。随后，不仅美洲银行大楼获得了美国最高的设计大奖，而且在楼龄远未达到 20 年的情况下提前被评为历史文物建筑加以永久保留。

美国特别注重将建筑科技领域中具有世界领先地位的建筑，不论其建成时间长短，列入建筑遗产名录。又如，于 20 世纪 80 年代在 7 度地震区的拉斯维加斯建起 4 幢 28 层高的配筋砌体建筑（Excalibur 旅馆）、第一个钢筋混凝土高层框架建筑、第一个钢结构高层建筑、第一个用预应力混凝土的高层结构、各种创新类型的桥梁结构代表性工程、首先采用高强度和高性能混凝土的建筑结构、采用轻骨料混凝土建筑结构等。

参照美国的选优经验（不以建成时间为限制），从改革开放到 1999 年间，我们辽宁省出现了多项在科技方面处于世界领先、中国第一水平的设计理论和方法。如钢管高强混凝土与普通混凝土的相互约束和叠合理论，应用于高层组合柱、叠合柱、剪力墙和框支柱中；用加强约束的简易方法改善传统砌体结构，提高其抗震性能的理论和方法；采用先进建筑材料，通过研制，建起了我国第一批掺粉煤灰的高强度弹性模量混凝土建筑、火山渣混凝土建筑、煤矸石混凝土建筑；在超高层建筑的深基础设计方面，运用刚度扩展法，按变形控制理论进行筏板基础设计；在空间钢结构设计中，辽宁省设计人员首次提出应用最大应变能准则法进行优化设计，设计出多幢形象优美，布局复杂的新型钢网架。

图 4　沈阳药科大学教学楼

在我国，则更偏重于名人设计和建筑的外观特色。对建筑的创造性和科技含量重视不够。

某段地下交面隧道隆起原因分析

杨荫泉[1]　刘　斌[2]　李维宜[3]　林立岩[4]

(1. 沈阳机电研究设计院；2. 东北大学土木工程系；3. 沈阳军区建筑设计研究院；

4. 辽宁省建筑设计研究院有限责任公司)

(以上四位均为辽宁省土建学会岩土工程学术委员会老会员，这是他们最后一次集体为沈阳市作咨询服务)

1　问题的提出

我国近年来，随着城市建设的大力发展，经常会在已建地下隧道附近，进行深基坑开挖，在复杂的地质条件和施工环境下，这些深基坑开挖，严格来讲，对临近地下隧道的受力和变形状态会有一定的影响，但对其影响的大小，还要视其具体情况，并要结合地下隧道周围的介质，具体问题具体分析。我市于洪区有一已完工，而且正常使用的地下交通隧道工程。在该地下隧道工程的西侧，有一高层建筑群，且部分深基坑正在开挖。地下隧道和深基坑的剖面，详见图1、图2。

地下隧道的管理部门，对其进行定期沉降监测的过程中，发现了以下的情况：

(1) 在2011年8月20日～2011年9月28日的监测记录中无异常所见；

(2) 在2011年11月24日的监测记录中，发现地下隧道，向上大范围隆起，最大隆起值为8.00mm；

(3) 在2011年12月26日的监测记录中，发现向上隆起现象继续，最大隆起值处，由原来的8.00mm变为11.60mm，隧道坡度，尚在允许范围内；

(4) 整个向上隆起的反应区均为644.40m；

(5) 整个隆起的测试曲线和深基坑的平面关系，见图3。

地下隧道西侧的深基坑，坑顶平面尺寸为178.8m×261.5m实际开挖时为了运土方便，在东西方向的大约中部附近，留有一运土通道，道宽20m（此通道由北向南稍有运输车辆爬坡的坡度），这部分基本没有开挖，深基坑实际开挖情况详见图4。

地下隧道向上隆起的问题出现以后，鉴于基坑开挖段与区间隧道隆起段，时间的对应性，有关部门首先想到地下隧道隆起的唯一原因，就是深基坑开挖的影响。

针对出现的问题，设计部门用FLAC[3D]程序进行了分析计算，计算模型的边界范围为基坑东西向考虑为无限长，所以取计算尺寸为261.5m的一半，并在边界面处，施加法向的水平约束，南北长取200m（实际为644.4m），区间地下隧道结构取底板以下50m，地表为自由界面，并在地表施加超载20kPa（相当于$2t/m^2$）。计算模量如何选取，在设计部门的文件中未见说明。计算结果与监测结果却出奇的吻合。整个分析过程没考虑地下水的

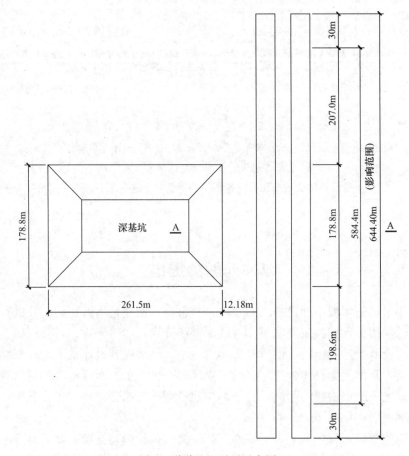

图1 隧道基坑平面示意图

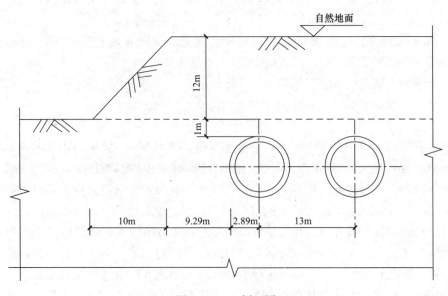

图2 A—A剖面图

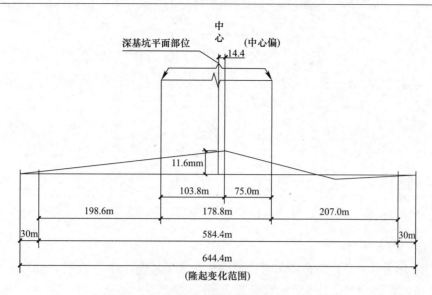

图 3　纵向隆起曲线和深基坑的平面关系图

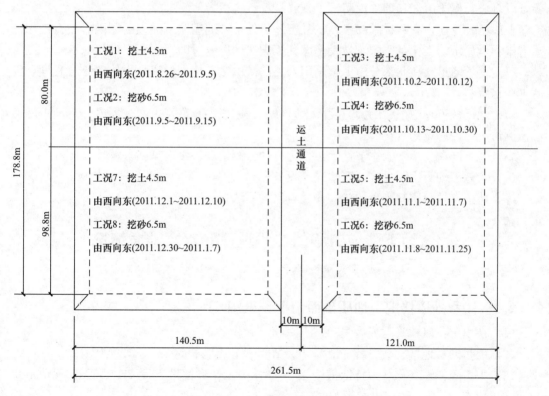

图 4　深基坑开挖工况

变化和影响，也没考虑施工因素的影响。

　　鉴于上述原因，责令深基坑施工部门，将开挖的基坑回填，回填断面详见图 5。

　　深基坑回填后，监测情况如下：

　　（1）2011 年 12 月 31 日开始回填，2012 年 1 月 7 日填完。监测部门，自 2011 年 12 月

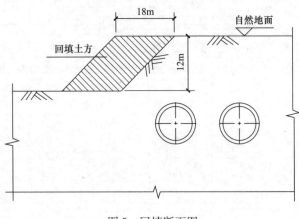

图 5　回填断面图

27 日至 2012 年 1 月 8 日，对该隧道继续监测，结果是原向土体起的 11.6mm 处，已经收敛为 9.8mm。

（2）从填土的持续时间和监测的时间上看，不甚吻合，对于极不均匀的土体，这种现象，没有进行概念解释和理论说明。

上边已经论述，有关技术部门，在分析该条件下，隧道向上隆起的原因时没有考虑地下潜水和承压水的变化及影响，又没考虑施工方法的影响，即：

（1）地下隧道，在此部分施工，是用人工的矿山法，地下隧道和土体的结合程度，没有见探伤资料。

（2）地下隧道，施工时的大力度降水，和工程完成停止降水，水位回升，对地下隧道的监测情况，没有见到资料。

（3）地下隧道在地下水季节性水位变化时的监测情况，没有见到资料。

（4）对地下动力水水量的监测情况，没有资料。

综上所述，针对这些现象，我们谈谈自己的看法。

2　该地下隧道工程的工程地质和水文地质情况

2.1　工程地质情况（地质剖面情况详见图 6）

（1）杂填土：以建筑垃圾为主；

（2）中粗砂：地基承载力特征值为 $f_k=230$kpa，变形模量 $E_0=21.9$MPa；

（3）中粗砂：地基承载力特征值为 $f_k=330$kpa，变形模量 $E_0=27.0$MPa，现地下水顶面（2011 年 11 月～2012 年 2 月）就在此层；

（4）粉质黏土：可塑——硬塑，局部软塑，地基承载力特征值 $f_k=180$kPa，压缩模量 $E_{s0.1-0.2}=6.91$MPa，此层为饱和土体；

（5）粉细砂：地基承载力特征值 $f_k=200$kPa，变形模量 $E_0=21.9$MPa；

（6）不连续粉质黏土，地基承载力特征值 $f_k=250$kPa；

（7）中粗砂，地基承载力特征值 $f_k=400～280$kPa，变形模量 $E_0=36.8～23.6$MPa；

（8）砾砂：地基承载力特征值 $f_k = 430\text{kPa}$，变形模量 $E_0 = 40.8\text{MPa}$，钻孔总深 40m，所以钻孔仅到第 8 层砾砂层。

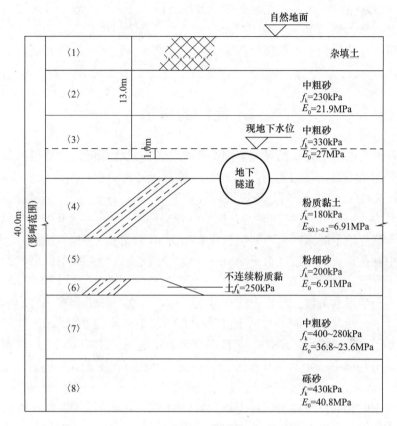

图 6　场地剖面图

2.2　水文地质情况

据地质报告中提供，场区含水层分为两层，上层含水层存于上部中粗砂和粉质黏土层，属于孔隙潜水，下层含水层，位于自由地面 20.2m 以下，属孔隙承压水，两层地下水有水力联系，两层水的综合水位，埋深在自然地面以下 7.5～12m，地质报告中还提供了第一层水的渗透系数为 70m/d（m/d），第二层水的渗透系数为 34m/d。

3　国内类似工程的程序分析情况

现在国内类似的工程很多，许多技术部门和高等学校，多用计算软件进行分析，计算软件多种多样，如有 ANSYS 大型软件，引入水工隧洞的 FLAC[30] 软件，SIMULIA 公司的 ABAQUS 软件，这些软件对土体的假设均是：均匀、连续，各向同性的弹性体或弹塑性体，而计算过程所用的各种模量，多取参考值，很少进行试验取得基本值，而类似本工程这样复杂的工程地质和水文地质验收取得基本值，也无法试验。

浙江大学对本工程采用 SIMULIA 公司的 ABAQUS 软件分析结果如下：

（1）模型尺寸为 360m×249m×24m(x×y×z)，深基坑平面尺寸为 262m×190m(x×y)，考虑八种工况（图 4），但是没有考虑中间设有开挖的运输通道；

（2）隧道以水平变形为主，位移向基坑开挖方向；

（3）深基坑最大侧向水平位移 35.7mm 向坑内，最大反弹量 105.7mm；

（4）隧道产生的最大水平位移，向基坑开挖方向为 15.4mm，最大垂直位移向上隆起1.38mm。

4　我们的看法

（1）设计部门的分析计算结果与监测结果吻合，但设计部门的计算模型和附近深基坑实际开挖情况相差太远，且与监测范围也不一致，计算模型中，南北长取 200m，而监测南北影响范围为 644.4m（图 3），所以设计计算取 200m，有些短了，东西挖土半无限长，实际计划坑长为 261.5m，此坑当时的开挖情况详见图 4，分两部分开挖，中间没开挖部分属运输通道，临近地下隧道的东西向坑长仅有 121m，计算模型中，隧道底板下深取 50m，而地质报告中钻孔深仅在隧道底板下 20m，由以上情况看，计算模型似乎放大了土建深基坑的影响。

（2）从力与变形的角度分析，土建深基坑开挖，对地下隧道会有一定影响。但在本工程的特定条件下，深基坑坡底，与地下隧道中心的水平距离为 22.18m，且坑底标高在隧道顶上方 1.0m。坑沿隧道长 178.8m，竟影响了地下隧道 644.4m（图 1），而隧道向上隆起的最大部位与基坑中心并不吻合（图 3），可见深基坑开挖不是地下隧道向上隆起的唯一主要原因。

（3）所有有限元的计算模型，对土体均假设为是：均匀连续，各向同性的弹性体或弹塑性体，但土体不是弹性体，也不是理想的弹塑性体，因此用弹性理论的方法，来研究计算土体，可能会导致较大误差，而对土体的各种计算模量的选取上，人为因素很大，对于本工程的具体地质情况，计算模量选取时误差会更大，地质情况详见图 6。

（4）我们根据《建筑地基基础设计规范》（GB 50007—2011），对实际基坑开挖进行了反弹计算结果表明，实际开挖时的基坑中心，回弹值仅为 15.9mm。深基坑中心距地下隧道中心为 67.68m，也就是说对于本文所说的工程，深基坑开挖，对临近地下隧道会有一定影响，但深基坑本身回弹量不大，而对图 1 所示的地下隧道，更不会影响到 644.4m 这样大的范围，从理论上无法解释，所以还有待寻找其他原因。

（5）究竟什么是地下隧道向上隆起的主要原因，我们的看法如下：

1）此部分隧道的施工是用矿山法，顶部瓦片和土体是否结合紧密，对隧道的嵌固作用，必须搞清，所以应有探伤资料。

2）对于地下水的影响，应有足够的重视程度中，地下水的影响有二：其一是地下隧道施工时的大力度降水，隧道运行后停止大力度降水，这个过程对不同土体的影响；其二是季节性地下水位的变化，特别是承压的动力水。

3）我们认为该地下隧道工程，向上隆起的主导因素是地下水的作用，而深基坑开挖是次要因素，隧道是在降水情况下挖掘并施工的，当隧道施工完毕，停止降水使地下水位回升到洞顶以上 1m 时，整个隧道承受的上浮力等于隧道结构排开同体积水的重量，且隧道四周土体也受到上浮力的影响，能减少土体对隧道的嵌固作用。这两部分的上浮力很大，二者共同作用使隧道结构隆起。

（6）我们认为，隧道设计和施工单位，应根据地下水的变化情况，构造措施和深基坑开挖时，针对地下隧道的不同结构形式，采取有效的施工方法，使其对隧道的影响控制在允许范围内。

（7）在该段地下交通隧道的西侧可以按原规划恢复修建高层建筑和地下室基础。管理部门最后果断作出决定，使房建开发商避免了重大损失。如果按铁道施工部门的意见，沈阳市今后地下交通隧道两侧建高层建筑将受到很大限制，沈阳市也不会有今日高楼林立的壮观景象。

第六篇
水利与道桥

　　本书论述"工程结构的创新与发展"。工程结构包括范围很广。前五篇主要讨论建筑结构问题。本篇讨论"水利与道桥"水利与道桥结构的专业性较强。已有各自的专业文献介绍其"创新与发展"，由于本书主要面向建筑领域的读者，因此本书不用很多篇幅详细介绍这两大领域的创新进展，只是重点用4篇文章介绍该两大领域内的突出事迹。

　　第一篇文章为辽宁省水利水电勘测设计研究院教授级高级工程师杜士斌写的"当今世界最长的输水隧洞建在辽宁"，介绍已建成使用的我省最值得骄傲的大型输水工程的设计、施工情况。第二篇文章为沈阳机电研究设计院教授级高级工程师杨荫泉写的"四通八达的路，跨江过海的桥"，介绍我省至今每个县都通高速公路，每个乡都有柏油路面，以及各式各样通江过海的桥梁。第三篇文章重点介绍新近建成的海中大桥—长海县长山大桥。第四篇文章是由林立岩、杨荫泉、杜士斌三位合写的介绍辽宁省水利建设的重大成就，对水资源利用方面的经验进行总结；文章最后抒发我们建设美丽中国的梦想。这个梦想曾是一个有争议的课题，过去"南水北调"的争议，经历几十年还难定案，最后是毛主席和周总理拍的板，才开始分期分段施工，才有今日人皆赞美的伟大成就。林立岩、杨荫泉、杜士斌等三位专家早年都毕业于清华大学河川结构及水电站建筑专业，他们是我国著名水利专家张光斗院士的学生，也受过黄万里、李丕济、张任等名师的指导，在真刀真枪搞毕业设计时期，就开始搞水资源调度、水电站和水库设计，几十年工作中，又都担任过各自单位的总工程师。虽然后来专业分工有所变化，只有杜士斌仍坚持在调水工程的第一线，但他们都关心国家的头等大事——水利建设和水资源调度。借本书出版之际，热心写出他们几十年来藏于心中的梦想。这个梦想也许太过天真，会有许多不成熟之处，仅抛砖引玉，敬请关心水利事业的读者批评指正。

本章编辑　杜士斌　林立岩

当今世界最长的输水隧洞

杜士斌

（辽宁省水利水电勘测设计研究院）

1　世界最长的输水隧洞

1.1　工程概况

当今世界最长的输水隧洞是指，截止到 2014 年，在全世界范围内已经建成的开挖洞径大于等于 8.0m 的所有水工隧洞和铁路隧道中最长的输水隧洞。

该隧洞长 85.3km，TBM（Tunnel Boring Machine 硬岩隧道挖掘机）开挖断面直径 8.00m，衬砌后成洞洞径 7.16m，属于大断面特长隧洞。隧洞纵坡 1/2380，是一座自流式输水的大型跨流域调水工程。设计输水能力 70m³/s，最大输水能力 77m³/s，多年平均输水量 17.88 亿 m³。

输水工程的主体建筑物包括进水口引水建筑物、输水隧洞和出水口泄水建筑物。辅助建筑物包括 7 条永久交通检修支洞和 7 条临时施工支洞。14 条支洞总长 15.4km。

1.2　具有十分优越的调水条件

（1）调出区水资源丰富，开发利用率极低，有足够的水可调；

（2）水源库和调入区的水质均为 II 类水，可作为城市工业生活用水；

（3）隧洞进、出口高差 35.85m，具备优越的自流引水条件；

（4）整个隧洞中间无出露，横穿两大流域之间雄厚的分水岭；

（5）工程区无区域性深入断裂构造，属区域构造相对稳定区；

（6）全洞线以 II、III 类围岩为主，多属中硬岩，具备成洞条件；

（7）水源库和调入库，均具有足够的调节能力和良好的调节性能，使引水和供水具有可靠的保证。

上述表明，就资源数量、水源质量、调水方式、成洞条件及运行管理的经济性和可靠性等各方面，本工程都堪称是一座十分优越的大型跨流域调水工程。

1.3　洞线穿越地层的主要地质问题

1. 断层破碎带洞段的围岩稳定问题

本洞线穿越 29 条断层。其中对施工影响较大的断层有 5 条，即 F_3、F_{11}、F_{13}、F_{14}、

F_{41}。断层破碎带宽度在 $10\sim50m$ 不等。断层物质破碎，风化程度较强，胶结疏松，整体强度低，对成洞不利。其中尤以发育于六河谷地中的断裂构造展布形态复杂。F_{13} 与 F_{12-1}、F_{13-2} 交汇，对中厚层状大理岩切割贯通性高，岩体破坏严重，且有溶蚀现象。上述主要断层破碎带部位，施工期间存在围岩稳定问题。

2. 大理岩洞段和向斜构造核部的涌水问题

本洞线穿越 8km 的大理岩地层。该段断裂构造发育，集中了 F_{11}、F_{12}、F_{13}、F_{14} 四条较大的断层。大理岩地层溶蚀裂隙发育，地表水与地下水连通。尤其是穿越三道河子向斜构造核部的六河段，系为蓄水构造。大理岩被断层交叉切割，岩体破碎，透水性强。该段洞室埋深浅，仅 63m。地表有常年流水的六河通过，多年平均径流量 1.87 亿 m^3。该段是整个洞线最大的可能涌水部位。

3. 高应力区硬岩岩爆和软岩塑性大变形问题

本洞线穿越的高应力区有三段：一是挂牌岭一带的石英砂岩洞段；二是拉古甲附近的大理岩洞段；三是玉皇顶以东的混合岩洞段。工程经验表明，高或极高应力区的硬岩洞段可能发生岩爆，软岩洞段则可能发生持续发展的塑性变形。本工程的实践则表明，在辽宁低山区的高或极高应力区，软岩洞段持续发展的大变形更值得关注。

4. 石英砂岩洞段的掘进效率问题

从桩号 $2+050\sim12+420$ 共长 10.37km，为中厚～巨厚层状石英砂岩。其上部铁质石英砂岩的石英含量平均约 67%，下部硅质石英砂岩的石英含量平均约 75%。经验表明，当岩石中的石英含量超过 25% 时，岩石的韧性增大，不易切割，刀具寿命明显缩短。从现场勘探情况来看，其他岩石钻探采用 $25\sim28$ 目金刚石钻头即可，石英砂岩则需采用 35 目以上钻头，且其钻进速度仅为其他岩石的 50% 左右。德国的统计资料表明，在岩石抗压强度同为 60MPa 的情况下，单个刀具可开挖不含石英的岩石 $46m^3$，但只能开挖石英含量 80% 的岩石 $3.75m^3$。两者相差 12 倍。同样，挪威德隆汉姆大学土木系的统计资料也表明，假定同一种刀具在石灰岩中掘进的刀具寿命指数（CLI-Cutter Live Index）为 $70\sim100$ 以上，而在石英砂岩中掘进，其刀具寿命指数则仅为 $1\sim8$。两者相较，相差十数乃至数十倍。上述说明，同其他围岩洞段相比，石英砂岩洞段的可掘进性很差。

1.4　采用 TBM 和钻爆法联合施工方案

现代隧洞工程选择施工方法的原则是：深埋长大隧洞工程，优先采用先进的 TBM 施工；对于大规模断层破碎带洞段、可能产生突发性涌水的岩溶性地层洞段和可掘进性差的高石英含量石英砂岩洞段等，则应采用常规的、经验成熟的钻爆法施工。

根据洞线的工程地质、水文地质条件和上述原则，本工程采用 TBM 掘进和钻爆法开挖的联合施工方案。钻爆法施工段总长 25.5km，囊括了五条较大规模的断层破碎带洞段、10.4km 高石英含量的石英砂岩洞段和三道河子复式向斜构造复杂带及可能最大涌水洞段。这样，全洞线最不利地质条件洞段基本全部采用钻爆法施工。其余 59.8km 则按每台 20km 左右控制，采用 3 台开敞式 TBM 施工。

实践证明：特长隧洞工程采用 TBM 施工，可以充分发挥其掘进速度快、施工质量稳定、安全作业条件好、对生态环境影响小的优势；而对于各种不利地质条件洞段，采用经验成熟的钻爆法施工，又可以充分发挥其机动性和灵活性，确保施工的顺利进行。

1.5　工程建设

本工程的前期准备工作：2002 年 3 月～2003 年 5 月。

施工监理招标、评标、定标：2002 年 12 月。

施工招标、评标、定标：2002 年 12 月～2013 年 5 月。

本项工程共划分成 8 个施工标段。

5 个钻爆法施工段是：DB1(1 号、2 号支洞)、DB2(4 号、6 号支洞)、DB3(7 号、8 号支洞)、DB4(9 号支洞) 和六河施工段。

这里需要特别说明的是，六河施工段在输水工程中是一个长度最短的标段，桩号从 15＋700 至 15＋840，总长只有 140m，而且又位于 DB3 标段的 7 号、8 号支洞之间。为什么将这 140m 洞段从 DB3 标段中摘出来作为一个单独的标段进行招标，是因为：

(1) 该洞段埋深浅，仅 63m；

(2) 位于三道河子复式向斜核部，富含地下水；

(3) 大理岩被 F_{13} 大断层和 $F_{12\text{-}1}$、$F_{13\text{-}2}$ 所切割，十分破碎；

(4) 地表为多年平均径流量 1.87 亿 m^3 常年流水的六河；

(5) 地质勘探揭示，该段洞线将穿越几十米的大理岩原位风化沙；

(6) 超前钻孔发现，除大理岩原位风化沙以外，还有来自地表的黄色中细沙；

(7) 前期试验段施工期间发生几次大的涌水，基本与地表水连通；

(8) 隧洞施工既存在着高压突水的威胁，也存在着突泥、突沙的灾害；

(9) 在进入纯沙洞段后，一旦发生突水、突沙，由于这里的水、沙源源不断，将会给整个输水工程造成无可挽回的严重后果。

因此，六河段成为本工程的咽喉和瓶颈，是关系整个输水工程成败的关键。

TBM 施工段 3 个标段是：TBM1(10 号、11 号、12 号支洞)、TBM2(13 号、14 号、15 号支洞) 和 TBM3 (16 号支洞)。

TBM 施工段的特点是：

① TBM 设备全部进口，其中美国 Robbins 公司 2 台，德国 Wirth 公司 1 台；

② 工程全部由国内施工队伍承建。

本工程于 2003 年 6 月正式开工，2009 年 4 月 12 日实现全线贯通。其中 TBM 施工 44.66km，钻爆法施工 40.64km。2009 年底主体工程全部建成并通水。工程建设历时 6 年半，至今运行正常。

2　工程建设的重点与难点

2.1　设置中间施工支洞

采用 TBM 和钻爆法联合施工方案，TBM 单机掘进长度按 20km 左右控制。为此，全线布设了 7 条施工支洞，其中的 TBM 施工段按一机一洞布设。为了保证特长隧洞施工期的通风和运行期的补气，在 TBM 施工段中间布设 9 个通风竖井，直径 3.0m，累计进尺 1473m。这是一种理想化的直观布置方案。

TBM 施工存在着地质、设备、技术管理三大风险。在国外一般都将 TBM 单机掘进长度控制在 15km 以内，本工程则按 20km 左右控制。进一步的思考，则将面临一旦发生任何一种风险，有哪些切实可行、稳妥可靠的保证措施，怎样才能确保工程建设的顺利进行，施工供电的电压降、施工通风、TBM 设备检修、维护与保养以及 TBM 故障脱困和弥补工期措施等一系列问题。为此决定取消竖井，改在 TBM 施工段中间增设中间施工支洞方案，即分别在各 TBM 段中间设置一、两条具备检修、交通、运输、出渣、供电、通风等综合功能的施工支洞。

设置中间施工支洞是确保 TBM 单机掘进长度的重要措施；同时，还具有下列优点：

（1）减少施工人员上下班时间，降低劳动强度；

（2）缩短出渣连续皮带机长度，节省工程投资；

（3）缩短出渣、料物运输距离，降低工程造价；

（4）缩短供电距离，减少电压降，确保供电可靠性；

（5）缩短通风距离，减少风量损失，保证通风效果；

（6）便于中途全面进行 TBM 检修、维护与保养；

（7）如果 TBM 发生故障，可为钻爆法救助提供掌子面，以弥补工期；

（8）采用开敞式 TBM，完成掘进段可先行二次混凝土衬砌，以缩短工期。

本工程的实践证明，在 TBM 施工段设置中间施工支洞，是一个成功的经验。

2.2　高应力的启示与安全施工预报

本工程 731m 塑性变形洞段（简称 27＋500 洞段），有多条断层与洞轴线小角度相交。围岩主要为正常斑岩、煌斑岩和构造岩。开敞式 TBM 掘进通过后，围岩持续产生塑性大变形，严重地侵占了隧洞衬砌断面乃至隧洞净空。详见表 1 和表 2。塑性变形的持续发展，严重地危及了施工安全。经返工处理，耗时两年，耗资 2000 万，拖延了建设工期，增加了工程投资。

表 1

仰拱隆起高度表

桩号	隆起高度（mm）
27＋478.70	29
27＋490.60	49
27＋500.40	174
27＋510.80	82
27＋521.30	21
27＋532.20	49
27＋551.80	34
27＋559.90	82
27＋582.20	109
27＋592.59	80

围岩塑性变形侵占衬砌混凝土断面表 表2

序号	桩号	最小值（mm）	最大值（mm）
1	27+208.722	14	279
2	27+243.05	42	220
3	27+269.01	30	183
4	27+305.39	80	242
5	27+424.7	30	349
6	27+439.21	16	212
7	27+462.44	53	346
8	27+522.982	22	370
9	27+678.199	89	191

注：（1）混凝土衬砌厚度260mm；
（2）变形≤260mm侵占衬砌断面；
（3）变形>260mm侵占隧洞净空。

究其原因，按照应力比的概念，该部位的最大水平主应力 $\sigma_{max}=16.08$MPa，正常斑岩的单轴饱和抗压强度 $R_c=55.43$MPa，应力比 55.43/16.08＝3.45＜4.00，表明本段处于极高应力区。这就是 27+500 洞段持续产生大变形的症结所在。

高地应力给我们的启示是：

（1）高应力区的硬岩会招致强烈的岩爆危害，这已早为众所周知。以往的地质、设计报告和招投标文件多有论述。但是以应力比的概念来判别应力区，除专业人士外，却为数并不多。

（2）高应力区的软岩会长期持续产生塑性大变形。这是一种地质灾害，可能会导致连续卡机、侵占设计断面、连续塌方堵住后路或埋人和埋机的危险。然而，在以往的报告或文件中却未见述及。

（3）就地下工程而言，辽宁地区软岩高应力区塑性变形的危害远远高于硬岩高应力区岩爆的危害。

（4）地应力测试，可以成为隧洞工程安全施工长期、可靠的预报手段。

应用应力比进行安全施工预报的方法和程序是：

（1）确定地应力测试孔所代表的洞段。

（2）查明该洞段所穿越的岩性及其岩石的单轴饱和抗压强度 R_c。

（3）根据隧洞埋深查得垂直洞轴线方向最大初始地应力 σ_{max}。

（4）据此求得应力比 R_c/σ_{max}，从而判定该洞段是处于极高应力区（＜4），或高应力区（4～7），或一般应力区（＞7）。

（5）如系高或极高应力区：尚需进一步查明或在施工期进一步复核验证，如本洞段无任何地质构造，岩体比较完整，则应做好高或极高应力区硬岩防止岩爆的预案及相应的对策和措施。

（6）如系高或极高应力区：尚需进一步查明或在施工期进一步复核验证，如本洞段为断层破碎带等不良地质地段，则应做好高或极高应力区软岩防止长期持续产生塑性大变形的预案及相应的对策和措施。

地应力测试和工程地质条件，在初步设计期间即可获得。因此，在有经验的情况下，即可在《地质勘察报告》和《初步设计报告》中，对洞线的"高应力区"和"极高应力区"作出预报。至于是属于硬岩"高应力区"或"极高应力区"，还是属于软岩"高应力区"或"极高应力区"，则可根据地质构造作出初判，待施工过程中根据所揭示的地质条件，进行复核验证确定。

2.3 封闭仰拱的重要性和决策程序

27＋500 洞段的变形如此之大，而且还在继续发展，确实存在着塌方堵住后路或埋人和埋机的风险！决定 TBM 停止掘进，立即封闭仰拱。封闭处理的主要措施是：

（1）对仰拱裸露变形的钢拱架进行处理，采用间距 1.0m 的 I 10 工字钢进行纵向连接，打设 φ25 锁脚锚杆，使其形成环向封闭的骨架；

（2）对下部 60°未喷射混凝土的仰拱部位浇筑 C25 混凝土，使其与边顶拱喷射混凝土连接，形成一个环形的混凝土薄壁结构。

处理前后现场监控量测的对比见表 3。

仰拱封闭前后围岩变形速度对比表 表 3

断面	桩号	水平收敛速度（mm/d）		拱顶下沉速度（mm/d）	
		封闭前	封闭后	封闭前	封闭后
LS-3	27＋625	0.32	0.06	0.05	0.01
LS-4	27＋599	0.58	0.03	0.20	0.04
LS-5	27＋583	1.24	0.18	0.07	0.03
LS-6	27＋572	1.80	0.16	0.22	0.06
LS-7	27＋560	2.35	0.05	0.20	0.06
LS-8	27＋548	1.92	0.14	0.07	0.06
LS-9	27＋536	0.49	0.02	0.01	0.03
LS-10	27＋524	1.41	0.03	0.24	0.01
LS-11	27＋512	0.94	0.05	0.71	0.01
LS-12	27＋500	0.21	0.14	0.12	0.05
LS-13	27＋485	0.49	0.04	0.08	−0.02

从表 3 可以看出：

（1）仰拱封闭前，各现场监控量测断面的水平收敛速度均大于 0.2mm/d；

（2）仰拱封闭后，水平收敛速度均小于 0.2mm/d；

（3）仰拱封闭后的拱顶下沉速度均小于 0.1mm/d，基本趋于稳定。

这表明：

（1）封闭仰拱有效地遏止了围岩变形的大幅度增长；

（2）对于高应力区软岩塑性变形洞段的施工，及时封闭仰拱的极端重要性。

及时封闭仰拱的决策程序是：

（1）标准：以设计预留的允许变形量为控制标准。

（2）手段：以现场监控量测为手段。

（3）依据：以即时对现场监控量测资料的统计分析成果和趋势为依据。

（4）判断：将统计分析成果和变形的发展趋势与允许的收敛变形量进行比较作出判断。

（5）决策：如果当前的变形量已接近允许变形量或变形的发展趋势将超过允许变形量，则应立即作出决策：停止掘进，封闭仰拱！防止围岩变形侵占设计断面，进行返工处理，或塌方堵住后路，或埋人和埋机，确保施工安全顺利地进行！

2.4　特长隧洞 TBM 施工的地质风险

特长隧洞采用 TBM 施工，存在着三大风险，即地质风险、设备风险和技术管理风险。

隧洞工程是地下工程。地下工程的地质条件本身就有很多的未知数。特长隧洞工程长达几十乃至百余公里，大多跨越于崇山峻岭或荒无人迹的深山老林。前期地质勘察工作之艰难或疏漏，将为特长隧洞施工潜藏着地质风险。

2008 年 2 月 28 日，MDf_{11-1} 断层破碎带发生大规模塌方，导致 TBM 卡机被困。卡机洞室右侧为弱风化～强风化的碎裂岩，虽内部结构已完全破坏，但未经剧烈错动，尚有一定的自稳能力。洞室左侧为胶结极差的断层角砾，呈全风化的散体结构，强度极低，稳定性极差。

脱困处理的原则是：

（1）先加固，后处理，确保安全、顺利地进行脱困处理；

（2）以治水为先导，防止水对围岩、塌腔和塌体的破坏；

（3）既能加固围岩和塌体，又不固住刀盘和滚刀；

（4）扩挖断面宁大勿小，确保预留足够的收敛变形空间；

（5）加固、支护措施宁强勿弱，确保施工安全；

（6）不准在 TBM 掘进掌子面范围内埋设任何钢和塑料构件，以免影响脱困处理后 TBM 的正常掘进。

卡机脱困处理的程序是：

（1）封闭涌碴口和塌腔；

（2）加固 TBM 顶部和刀盘前部岩体；

（3）清理后方堆渣，加固刀盘后方不良地质段围岩；

（4）对 TBM 后配套设施进行改造；

（5）进行上导洞的设计、开挖与支护；

（6）进行上导洞下部刀盘两侧和前方的脱困处理；

（7）对刀盘前方断层破碎带洞段进行人工开挖与支护；

（8）回头处理临时支护侵占断面、影响 TBM 通过的 5m 段；

（9）在断层下盘坡脚，垂直浇筑混凝土，形成 TBM 掘进的掌子面恢复掘进。

自 2008 年 2 月 28 日卡机至 2008 年 9 月 24 日脱困处理完毕，历时 6.87 月。

卡机脱困处理原则正确，方法得当，步骤稳妥，安全可靠，为成功地进行 TBM 卡机脱困处理积累了宝贵的经验。

2.5　特长隧洞 TBM 施工的设备风险

TBM 是集掘进、出渣、初期支护、通风除尘为一体的现代隧洞工程大型施工设备，又是一种庞大繁杂、既笨重又精密的高新技术装备。

在 TBM 施工段招标期间，标书约定：采用全新的 TBM。

全新 TBM 的含义是：采用现代工艺技术水平、专门针对本工程地质条件设计制造的
TBM。然而，一家承包商却采用了 1993 年为瑞士费尔艾那隧道制造的备用而未用的主轴
承。该主轴承设计寿命 15000h，拟掘进长度 20km。但在开始掘进后不久，主轴承即发生
磨损。在完成第一段施工后，TBM 仅掘进 5800m，运行 4000h，主轴承便出现过度滚划，
磨损严重。经厂家鉴定：该轴承绝对不能继续使用。这是由于承包商违约采用 20 世纪 90
年代初而非 21 世纪工艺技术水平加工制造的主轴承导致的 TBM 设备风险。

2.6　特长隧洞 TBM 施工的技术管理风险

技术管理风险主要是由于缺乏经验所致。

为了确保 TBM 单机掘进 20km，在每台 TBM 施工段都设有中间检修扩大洞室，以便
对 TBM 设备进行检修、维护与保养。鉴于主轴承的重要性，在中间检修期间是否需要对
主轴承进行拆卸检修，这既是一个关系重大、又是一个难以作出而又必须作出的决策。

这台 TBM，历时 17 个月、完成了第一段 10.4km 的掘进，抵达中间检修扩大洞室。
这个扩大洞室是按照主机安装间的标准修建的，完全具备大修的条件。而这台 TBM 在第
一段贯通前的 4～5 个月内，主轴承就已发生磨损，从回油滤芯检测到铁屑约 1～2g/d。但
决策者未能在 4.4 个月的中间转场和检修期间，下定决心对主轴承进行拆封检修，错过了
大好的时机和优越的检修条件，以致在第二段掘进 1.7km 时，铁屑数量激增到 46g/d。经
ROBBINS 公司检测，铁屑确为 TBM 主轴承成分。建议：立即拆卸、检查主轴承和密封
装置。经拆封检查：主轴承磨损严重，决定更换主轴承。

在掘进途中更换主轴承，工程浩大繁杂：

（1）要在全世界范围内搜寻可能备用主轴承的所在（冰岛）；

（2）谈判签约，制定运输方案；

（3）详尽地制订更换主轴承的方案；

（4）需凿除初期支护长度 100m，以使 TBM 和后配套能够顺利进退；

（5）TBM 需往返两次（4×170m），才能完成主轴承的更换；

（6）需要万无一失地制订主轴承通过 11 号斜井的进洞运输方案；

（7）需要扩大 11 号斜井断面，扩挖主机检修间，开挖主轴承临时存储间等。

工程浩大繁杂，难度大，占用直线工期长达 4.11 月。

这不能不说是一个教训。

2.7　超前预注浆和超前管棚对接技术

本工程的六河施工段，集富水的向斜构造核部、地下水与地表水连通、三条断层交叉
切割及原位溶蚀大理岩风化沙等各种灾害地质条件为一体，既存在高压涌水的威胁，也存
在着突泥、突沙的灾害，成为隧洞工程施工的瓶颈洞段。其设计和施工是整个隧洞工程成
败的关键。

初步设计阶段和工程建设期间，在采用地面勘探、高密度电法、孔内电视、跨孔波速
测试、洞内超前钻孔及 TSP 超前地质预报等一切可行的手段，查明该段工程地质、水文
地质条件的前提下，将本段围岩划分成 3 类 4 段：

（1）第一段 30m 和第四段 40m，两段围岩同属裂隙岩体；

（2）第二段 20m，围岩以全风化的原位溶蚀大理岩沙为主，一旦被扰动形成临空面，极易产生突水突沙；

（3）第三段 50m，为岩性杂乱洞段，主要由断层碎块岩、碎裂岩、角砾岩、构造透镜体、断层泥及全风化的原位溶蚀大理岩沙等组成。

针对上述地质条件，经反复研究并邀请国内知名专家咨询确定：

（1）采取同时从一、四段向中间的二、三段进行夹击攻坚的策略；

（2）采用超前预注浆技术，将地下压力水拒之于洞周 10m 之外（图 1）；

（3）采用超前管棚技术（图 2），将溶蚀大理岩沙棚护在洞周管棚之外；

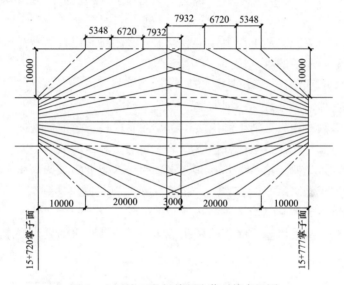

图 1 六河施工段超前预注浆对接布置图

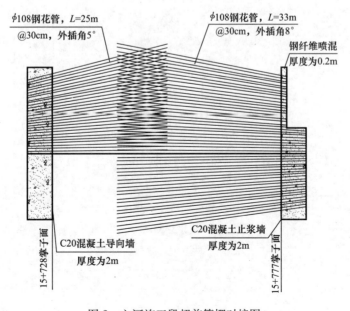

图 2 六河施工段超前管棚对接图

（4）最终对最关键的二、三段，采用超前预注浆和超前管棚对接技术（图2），以规避单向施工可能造成的纵向突水、突沙的风险。

对于事关本工程成败关键的洞段，在全方位地关注和重视下，采用夹击攻坚的策略是正确的，施工技术科学合理、稳妥可靠，确保六河段于 2007 年 3 月 28 日安全、顺利地实现了贯通。

2.8　盖帽法灌浆技术

2005 年 5 月 19 日凌晨，埋深 85m、位于大理岩洞段的 14+026 掌子面顶部，由两组节理切割形成的三角体塌落。地下水冲开岩溶管道，从线流状逐步发展为 500m³/h、1000m³/h，最大涌水量达 1500m³/h，导致 7 号施工支洞全部被淹。突发涌水后，地表出现两处塌陷和一条地裂缝。地下洞室在与地表水存在渗漏通道且已被淹的情况下，从地面进行灌浆是封堵渗漏通道的唯一选择。

14+026 涌水处理的指导思想是分两步走：

第一步，通过地面灌浆截堵渗漏通道；

第二步，排除洞内积水，清除洞内淤积物，在洞内进行超前预处理。

由于系通过地面钻孔，仅对已开挖隧洞掌子面部位洞室的前后、两侧及其顶部一定范围的岩体进行灌浆，类似于给 14+026 部位隧洞的头部戴上一顶遮蔽水、沙的帽子，故将这种灌浆称之为"盖帽法灌浆"（图3）。"盖帽法灌浆"是既可达到截堵掌子面附近渗漏通道的目的、又不致造成大量浆液无效浪费的一种科学、有效的灌浆技术。其难点在于：复杂地层的成孔方式、实现栓塞式灌浆的钻孔结构、对非灌浆段的处理要求严格以及对灌浆段实行了 3 重控制。

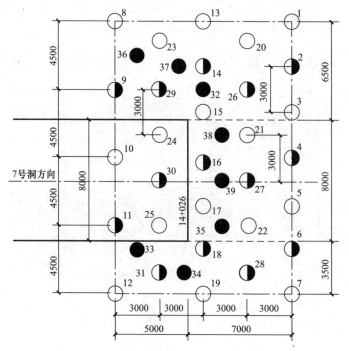

图 3　14+026 "盖帽法" 地面灌浆平面布置图

对非灌浆段处理的要求是：通过灌浆加固孔壁；防止浆液的无效扩散；做到卡塞可靠；防止绕塞渗漏造成固管事故。

对灌浆段的灌浆：必须对大注入量、大耗浆量和洞周孔段灌浆压力进行严格控制，以便既能封堵渗漏通道，又可避免浆液的无效扩散，防止灌穿洞壁产生新的渗漏通道。

本次"盖帽法"地面灌浆在完成 5 排 39 孔灌浆后，顺利地排除了洞内积水，为清除洞内淤积物、检查处理洞周被淹受损部位的初期支护、继续进行掌子面附近超前加固处理、恢复隧洞工程正常施工创造了条件。

2.9　全孔一次高压注（HSC）浆技术

本工程 9 号支洞上游洞线，与 F_{12} 断层成小角度相交。地层岩性主要为大理岩，含石墨，富水且具可溶性。断层组分复杂，松软破碎强度低，自稳能力极差。洞室的主要问题是围岩极不稳定，极易发生大规模塌方和高压涌水。本洞段虽经常规的全环超前水泥注浆和局部管棚处理，但从 2005 年 6 月到 2006 年 7 月，整整一年多的时间，只前进了 16.1m。这期间，曾连续发生 3 次大塌方，伴随地下水涌出，又遭遇了全风化的大理岩砂。超前地质预报和勘探表明，前方仍有近 200m 处在 F_{12} 断层影响带内。如果仍采用上述处理方案，加固处理效果差，不足以遏制塌方和涌水的发生，尤其是工期压力相当大。本洞段施工，已经成为制约本工程总工期的关键部位。

为此，经过试验研究，成功地拓展了"全孔一次高压注（HSC）浆技术"。该注浆技术，从工艺上吸纳了"常规分段注浆技术"和非常规的"纯压式全孔一次高压注浆技术"的优点，即"孔内循环"和不分段的"一次注浆"工艺；摒弃了两种注浆技术的缺点，即"纯压式"和"分段注浆"工艺；同时采用了 HSC（High Strength Cement）特种注浆材料。

该注浆技术的主要技术要点是：

（1）浇筑混凝土止浆（导向）墙，承受高压注浆荷载，确保管棚方位准确；

（2）孔口管：每个注浆孔必须埋设孔口管，作为承受高压注浆的支撑管；

（3）注浆范围：循环长度 30～40m 隧洞及洞周以外 8m 的岩体；

（4）注浆方式：全断面、全封闭的高压超前预注浆；

（5）注浆材料：采用防渗帷幕型 HSC 处理塌孔、含水细砂型 HSC 注浆；

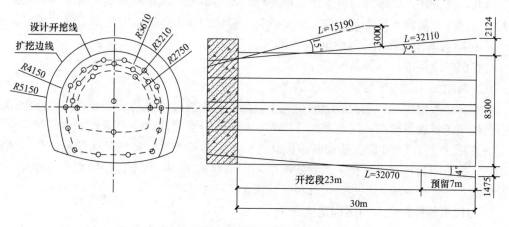

图 4　超前预注浆布置图

（6）注浆方法：孔口封闭、孔内循环、全孔一次高压注浆；

（7）注浆压力：4~6MPa；

（8）结束标准：在设计压力下，注入率小于 5L/min，持续灌注 10min 结束。

本工程应用的统计分析表明："全孔一次高压注浆技术"的单位进尺浆材耗量仅系"常规分段注浆技术"的 1/5；隧洞开挖平均月进尺则是"常规分段注浆技术"的 5 倍。

"全孔一次高压注（HSC）浆技术"是一种新的超前预注浆技术。其突出的特点是施工效率高，可控性、可灌性优异，注浆效果显著，具有明显的经济性。其成功的关键是采用孔内循环的注浆工艺及与其相匹配的 HSC 浆液浓度和注浆压力。

2.10　TBM 施工隧洞衬砌洞轴线与断面设计的关系

1. TBM 施工隧洞三条洞轴线的提出

采用钻爆法施工的隧洞在规定"不允许存在欠挖"的情况下，隧洞开挖和衬砌严格按照设计洞轴线进行。因此，采用钻爆法施工的隧洞，只有一条洞轴线——设计洞轴线。

采用 TBM 施工的隧洞，由于其不能严格地按照设计洞轴线掘进，而是以设计洞轴线作为基准线，按照允许偏差（例如横向±100mm、竖向±60mm）、依靠 PPS 导向系统随时进行纠偏掘进的。这样，TBM 施工的隧洞就形成了两条洞轴线，即设计洞轴线和掘进洞轴线。采用开敞式 TBM 施工的特点是：随着 TBM 的掘进同步完成初期支护；在 TBM 转入第二段掘进后，才能对第一段隧洞进行二次混凝土衬砌。于是，就产生了这样一个问题：作为后续施工的二次混凝土衬砌，究竟是以哪条洞轴线作为控制的基准线？这是 TBM 施工隧洞设计的新课题：采用 TBM 施工的隧洞有三条洞轴线，即设计洞轴线、掘进洞轴线和衬砌洞轴线。那么衬砌洞轴线的走向该如何确定，这个问题在以往的铁路隧道和水工隧洞设计中都没有予以明确。

2. 三条洞轴线之间的关系

设计洞轴线：TBM 掘进的基准线。

掘进洞轴线：在允许偏差范围内围绕设计洞轴线掘进的"蛇形"线。

衬砌洞轴线，要么是以设计洞轴线作为基准线，要么是以掘进洞轴线作为基准线。这两者隧洞断面的设计是根本不同的。

因此，从设计角度而言，也应该像以允许偏差明确规定掘进洞轴线一样，对衬砌洞轴线究竟是以设计洞轴线作为基准线，还是以掘进洞轴线作为基准线，作出明确的规定。

3. 衬砌洞轴线与断面设计之间的关系

衬砌洞轴线是进行隧洞断面设计的前提；

隧洞断面设计是实现衬砌洞轴线的保证。

这两者是相辅相成、互相匹配的，既不能抛开衬砌洞轴线进行断面设计，也不能抛开断面设计确定衬砌洞轴线。这是采用 TBM 施工隧洞断面设计的一个特点。明确衬砌洞轴线至关重要。进行 TBM 施工隧洞断面设计的前提是必须要对衬砌洞轴线的走向作出明确的规定。这是因为，它将直接关系到隧洞的断面设计或采购 TBM 直径的大小，亦即：断面设计大了，是一种浪费；断面设计小了，满足不了要求。

4. 衬砌洞轴线的确定与隧洞功能有关

现代的铁路都在提速。假设时速为 250~350km/h，则相当于 70~97m/s。在这样高的速度下，列车必须沿着设计洞轴线行驶，才不致于发生脱轨事故。因此，铁路隧道的衬砌洞轴线必须采用设计洞轴线。

水工隧洞则不然。无压明流洞的流速约为 2m/s 左右。掘进洞轴线的弯度（例如，在 60m 的长度，掘进偏差 79mm，相当于 0.15°），无论是对明流洞的流态、还是压力洞的水头损失均无大碍。因此，水工隧洞均可以掘进洞轴线作为衬砌的基准线。

5. 开敞式 TBM 施工隧洞的断面设计

（1）以设计洞轴线作为衬砌洞轴线开挖洞径（图 5）的表达式：

$$D_w = D_N + 2(t_c + t_y + t_p + \delta) \tag{1}$$

式中，D_w——开挖洞径，亦即刀盘直径（m）；

D_N——隧洞内径（m）；

t_c——初期支护厚度（m）；

t_y——永久衬砌厚度（m）；

t_p——允许掘进偏差（m）；

δ——预留允许收敛变形量（m）。

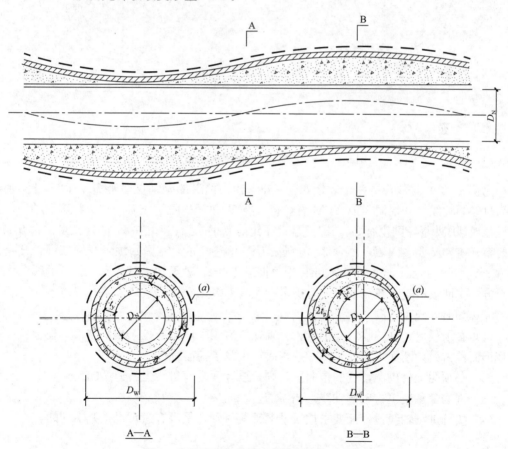

图 5　以设计洞轴线作为衬砌洞轴线示意图

（2）以掘进洞轴线作为衬砌洞轴线开挖洞径（图 6）的表达式：

$$D_w = D_N + 2(t_c + t_y + \delta) \tag{2}$$

式中符号同式（1）。

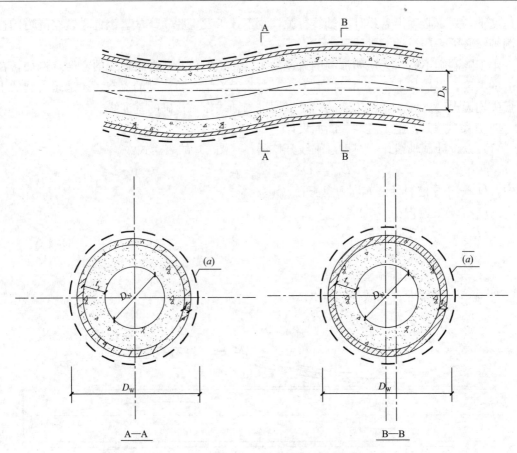

图6 以掘进洞轴线作为衬砌洞轴线示意图

比较式（1）、式（2）两个表达式，不难看出，两者的差别仅在于 $2t_p$。以设计洞轴线作为衬砌洞轴线，开挖洞径或 TBM 直径包含有 $2t_p$；而以掘进洞轴线作为衬砌洞轴线，开挖洞径或 TBM 直径则没有 $2t_p$，即刀盘直径比前者小了 $2t_p$。相差 $2t_p$ 的含义是：含有 $2t_p$，既要多开挖，又要多回填；不含 $2t_p$，则无需多开挖，亦无需多回填。举例来说，开挖洞径 8.8m，其中计入允许偏差 0.10m，则每掘进 1.0m，就要比不计入允许偏差的隧洞多开挖石方、多回填混凝土各 2.8m³，需要多投入两千多元。

6. 对 TBM 施工隧洞断面设计要点

（1）必须预留允许的收敛变形量；否则，软岩洞段一旦开挖形成临空面，便会产生收敛变形而侵占设计断面；监控量测和技术决策也没了控制标准。

（2）必须明确衬砌洞轴线的走向；否则，设计便是盲目、无所遵循的。

（3）现场随意变更衬砌洞轴线是错误的。

（4）按掘进洞轴线设计而要求按设计洞轴线衬砌，是没有道理也是办不到的。

3 成功建设的成就与意义

本隧洞工程历时 6 年半，于 2009 年顺利建成通水。这是一件非常了不起的事情。它标志着世界最长隧洞的诞生，标志着 3 台开敞式 TBM 的成功应用，标志着我国的隧洞工程建设规模和技术水平已经跻身于世界的先进行列。这是输水工程的荣耀！更是辽宁人的荣耀！

3.1 成功修建本隧洞工程的成就

（1）成功地建成了世界最长的隧洞85.3km。

（2）TBM施工技术达到了国际先进水平：TBM单机掘进长度17.2km；平均月进尺590.3m；最高日进尺63.5m；最高月进尺1111m。

（3）实现了特长隧洞的高精度贯通：最长贯通距离14.46km（规范8.0km）；横向最大偏差110mm；竖向最大偏差25mm。

（4）独头通风距离达到12.83km，漏风率小于0.2%，是隧洞施工通风技术的重大突破。

（5）成功地采用10km以上的连续皮带出渣，出渣能力800t/h。

（6）成功研制的仰拱衬砌台车，实现了仰拱衬砌与TBM掘进的平行作业，浇筑速度达400m/月，为未来开敞式TBM施工的流水作业奠定了基础。

3.2 成功修建本隧洞工程的意义

本输水隧洞是我国隧洞工程建设史上的一个新的里程碑。它是一座样板工程，在水工隧洞建设中具有明显的示范作用。采用TBM施工，成为特长隧洞施工技术的发展方向。

本隧洞工程的成功修建，标志着一个特长隧洞施工的TBM时代已经到来！

【后记】

在本工程的创新、启发带动下，我省东水西调工程中又一个规模更大的输水工程——长130.5km，直径8.0m的大型引水隧洞正在快速、紧张施工中，全部工程即将完工，它将创造输水隧洞新的世界纪录。

据辽宁日报报道：辽宁省重点输、供水工程是辽宁省北中南三线水资源配置规划的三线工程，工程1208.18km隧洞和大口径管线，将东部优质水资源全程自动输送到辽西北6市27县，年输水量20.75亿m³，受益人口1130万人，总投资425.68亿元，工程自2012年开工建设，目前已投资256亿元，干线工程将于2017年底全线贯通，另有净水厂及管网配置工程将于2018年10月实现通水。

目前除我国以外，世界最长的输水隧洞为瑞士的戈特哈尔德隧道，穿过阿尔卑斯山，长57.6km，2008年建成。

四通八达的路，跨江过海的桥

杨荫泉

（沈阳机电研究设计院）

1 铁 路

辽宁省 14 个市都已修通高铁，形成以沈阳为中心的高速铁路网。超高速铁路北通哈尔滨，南通大连，时速 350km/h。过去出差大连要 8h，现在仅需 2h。正在修建第二条入关铁路—沈阳经朝阳、承德到北京，时速也是 350km/h，只用 2.5h 就可到北京了，比走山海关节省一半时间。

此外，已修通丹东—通化铁路，以及沈阳—丹东、营口—锦州、大连—丹东等时速为 250km/h 的高铁，使辽宁的铁路形成网络，将沿海港口和内陆紧密连接一起。现在辽宁已初步形成了"东、中、西"三条"北粮南运"大通道：东路以东北东部铁路连接丹东港；中路以哈大铁路连接大连港、营口港；西路以蒙东，辽西等地的铁路和公路连接锦州港、盘锦港。

2 公 路

辽宁省高速公路总里程接近 4500km，实现全省全部陆地县贯通高速公路。最近几年修通的高速公路有：

（1）沿海高速公路：从丹东出发沿黄海海岸经大连、营口、锦州再顺着渤海沿岸到达山海关，促进了辽宁省的沿海大开发。并把沿海的所有旅游景点都连成一串。

（2）丹通高速：从丹东通到吉林的通化，再与吉、黑二省的铁路网相连，构成东北亚出海新通道。丹通高速公路穿过辽宁省东部的山岭重丘区，桥梁和隧道占到总里程的 33%，它穿过东部的青山绿水，风景极为优美，被誉为辽宁省最美丽的高速公路，沿途设 6 处观景台，开创了辽宁高速公路建设的先河。当你行驶在高速公路上，两旁起伏的群峰远如青黛，近却斑斓，桥下河流蜿蜒，各色植物交相辉映，美景一处胜过一处，在由衷赞叹大自然鬼斧神工的同时，让人不禁为高速公路柔美的"曲线所倾倒"。

（3）沈京高铁：是沈阳入关的第二条通道，现有一条经山海关去北京的通道最高时速仅 250km/h。新的沈京高铁，将是 350km/h，而且路程短，途径辽西北到北京。从沈阳去北京路程缩短为 2.5h，喜欢旅游的旅客，可以在朝阳凤凰山、牛河梁、河北承德等地下车观光。

（4）中部环线：目前辽宁中部环线的西环已通车。本溪—辽阳—辽中—铁岭都已连通。东段铁岭—抚顺—本溪段正在施工，还要 10 个月内完成。这样辽宁的中部公路网络闭合就更完美了。

3　跨区域大连通

为了贯彻落实《国务院关于近期支持东北振兴若干重大政策举措的意见》国发 [2014] 28 号，辽宁省交通部门正在具体落实之中。其中有几项非常振奋人心的大项：

（1）渤海海峡跨海通道。全长 100 多公里，从大连旅顺通山往东蓬莱，预计将实现客货混运。费时 40 多分钟（目前火车轮渡费时为 6h）。不久从大连到烟台海底高铁隧道的通车，比起绕行环渤海的 1000 多公里而言，几乎减少了 90% 的距离。预计年客流量将达 1.8～2.4 亿人次，十年内建成。

（2）中蒙铁路出海大通道。2013 年 4 月，辽宁省政府主要领导与蒙古国驻华大使会晤，中蒙两国决定将蒙古国出海口确定在辽宁，将蒙古国通往朝鲜，韩国和日本的路径放在辽宁。这对促进辽宁省铁路、公路、港口和航空建设，带动辽宁省区域经济发展有重要作用。目前已提出由蒙古国乔巴山至辽宁铁路出海通道西部至锦州港，东部至丹东港两个新通道方案。目前，西部通道国内段正在抓紧建设，预计 2016 年打通，东部通道国内段全部为既有铁路。

（3）中朝公路大通道。现有的鸭绿江大桥已远不能满足中朝之间的交通需要，我国正在抓紧在原大桥下游 10km 处修建新的鸭绿江大桥。2015 年 8 月底沈丹高速已通到中方桥头，未来随着两国友谊的促进，这条高速连同高铁将会直通平壤。将来会通到更远的地方。

（4）京哈高速公路扩容改造。其中沈阳至四平段已经开始分路段封闭施工，将原来的双向 4 车道改为双向 8 车道（2016 年已开通）；绥中（冀辽界）至盘锦段 230km 也将扩容改造。建设规模和技术标准均属全国首例。沈阳到大连的高速早已改造为双向 8 车道，以上扩容改造完成后，辽宁省高速公路的主干骨架都将是双向 8 车道。

4　桥　梁

最近几年，我们陆续建起一些带有标志性的桥梁，已成为大家耳熟能详的结构工程，这些工程有：

（1）大辽河口大桥。位于营口和盘锦之间的大辽河入海口处，把营口和盘锦两市紧密拥抱为一体。

（2）新鸭绿江跨江大桥。位于丹东市，为中朝合建，构成新的中朝大通道。

（3）长兴岛跨海大桥。是我国最早建成的斜拉桥之一。由辽宁省公路部门自行设计施工。

（4）普兰店跨海湾公路桥和铁路桥。双桥跨海，很有气势。

（5）浑河长白桥。用新颖合理的结构构建外观优美的大桥。

（6）大连南部海滨大桥。海中修市政通道，一边是辽阔的大海，另一边是美丽的山城。

（7）沈阳文化路立交桥。位于文化路与金廊交界处，是占地面积最紧凑的四层立交桥。

（8）铁岭凡河新城的景观桥。每座桥都是一个景观，让你看不够，赞不完。

以上桥梁大家都很熟悉，本书不在详加介绍。本文在此介绍新近竣工通车的大连长海县长山大桥，它建在黄海深处的大小长山岛之间。详见本书第六篇　第 3 篇文章"黄海深处的连岛桥"。

黄海深处的连岛桥

杨荫泉

（沈阳机电设计研究院）

大连长山大桥是我国东北地区第一座工程规模宏大的跨海大桥，在该工程设计和施工全过程中，解决了诸多技术上的难题且不断创新，设计和施工部门已有详尽论述。本文仅起索引作用，把该工程的突出事迹推荐给广大建筑领域的读者。

1　基　本　情　况

（1）长山群岛位于黄海，大连市长海县政府所在地为大长山岛，大小长山岛仅隔1000多米的海域。大长山相对发达，有较好的教育、医疗、商业等资源，而小长山风景秀美，堪称辽南一绝。长山大桥的建成，将大小长山岛连成一体，破解了制约两岛往来的天然瓶颈，使全县近60％的人口可以共享商业、教育、卫生、医疗、机场、港口等功能性基础设施的建设成果，也就是说，大桥的建成，更有效的提升了大小长山岛一体化的发展，提升了长山群岛城市化水平，大力促进长海县海洋渔业和旅游资源的开发利用，对巩固国防具有十分重要的意义。

（2）长山大桥始建于2010年10月，2014年7月1日正式通车，该工程是我国东北地区第一座跨海大桥，当然是辽宁省重点交通工程。长山大桥线路长3.45km，大桥本身全长1.79km，总投资5.79亿元人民币，大桥施工的全过程，从中央到地方的新闻部门均有详细报道。

2　工　程　情　况

（1）大连长山大桥，由辽宁省交通规划设计院设计，江苏南京中铁大桥局集团第二工程有限公司施工，大连市交通工程质量安全监督站负责全面质量监督。

（2）长山大桥起点位于大连市长海县大长山岛屿连线，终点位于小长山到蛎荞线与西沟港公路交汇处，线路全长3.45km，桥体总长1.79km，桥体示意图及其景观详见图1、图2。

（3）主桥三跨，桥墩中距140m＋260m＋140m，是双塔双索面，预应力混凝土矮塔斜拉桥，箱型梁，桥面宽21m。

（4）引桥桥墩中距50m，桥面梁为50m预应力混凝土箱型梁。

（5）该桥按双向四车道，一级公路桥标准设计，行车速度60km/h。

（6）基础为布置规则的钻孔灌注桩基础，主墩下桩径2.5m，桩长约为43m（水面搭设平台，钻机钻孔）。

图 1　长山大桥桥体示意图　　　　　　　图 2　长山大桥景观图

（7）桥墩采用钢围堰法施工，主墩下水深 19～21m。

3　大桥建设过程中的创新内容

（1）长山大桥地处我国北方外海海域，所以工程受潮汐、大风、大雾，低温的影响较大，且由于水上施工的规模大受强腐蚀海水和冬期寒冷气候的影响，对桥梁结构防腐蚀和抗冻要求很高。

（2）主桥为双塔双索面三跨预应力混凝土矮塔斜拉桥（塔高受限制），主桥主跨260m，为我国同类型桥梁最大跨度，所以设计和施工难度可想而知。

（3）引桥为 50m 跨预应力混凝土连续箱型梁，每孔重大约 2400t，每联首孔浇筑长度达 60m，梁重约 2900t，创造了国内移动模架施工记录。

（4）施工区域海水较深，主墩附近水深可达 19～21m。且海底无覆盖层，工程结构的设计和施工中均创造性的给予解决。

综上所述，该工程在设计和施工中实属创新工程，所以将其推荐给广大建筑领域的读者。

我们的美丽中国梦
——对我国水资源建设的迫切思考

林立岩[1]　杜士斌[2]　杨荫泉[3]

(1. 辽宁省建筑设计研究院有限责任公司；2. 辽宁省水利水电勘测设计研究院

3. 沈阳机电设计研究院)

在 2011 年 7 月的中央水利工作会议上，总书记指示："力争通过 5 年到 10 年努力，从根本上扭转水利建设明显滞后局面。到 2020 年，基本建成防洪抗旱减灾体系、水资源合理配置和高效利用体系、水资源保护和河湖健康保障体系、有利于水利科学发展的体制机制和制度体系"。

遵照这一指示，笔者认为，应首先突破传统认知和体制的束缚，研究建立并创新切合中国国情的水资源调蓄利用理论；尽早编制出全国统一的水资源战略长远规划。在规划时应强调以下三点：

(1) 对占全国国土总面积 27.9% 的北方荒漠化地区 (总面积约 260 万 km^2. 相当于 7 个德国大小，其中沙化土地面积 173km^2) 长期以来得不到有效治理，有的地方荒漠还在急剧扩张，河流断流，湖泊干枯，沙尘暴现象越来越频繁，这对建设"丝绸之路经济带"影响巨大。德国环保专家评论中国这几年的治理荒漠化是"局部有成就，但整体在退化"。当今应给予优先重视，优先治理。全国都应同心协力，要停止无休止的辩论，(两个"100 年"很快就要到来) 为治理荒漠化这一关系到中华民族兴衰存亡的艰巨任务做出贡献；

(2) 对一般缺水地区 (如辽宁、吉林、黑龙江、内蒙古的北二盟、贵州的乌江流域) 应重视既有水资源的开发利用，建立蓄水战略、节水战略、补水战略，做到自给有余，力争给严重缺水地区补水；

(3) 对丰水地区 (如云南、四川、西藏) 应做好时空调配，在满足本地区抗旱、防洪、工农业等需求基础上，应为北方缺水地区提供尽量多的水资源战略支援。对于水资源的利用，总是有利有弊。有的利害关系再辩论一百年也有说不清的"道理"。应抓住主要矛盾，统一认识，停止辩论，共同应对当代中国复兴的头等大事。

1　辽宁的经验

最近几年，辽宁的经济开始步入了一个快速发展期。2011 年的 GDP 达到 2.2 万亿元。辽西北土地荒漠化治理显见成效，沙化地区实行"退耕返林"、"退牧返草"、"围封种草"、"建防护林网"，彰武县有 6 座万亩以上大型流动沙丘已固定下来。现全省 (含辽西北) 森林覆盖率已接近 40%，林木绿化率达到 45%，水浇地面积占耕地面积的 50%，节水滴灌工程达 1 千多万亩。辽西北每个农户都有一个温室大棚，日照温室面积居全国首位。密如蛛网的输水工程，遍布辽沈大地。最近几年，辽宁连年遭遇干旱和洪灾的袭击，农业仍保持连年高速丰产。生态环境也有显著改善，辽西北一年的扬沙天气由过去的 40 天减少到 18 天，空气相对湿度增加 10% 左右。筑起的防护林带还呵护着沈阳等中部城市群。

辽宁的成功经验，印证了水不仅是农业的命脉，更是国民经济的命脉。辽宁的快速发展，得益于对水资源的战略性开发利用。辽宁省的做法，或叫"辽宁模式"，可以归纳为以下五个特点：

（1）蓄：作为一个平均水资源拥有量不及全国 1/3 的缺水省份，明确了"以蓄为主，全局调配"的战略方针，新建许多大中型水库、加固加高原有水库使之增容。除按正常径流调蓄外，特别注重留蓄雨洪。"以蓄为主"曾引起争议，有的人认为"蓄水必破坏生态"，其实干旱缺水才是对环境生态的最大破坏。有了水，只要实行严格的水质管理，既能恢复一些老生态，还可产生有益民生的新生态（如水库渔业发展、鱼品种增加、农业大棚中滴灌引发的果蔬套种奇绩、植被类型增加、康平县出现大片寒富苹果林，除发挥固沙、减少耕地风蚀作用的同时，还具有水资源涵养、净化水质的作用，彰武的新树种文冠果、樟子松，已成为三北地区的首选树种、气候改善、发展旅游业等）。这些都是认知上的突破。

（2）调：跨流域调水，采用隧洞或管道长距离引水，提倡走地下直线引水，可穿越各种复杂地形、地貌，避免水资源损耗和水质污染，避免对地表原生态环境的破坏。辽宁建有两条世界上最长的大直径输水隧洞，一条长 85.3km，于 2012 年通水（见本书第六篇第 1 篇文章）；另一条长 130.5km，2016 年已凿通，将于 2017 年竣工。

（3）治：流域生态治理，包括辽西北荒漠化治理、山区水土保持、河道水质治理、城市污水治理、库区生态与环境风险治理。只蓄不治是不行的。

（4）用：节约用水是解决水资源可持续发展的根本出路。工业节约用水，城市节约用水，农业节水灌溉，合理利用地下水，注意再生水利用，云水资源利用，海水淡化利用、海冰淡化利用（冬季渤海的海冰其含盐量仅为海水的 1/6，脱盐处理成本低，可变成优质淡水，初步估计一年可为辽宁、河北、京津等地增加超百亿方的淡水资源）。云水资源利用方面，预计到 2020 年全省年增雨量将达到 35 亿～40 亿 m³，主要在旱季增加及时雨，对解决农业和林业抗旱、改善生态环境、增加水资源发挥巨大作用。

（5）管：加强规划管理、科学调度管理、严格的水资源管理、严格的工程项目管理。政府的管理应抓住主要矛盾，搞好水资源平衡调度，在经济新常态下，治沙和抗旱的投资只能增加不能削减。从严管理，必现神采。辽宁省是一个管的好的治理区域，三年内科尔沁沙地停止南移，变沙地为草地植被，培育优良牧草，使植被覆盖度平均达 75%（治理区外覆盖度仅为 31%），治理区内植株高度为 51cm（区外仅为 24cm）治理区内土壤侵蚀模数已由原来的每年每平方公里土壤侵蚀 2800t 下降到现在的 550t，每年土壤流失量由原来的 1860km 下降为 367km，土壤蓄水效率已达到 79%，比三年前提高 58 个百分点。空气相对湿度增加 7%～13%，过去的荒山秃岭已被茂密的草原覆盖，牧民收入连年成倍剧增。

2　辽宁的不足

辽宁省的母亲河为辽河。辽河总流域面积中辽宁省仅占 31.5%；内蒙古自治区占面积最大达 59.5%，系西辽河流域；吉林省占 7.5%，系东辽河流域；河北省占 2.7%，系西辽河的源头区。西辽河流域曾经是美丽的草原，后受蒙古国沙地南侵，现基本上被沙漠化了。地图上标注为科尔沁沙地，是辽吉两省沙尘暴天气的主要策源地。辽西北地区占全省面积的46.2%，地处科尔沁沙地南缘，生态环境十分脆弱，风沙、干旱、水土流失、荒漠化，严重制约着当地和辽河流域经济社会发展。

20世纪70年代初，笔者曾在东西辽河交汇处生活工作过，对这两条河的恶性深有感触。东辽河是吉林省的边缘河流，治理上不如松花江重视，常年排放着浑浊的工业污水。西辽河常年干旱缺水，偶尔来一场洪水，带来大量泥沙，刮风时，旱时无水裸露的河床，扬起沙土铺天盖地。当地人常说："东西辽河不治，辽宁不宁"。40年后再去回访，情况有所改善，辽宁省在边界内侧建起了很宽的防护林带，但边界外的科尔沁沙地依然如故。据中科院沈阳应用生态研究所2011年初公布的资讯，目前科尔沁沙地大量的流动沙丘在季风的作用下，会翻过已建的防风林带，流入辽西北地区，沙地南缘距离沈阳城区已经不到100km。又据辽宁日报记者2011年7月19日从另一个沙区发出的报道"距离沈阳最近的沙区只有40km远，而且每年还以5m/年以上的速度向南推进"。

目前辽宁省的水利规划，按该省水利厅领导的说法，到2015年，"可以从根本上解决辽宁水资源问题"。这个目标完全立足于自给自足，既不从省外进水，也不向邻省输出水，更没有考虑到科尔沁沙地的不断侵蚀。内蒙古自治区大部分地区长期干旱，没有水，既治不了旱，更治不了沙，荒漠化在迅速蔓延。虽然近几年由于采煤等矿业使GDP有较大增长，但那是不可持久的。辽宁省的水资源虽缺，但还有很大潜力，治沙的经验也很成熟。都在大辽河流域里的辽蒙两地，应共同应对荒漠化。"只有双赢，辽蒙才能永宁"。

辽宁的治水成绩应充分肯定，有的工程尚未竣工，其经验再过几年总结更好。最好由政府部门来总结。但看到今年报道我国内蒙古自治区和云南省两地又遇大旱，有几百万人没有水喝。这些同胞为了生存而痛苦地呼唤着，真是心急如焚，所以冒昧写出以下建议。肯定会有许多不成熟之处，有人认为这是我们的"科学遐想"，但却是我们迫切的"中国梦"。

3　北　水　西　调

拟议中的"北水西调"工程，即将东北辽宁省、吉林省、黑龙江省三省及内蒙古自治区北二盟节省下来的水（合称北水）西调，抢救内蒙古的荒漠化地区。有没有可能，笔者试作如下分析。

先看辽宁。目前辽宁已出台到21世纪中期的水资源规划，提出由北、中、南三线组成的"东水济西"配置格局。

（1）中线工程：以加高加固的大伙房水库为骨干，通过长距离大直径引水隧洞将东部山区的水资源（包括雨洪）经电站发电以后引至大伙房，配合中部原有的观音阁、葠窝、汤河等大型水库的共同调蓄，通过完善的输水管网，将水输至沈阳、抚顺、本溪、鞍山、辽阳、盘锦、营口、大连8个市。已于2010年11月完工。

（2）北线工程："以当今辽宁在建的输水工程"为骨干，由现有清河、白石等8座大型水库及在建的锦凌、燕山、青山、猴山等水库组成，也是用大直径隧洞和大直径输水管网。解决铁岭、阜新、朝阳、锦州、葫芦岛和沈阳西北部等6个市的供水需求。年输水20

亿 m³，受益人口超过 1130 万。将于 2017 年底完工。

（3）南线工程：以建设中的引洋入连以及已建成的引碧入连、引英入连等工程组成，解决大连、丹东两市和辽南地区的需水问题。

笔者认为，中线工程是个非常成功的跨流域大流量引水，是"辽宁经验"的精华，只要科学调度，输供水潜力很大。但不应向营口、大连、盘锦等地供水，应把水加入北水西调。若要扩大水源，可考虑从鸭绿江的云峰水库向浑江补水（直线距离不到 50km）。

大连等地缺水应靠加强南线，还可考虑引用鸭绿江的雨洪（在洪峰来临之前错峰引清水），这需要建大蓄水库作为中转调节。在岫岩县有个叫古龙村的地方，是一个五万年前陨石撞击地球形成的天坑，直径 1800m，坑深平均 150m，古代是湖，因坑内没有径流流过，现已变干。只要将东边的缺口堵住，基本上没有动迁问题，可形成一个蓄水量 3 亿 m³的中转调节库。该坑距鸭绿江直线不到 100km，可用大口径压力管道引水，它不需防洪库容，周转调蓄功能很强，至少可起到调水 20 亿 m³ 的作用。建成后可以与规划中的引洋入连工程联通，大洋河上游还有两个支流从该坑的两侧流过，可以和它联合调节。还可形成一个极为壮观的地质水利公园。

至于北线工程，只要充分发挥已建和在建的一群大型水库的作用，按辽宁模式办，自给自足是有余的。应将拟引入的水资源加入到北水西调中去。另外辽西北有绵长的岩质海岸线，又处于渤海辽东湾海冰产量最多的地方，我国海水、海冰淡化技术已取得重大突破，天津和大连已有数十万市民喝上海水淡化水。据测算，环渤海地区储存的海冰正常年份可开采产生 100 亿 m³ 淡水，除当地使用以及河北、山东等地使用外，每年应至少有 60 亿立方米的淡水参加北水西调。

后说吉林。其水资源比辽宁要丰富得多，西部虽有沙化土地，但面积不大。原规划要建松辽运河，每年向辽宁输出 100 亿 m³ 水，讨论了很长时间，现在看来，修运河要挖占大量农田，冬期不能通航，运河造成两岸土地盐碱化，辽宁省搞"东水济西"工程后水资源已能自给有余。因此，这 100 亿方水除少量用于吉林西部沙化治理外，大部分可西送内蒙古自治区。吉林东部水资源丰富，但开发利用率低，松花江的水资源开发率仅为 24%，缺少控制性蓄水库和输水系统，如果学习辽宁经验，把开发利用率提高到 50%，还可增加不少可输出水资源。

再看黑龙江省。过去只注重修堤防，泄洪水，少见修大坝、建大库；黑龙江干流、乌苏里江、额尔古纳河等界江、界河开发利用率更低，干流上未见水库，用量远未达到相关国际公约设定的标准，是世界上利用率较低的河流。东北地区年均流入国际界河的水量约 1285 亿 m³，约占东北地区总水量的 2/3。俄罗斯也用不了这么多的水，让它白白流入鄂霍茨克海。适量截引界江、界河的水资源（如在黑龙江呼玛引水至嫩江上游才几十公里），才是解决我国北方缺水的重要选择。

东北三省加上内蒙古自治区北部呼伦贝尔盟和兴安盟（该二盟水资源可自给并已向相邻盟、市供水）合力，至少可解决内蒙古自治区两大沙地-科尔沁沙地和浑善达克沙地的治理，把防护林带推进到蒙古国边界，让内蒙古自治区东中部摆脱千年干旱的困扰，也让沙丘不再东侵，沙尘暴不再肆虐内地。

当然，如果辽宁西北部和吉林西部遇到罕见大旱，根据中央"顶层设计"，上述三省加北二盟的水首先会支援其抗旱。三省的地方政府应有全局观念，无须为此担忧。

4　我国水资源调配的战略目标

据权威部门 2012 年初的报道："目前我国荒漠化土地面积约 260 万 km²，已占国土陆地面积的 27.3%，其中沙化土地面积 173 万 km²，近 4 亿人口受到荒漠化的影响"。荒漠化已成为我国头号环境问题，是中华民族的心腹大患。要想富国安邦，首先要把治理荒漠化当作头等大事来抓。

荒漠化治理难度大，投入多，周期长。我国专家按当前的治理速度推算，要完成全部治理任务大概还需要 300 年时间。历史绝不允许我们这么拖延！

荒漠化虽然难治，根据辽宁和库布其的经验，是可治的，而且已经有了早治、快治的办法和成果。最关键的是要有水，更要有优先治理的决策。

21 世纪将是干旱连着干旱，已是未来中国的基本国情。中国政府应尽早确定全国性的水资源拦蓄调配战略，对水的调控必须树立无可置疑的权威。南水北调工程已经论证 50 年了，到现在，有的线路（西线）仍未动工，就是再论证 50 年，也有说不尽的话。面对世纪大旱，全国各地缺水的呼唤将愈来愈烈，特别是靠西线调水滋润的"丝绸之路经济带"，其生态环境正在不断恶化。我国有实力，也有技术，人才是世界一流的，利用水资源的"兴利抑弊"技术不断完善。

赶快突破传统认知的束缚，研究建立并创新切合中国国情的水资源调蓄理论、生态环境风险分析理论，尽早编制出全国统一的水资源利用战略规划。以"南水北调"和"北水西调"'两大系统为总体格局，以三峡工程、丹江口、溪洛渡、向家坝、密云、大伙房、桓仁、丰满、清河、哈达山、布西、龙羊峡、大柳树等水库为骨干枢纽，沟通我国东西南北几大水系，纳入各地再生水利用、云水利用、海水淡化、海冰淡化、地下水利用、雨洪利用等增水成果，形成一个跨流域、跨区域、跨时空、跨行业、跨部门的综合调控系统。采用巨型计算机进行调控作业，一旦局部有灾，可推算出最合理的调控方案。

5　向北方调水的路线图

向北方调水除南水北调的东、中、西线外，增加北水西调线路。将东北东部、北部山区丰富的山区优质水，以及从黑龙江、松花江、额尔古纳河、乌苏里江、鸭绿江等河流引来的水，和从渤海辽东湾生产的海水淡化水，分头通过沿途各大中型水库调节汇流到内蒙古的通辽地区，先合力治理科尔沁沙地。然后水分三路：北线经锡林浩特市至中蒙边界；南线经赤峰市至北京的密云水库；中线为主干线穿过并治理浑善达克沙地，再经过乌兰察布市、呼和浩特市直到包头市最后汇入黄河。

内蒙古的北二盟（呼伦贝尔和兴安盟）学习辽宁经验后水可以自给，并有部分水参加西调输出。

北水西调主要解决通辽、赤峰、锡林浩特、乌兰察布、呼和浩特、包头等 6 个盟市的用水和治沙。

内蒙古剩下的西 4 盟市（巴彦淖尔、阿拉善盟和鄂尔多斯市）以及甘肃走廊、宁夏回族自治区、陕北等干旱地区均由南水北调的西线工程负责解决。南水北调和北水西调在包头附近汇合，水可以互补，分工区划可根据具体情况再作调整。

我国西北部新疆维吾尔自治区的缺水问题，将来靠藏水北调来解决。（本文所谓藏水，不仅指雅鲁藏布江，还包括源于或流过藏区的江河，如怒江、澜沧江、金沙江……）。

6　三峡水库应扩大功能

三峡水库建成经过几年的运转证明，三峡工程是成功的。正常蓄水位定为175m是正确的（早先的方案是185m）。装机容量也合适。现已公认为世界第一大水利枢纽。对三峡的成就应高度肯定。

2011年春天，长江中下游遭遇50年不遇的干旱天气，鄱阳湖、洞庭湖、洪湖等水位创历史新低，三峡为下游补水超过200亿m^3，缓解了旱情。2010年夏天汛期来到，最大入库流量达66500m^3/s时，三峡的防洪库容将洪峰削为40000m^3/s，使下游水位不会达到警戒线，保证长江荆江河段的安全。截至2010年底，三峡水电站累计发电4527亿kW·h（最新消息：到2014年10月，已超过8000亿kW·h），对促进华中、华东和广东省的经济发展做出积极贡献。三峡工程对推动长江中下游航运也是极为有益的。三峡工程是全球最重要、最有效的生态工程。

三峡库区的正常蓄水位为175m，汛前要将水位降至145m，水位消落差为30m，是世界大库之最，因此引起库区岸边因水浸泡引起的滑坡现象又较严重。库区滑坡并不影响大坝本身的安全，但对库区人民群众的生命财产安全会有影响。应先划出警戒区，并及早治理。滑坡是可以治理的，应不惜投入足够的人力、财力将它控制住，使人与自然更和谐相处。

三峡水库应进一步与其上下游及周边的水利工程相配合，综合调控，进一步扩大其抗旱功能，毕竟抗旱应是第一位的。作为南水北调的核心枢纽，在水资源调配方面也应发挥更大作用，争取能有更多的南水通过三峡水库调到北方去。

7　川 水 回 川

从重庆乘船去宜昌，在峡谷中穿梭，可见到水库的左岸是一片顺水库伸展的高耸山体，但山体的横断面很窄，一般宽几十公里就到库外别的流域了。在水库的侧壁下打一个隧洞就可将库水抽引到四川盆地，这样在四川大旱时可以得到三峡库水（许多是来自四川）的接济，做到"川水回川"。

四川省受到古代都江堰的影响，搞水利"只引不蓄"。四川是丰水大省。四川干旱的是没有在雨期留蓄足够的水，把水外泄反而增加三峡水库的防洪负担。弥补的办法是尽快学习辽宁的经验，一方面在四川盆地的支流上游修建一些大型蓄水库；另一方面可以在三峡水库的左岸打洞，使"川水回川"。这些输水洞都不长，都在几十公里左右，入水口可分高程设置，做到"引清留浑"，有的引水洞可用压力输水。南水北调的东线就是用13个泵站，才把长江水引到天津的。

"川水回川"的线路可分三条：

（1）南线：在丰都县珍溪处打洞引水至重庆的狮子滩水库，直线距离仅13km。这股引出的水，除补充重庆地区的用水不足外，还可实现"重复发电"的奇迹；即通过狮子滩发电后流入三峡水库的水，由于三峡大坝将水头抬高后，又可重复流至狮子滩发电，甚至多次循环发电。

（2）中线：在云阳县北的汤溪河或小江引水北上，通过调节水库再分配到渠江上游、嘉陵江上游、涪江上游的各新建的调蓄水库中去。

（3）北线：从大宁河引水穿过大巴山到汉水流域的堵河（长约70km），再将水引入已建成的黄龙滩水库（或在该库上游新建更大的蓄水库），最后通过汉水进入丹江口水库。南水北调的中线工程实际上是"汉水北调"工程，调水量有限。目前汉江上游正在建"引汉济渭"工程，通过总长98km的秦岭隧洞将汉水送至关中。这将减少汉江流至丹江口的水量，靠此"川水回川"北线工程可弥补南水北调中线工程的水量不足。

长江与汉江连通，让更多的长江水参加北调，既扩大了"南水北调"工程的规模和效益，也更充分发挥"三峡工程的核心功能"。将当今世界上两个最大的水利工程，携手连成一个更伟大的整体生态工程。

8　从"三江并流"到"三江并蓄"

金沙江、澜沧江、怒江合称三江，已开始建水坝，拟各自梯级开发，以发电为主，其他功能较低。建议将三江上的诸水库横向用隧洞（距离很短）将之连接起来，打通横断山脉，使三江合纵连横，协同调蓄，可极大地扩大其综合调蓄能力，充分利用其水资源。不但可增加原三江的发电总量，又可扩大金沙江的水资源量。对于下游出国境的河流，汛期可起蓄洪分洪的作用，减轻下游国家的水患。近年滇中大旱，更可助一臂之力。将来，同处于横断山脉中的西藏自治区的察隅曲、易贡藏布、帕隆藏布（该处的年降水量高达2000mm以上）以及滇西北的独龙江也应加入这一"合纵连横"的规划之中。

本文第一作者林立岩曾到加拿大考察他们的水利建设，参观了上游在加拿大，下游在美国的哥伦比亚河。该河干流长度约2000km，落差808m，两国共在河上建有15个梯级枢纽。这是一个跨国界的河流规划的楷模。采取建高坝大库、梯级开发的方式，两国和谐协作，做到互利双赢，互相补偿，防洪、抗旱、发电、环境治理的效益都很显著，使哥伦比亚河的水资源得到了充分的开发利用。

笔者经常去丹东出差。夏天鸭绿江常发洪水，上游有的水库是过去为发电而修的，坝很低，调蓄库容小，稍有洪水就泄洪。泄洪时，我国严防死守护河堤（仍不免有绝口的时候），遥望对方朝鲜新义州是一片泽国，不知多少民房倒塌，多少人受难，有太多的水白白流入黄海（鸭绿江预计2030年水资源开发利用率仅为12.3%）。看到此情景，无不感到我国有许多界江、界河，还有许多流出境外的江河，如果都能像哥伦比亚河那样协同开发治理，那该多好啊！

9　藏水利用，疆电入藏

我国新疆维族自治区有大片沙漠，缺水严重。西藏自治区的经济社会发展严重缺电。两地都是少数民族聚居地区，为了社会稳定和人民富裕，应尽早解决两地水和电的供需问题。

　　新疆的沙漠太阳能发电潜力巨大。据估计，如果仅仅将塔里木盆地的沙漠太阳能开发出来，其电力要比西藏大拐弯处的水电出力大百倍，是世界最大的清洁能源基地。不仅能满足新疆本地的需求，还可满足西藏、青海、四川、甘肃的藏区以及周边一些国家的需求。但沙漠的治理和集光型太阳能发电技术要耗用大量的水，正好与藏区的水资源和谐交换。有的藏水流经的下游国家，由于地势平坦，主要水利建设是防洪排涝和治污，干流的水能开发很少，主要矛盾是解决汛期水量过多的问题，希望在上游建库分洪。他们又非常缺电。将来疆电大量开发出来，可以大量输至下游国家，作为利用藏水抗旱的补偿，实现互利双赢。

　　西藏全区多年平均水资源量为 4394 亿 m^3，占全国的 15.6%，年总用水量仅为 30.31 亿 m^3，占全区水资源总量的 0.7%，水资源的利用效率实在太低了。多年平均出国境水量为 3497 亿 m^3，约占全区地表水资源量的 80%，实在太可惜了。所以上下游国家应友好协商，如何合理开发利用这笔水资源。

　　曾经有人认为雅鲁藏布江大拐弯处的水应用来发电。如果将来大量疆电可以入藏，那么这无比珍贵的藏水，最理想的用处应是在满足下游生态需求的情况下，适量外调出藏，增援我国西北地区的世纪抗旱大决战。何况处于高水位的水，在输送过程（无论去黄河还是去长江）中也能发电，而且发电量不小，发电成本更低，能使水的资源价值得到更充分发挥。

　　南水北调西线和藏水利用都已论证了几十年，现在看来分歧还很大。笔者认为不妨采取先易后难、循续统一认识的分阶段调水方式。决策的大前提是我国大西北是资源型缺水地区，社会经济发展只能靠外区输水。我国西南部的藏东南及滇西北地区是全国水资源最富集的地区，每年有 6000 亿 m^3 以上的水外流。据有关专家估计，在节水优先、空间均衡、系统治理的理论指导下，上、下游国家联合开发，共同治理，共同受益。我们绝不做损害下游国家利益的事。下游国家和地区也应积极治理好下游（如在干流上修闸，在支流上修库，尽量节约用水，先把河流污染治好）。这样，其生态保护用水，按辽宁的经验，有 2000 亿 m^3 就已足够，这部分水既保生态，又能梯级发电。多余的水应留给中国用于新疆的沙漠化治理。这应成为我国全民的共识，是国家的核心利益，应成为我国不可动摇的战略决策，也应成为上、下游友好国家间的共识。至于有人提出在大拐弯处强烈地震区（即欧亚板块和印澳板块的剧烈碰撞产生的地质断裂带，该区按现行国家规范--设防烈度不低于 9 度，设计基本加速度不小于 0.04g）建超高水头、超大型水电站的设想，我们认为在技术上还不成熟，不是我们这一两代人能实现的事，宜留给后人去研究。我们认为应采用较为现实的引调水做法，先不考虑从雅鲁藏布江干流引水；辽宁省在地震山区已建两条长距离输水洞的成功经验可资借鉴。具体按以下 4 个阶段实施：

　　（1）第一阶段：在西藏的察隅曲、易贡藏布、滇西北的独龙江和怒江上游建库，将多余的水引入怒江，再通过"三江并蓄"工程，使上述河水引至金沙江，缓解现行南水北调中线水量的不足。

　　（2）第二阶段：从帕隆藏布建库引水到怒江上游，再与拟建的澜沧江水库汇合后输水至金沙江上游，这是"三江并蓄"工程的最上梯级。这也是给长江补水，缓解长江水量的不足。

　　（3）第三阶段：修建从金沙江到黄河引水隧洞。此阶段的引水路线，先回避从雅砻江和大渡河引水，仅让部分金沙江水入黄河以缓解因西线缓建而引起黄河之急。这一阶段，辽宁的经验大概已总结整理完毕，可以让四川很好地学习参照辽宁的经验，先在四川境内建起一系列大型蓄水库和完善的输水系统，使省内防洪、抗旱能力得到明显提高，在全省获得共识后再研究使雅砻江和大渡河水加入"北调"。

（4）第四阶段：将雅砻江和大渡河加入并使南水北调西线工程完成。同时在黄河上游建设西进入藏的线路。让北调的藏水经过黄河上游众多梯级水电站完成发电，在龙羊峡和拉西瓦水库的下游，用大直径隧洞和管道向西输水。其中可以设几条分支通柴达木盆地和北边的河西走廊，"不让敦煌变成 21 世纪的楼兰古城"。总干线进入南疆后，先将柴达木河、孔雀河、加叶尔羌河、和田河、车尔臣河以及罗布泊等湖泊充满水，恢复河流和湖泊的生态，然后逐渐向两岸纵深发展。这时，可充分利用辽宁章古台和内蒙古库布其的治沙经验，治理好塔克拉玛干大沙漠。有了水，在这块吸收太阳光最强烈的地方，建起新疆第一大产业——世界最大的太阳能发电站。

10　武夷山下修水洞，串通闽赣

福建水总量是最丰富省份之一，但因西边有个武夷山脉，将闽、赣的河流东西隔开。去年江西大旱，鄱阳湖都要干了，丰水的福建爱莫能助。其实两边河流的上游仅一山之隔，距离很近。建议在两边的河流最上游各修一个调节水的水库，在山下修水洞联通两边水库。这种水洞不是常年输水，遇旱才用，平时在输水线路的地表，建一条登山跨越小路，作为地理旅游之用。福建提前可用多条压力管从下游向水库送水，集中后过洞入江西。可以有以下 4 条线路：（1）从金溪上游→盱江上游；（2）从崇阳溪→信江上游；（3）从九龙溪→琴江上游；（4）从汀江上游→贡水上游的绵水。与此同理，浙江省的瓯江和富春江上游也可引水到江西上饶附近的信江上游；广东省涢水上游和枫树坝水库的水也可从大庾岭和九连山底下穿过到赣江上游。

11　珠江北引

珠江北引才是名副其实的南水北调。桂林城北约 35km 有一处人工运河叫灵渠，从漓江通往湖南湘江。是秦代凿通的，长 30km，历史上是长江流域和珠江流域的重要通道。学水利的人去桂林观光必到那里看看，说明我们的祖先早已懂得跨流域规划，懂得"水力学"，实现了"南水北调"。这一工程完全可以申报世界历史文化遗产。

现代为了抗旱和灌溉，可在这个受保护的文化遗产附近建输水隧道。由于漓江水已不多，可在漓江上游建调节水库或从附近的融江、洛清江向漓江补水。

珠江有丰富的水资源，在本省的规划中切不可只顾自给自足，应设法多蓄水，不仅向港、澳输水，还应向北边兄弟省输水。珠江红水河上游的南盘江、北盘江上应建大型水库向金沙江输水，增加南水北调的水量。这才是丰水省份的应尽义务。

12　滇中旱情的解决方案

云南是水资源总量居全国第三的丰水大省。滇中地区连年大旱，究其原因仍是云南省的水资源的开发利用率仅为 6.9%，不到全国平均水平的 1/6。云南和四川对水资源的利用停留在"只引不蓄"。搞小水电也是"只引不蓄"，遇旱就束手无策。云南应尽早学习辽宁的经验，早日认识到只有修大库、蓄大水、优化输水网络才能抗大旱。辽宁人均水资源量虽不及全国的 1/3，但水资源的综合利用率已超过 50%，辽宁中部城市群的水资源利用率更高达 80%，希望生态环境专家到辽宁考察一番。

　　2015 年，云南省西部遭受重大旱灾，这个重灾区包括怒江傈僳族自治州和保山市，这两个州（市）正处于怒江流域范围内。由于怒江峡谷岸高水深，加上全江没有蓄水库，也没有输调水的网络系统，从藏区奔腾流出的藏水对生态危机，见死也无法救，浩荡南下直奔印度洋。

　　笔者认为，云南抗旱不宜直接从金沙江、澜沧江上游等处于高位的大江大河引水，而应在云南南部、西南部、东部的周边河流（如李仙江、元江、南盘江等水系）上建库蓄水。衡量水资源有两大要素：一为水量，另一个为水头（与下游的落差）。金沙江的水流至长江下游要经过一连串的高水头水电站，能发出许多电力，还能北调至华北参加抗旱，效益比在当地使用要大得多。所以云南省在做水资源规划时，除三江合纵连横部分由国家统一规划外，本省一方面要在原先直接流入金沙江的支流上修库，对干流水库起辅助调蓄作用；另一方面在并不流入金沙江的周边河流上建库蓄水，并连成完善的输水网络，使之除解决省内抗旱、防洪、工农业及生活用水外，每年旱期还应尽量多地向三峡水库补水，向北方输水。云南有条件、有能力尽早加入气壮山河的"南水北调"工程中去，这是丰水大省不可推脱的光荣使命，也是全国人民的最大期盼。

　　让"滇水出滇"，与来自黑龙江，大、小兴安岭，长白山的北水会师华北，共同谱写全国水资源统一综合调度这一中华文明的最新篇章。这是我们的"美丽中国梦"。

　　（本文写于 2012 年 4 月，2015 年初略作修改。文中所有数据基本上是截至 2011 年年底的数据）